国家出版基金项目
NATIONAL PUBLICATION FOUNDATION

"十二五"国家重点图书出版规划项目

风力发电工程技术丛书

风力发电机及其控制

马宏忠 等 编著

中国水利水电出版社
www.waterpub.com.cn

内 容 提 要

  本书是《风力发电工程技术丛书》之一，比较系统地介绍了常用风力发电机的结构、原理、运行、控制及设计等方面的知识。

  全书共分 8 章，主要内容包括绪论，交流电机的基本理论，双馈风力发电机，双馈风力发电机的运行与控制，无刷双馈异步风力发电机及其控制，直驱式永磁同步风力发电机，直驱式永磁同步风力发电机的运行与控制以及风力发电系统中的其他发电机。

  本书可作为风力发电行业各类技术人员的培训教材，特别适合风力发电机设计、制造、运行、维护的各类技术人员阅读，也可作为高等学校有关专业师生的教学参考书。

图书在版编目（CIP）数据

风力发电机及其控制 / 马宏忠等编著. —— 北京：
中国水利水电出版社，2016.1
 （风力发电工程技术丛书）
 ISBN 978-7-5170-3981-5

Ⅰ．①风… Ⅱ．①马… Ⅲ．①风力发电机—控制系统
Ⅳ．①TM315

中国版本图书馆CIP数据核字(2015)第321374号

书　　名	风力发电工程技术丛书 **风力发电机及其控制**
作　　者	马宏忠　等 编著
出版发行	中国水利水电出版社 （北京市海淀区玉渊潭南路 1 号 D 座　100038） 网址：www. waterpub. com. cn E - mail：sales@ waterpub. com. cn 电话：(010) 68367658（发行部）
经　　售	北京科水图书销售中心（零售） 电话：(010) 88383994、63202643、68545874 全国各地新华书店和相关出版物销售网点
排　　版	中国水利水电出版社微机排版中心
印　　刷	北京纪元彩艺印刷有限公司
规　　格	184mm×260mm　16 开本　17 印张　404 千字
版　　次	2016 年 1 月第 1 版　2016 年 1 月第 1 次印刷
印　　数	0001—3000 册
定　　价	**49.00 元**

《风力发电工程技术丛书》
编 委 会

主要参编单位 （排名不分先后）
河海大学
中国长江三峡集团公司
中国水利水电出版社
水资源高效利用与工程安全国家工程研究中心
华北电力大学
水电水利规划设计总院
水利部水利水电规划设计总院
中国能源建设集团有限公司
上海勘测设计研究院
中国电力建设集团华东勘测设计研究院有限公司
中国电力建设集团西北勘测设计研究院有限公司
中国电力建设集团中南勘测设计研究院有限公司
中国电力建设集团北京勘测设计研究院有限公司
中国电力建设集团昆明勘测设计研究院有限公司
长江勘测规划设计研究院
中水珠江规划勘测设计有限公司
内蒙古电力勘测设计院
新疆金风科技股份有限公司
华锐风电科技股份有限公司
中国水利水电第七工程局有限公司
中国能源建设集团广东省电力设计研究院有限公司
中国能源建设集团安徽省电力设计院有限公司
同济大学
华南理工大学

丛 书 总 策 划 李　莉

编 委 会 办 公 室

主　　　　任	胡昌支　陈东明
副　主　任	王春学　李　莉
成　　　员	殷海军　丁　琪　高丽霄　王　梅　白　杨
	汤何美子

本书编委会

主　　编　马宏忠

副 主 编　陈浈斐　赵宏飞　徐　刚

参编人员　（按姓氏笔画排序）

汪金荣　刘宝稳　李超群　张　琳　谢小磊

刘久付　程　俊　张正东　黄春梅　施恂山

前　言

　　大气污染、水环境恶化与矿物能源枯竭给人类发展提出了新的问题，从而使可再生能源的利用受到人们的高度重视，风力发电是目前最具有商业价值的可再生能源利用形式。

　　发电机是风力发电系统的重要环节，其任务是将风力机轴上输出的机械能通过发电机转换成电能输出。发电机的选型与风力发电机组类型以及控制系统直接相关。风力发电机的分类如下：

$$
风力发电机
\begin{cases}
笼型异步发电机
\begin{cases}
恒速异步发电机 \\
单绕组双速异步发电机 \\
双绕组双速异步发电机
\end{cases} \\
同步发电机
\begin{cases}
永磁同步发电机 \\
电励磁同步发电机 \\
混合励磁同步发电机
\end{cases} \\
双馈（绕线转子）异步发电机 \\
直流发电机
\end{cases}
$$

　　目前，风力发电机广泛采用笼型异步发电机（笼型感应发电机）、双馈（绕线转子）异步发电机和同步发电机，直流风力发电机已经很少应用。对于定桨距风力机，系统采用恒频恒速控制时应选用异步发电机，为提高风电转换效率，异步发电机常采用双速型。对于变桨距风力机，系统采用变速恒频控制时，应选用双馈（绕线转子）异步发电机或同步发电机。同步发电机中，一般采用永磁同步发电机，为降低控制成本，提高系统的控制性能，也可采用电励磁或混合励磁（既有电励磁又有永磁）同步发电机。对于直驱式风力发电机组，一般采用低速（多极）永磁同步发电机。

电机学是一门传统学科，但风力发电机有其特殊性，且发展很快，往往工程先于理论。虽然工程上有大量风力发电机组投运，但缺少理论支撑，缺少核心技术，处于边摸索、边设计、边生产的状态。虽然已有一些与风力发电机相关的图书，但多数以系统或控制为主。到目前为止还没有一本适用面比较宽，专门分析各种风力发电机的图书，而风电的发展迫切需要一本分析风力发电机的专门书籍，本书正是在这种情况下得以出版。

全书分8章。第1章绪论，对风力发电系统、各种风力发电机进行简要介绍；第2章交流电机的基本理论，分析交流电机的一些共性知识，主要包括同步电机与异步电机的基本工作原理、交流电机的绕组和电动势、交流电机的磁动势等；第3章双馈风力发电机，主要包括双馈风力发电机的基本工作原理、数学模型、坐标变换、结构与设计等，最后详细介绍了两个双馈风力发电机实例；第4章双馈风力发电机的运行与控制，首先介绍双馈风力发电机运行方式，然后分别对双馈风力发电机几种主要控制方式进行分析，并介绍了双馈风力发电机低电压穿越技术；第5章介绍无刷双馈异步风力发电机及其控制，主要包括无刷双馈电机的结构与基本原理、运行区域分析及能量传递关系，最后介绍了控制策略及控制方法；第6章直驱式永磁同步风力发电机，介绍直驱式风力发电机的类型、结构、工作原理、并网与保护及设计中的若干问题，还详细介绍了几个大型直驱式永磁同步发电机设计实例；第7章讨论直驱式永磁同步风力发电机的运行与控制，主要包括最大功率跟踪、变桨距、低穿越等控制内容；第8章简要介绍风力发电系统中的其他发电机，包括笼型异步发电机和电励磁同步发电机。

本书在写作过程中得到中国长江三峡集团公司毕亚雄副总经理，中国三峡新能源公司孙强副总经理、王玉国副总工程师，东南大学胡虔生教授、胡敏强教授、余海涛教授，清华大学王祥珩教授，河海大学鞠平教授、郑源教授、张燎军教授，华侨大学方瑞明教授，华锐风电科技股份有限公司杨松高级工程师，新疆金风科技股份有限公司邓建军高级工程师，南京汽轮电机股份有限公司郭磊高级工程师等专家的大力支持，在此表示诚挚的感谢。本书在写作过程中河海大学能源与电气学院部分老师、研究生协助做了大量的工作，主要有陈祯斐、赵宏飞、徐刚、刘宝稳、李超群、汪金荣、张琳、谢小磊、刘久付、程俊、张正东、施恂山、黄春梅、崔杨柳、周宇、弓杰伟、王涛云、夏东升等，没有他们的帮助，本书很难及时推出，因此从某种意义上讲他们也是本书的作者。

本书的写作得到了中国水利水电出版社李莉主任、汤何美子编辑的大力支持与帮助，在此对她们为本书所做出的贡献表示衷心的感谢。

本书在写作过程中参考了大量文献资料，对所引用的资料已尽可能地列写在书后的参考文献中，但其中难免有些遗漏，特别是一些资料经过反复引用已难以查实原始出处，在此特向被漏列参考文献的作者表示歉意，并向所有引用文献的作者表示诚挚的感谢。

考虑到风力发电机的核心技术比较敏感，本书中所采用的各风力发电机厂家的技术资料都是从正规途径获得并已能公开的资料，无意泄漏公司机密，同时也对相关公司表示感谢。

尽管笔者试图使本书尽可能完美地呈现给读者，但由于能力与精力有限，加上目前没有专门介绍风力发电机的资料可参考，一些厂家因为技术保密等原因也难以提供最新的核心技术资料等，书中内容仍有局限与欠缺之处，有待不断充实与更新，衷心希望读者不吝赐教。

作者

2015 年 8 月 于南京

目　　录

第1章 绪 论

把风能转变为电能是风能利用中最基本的一种方式，这种将风能转变为电能的装置称为风力发电机组。风轮在风力的作用下旋转，把风的动能转变为风轮轴的机械能，发电机在风轮轴的带动下旋转发电。因此，发电机承担着把风力机的动能转变为电能的重要工作，是风力发电机组最核心的设备。

本章首先介绍风力发电机组的相关知识，包括风力发电机组的构成与分类，然后介绍了主要风力发电机及其特点。

1.1 风力发电机组的构成与分类

从不同角度分析，风力发电机组有多种分类方式。图 1-1 所示为风力发电机组的配置关系，可以清楚地说明风力发电机组的分类。

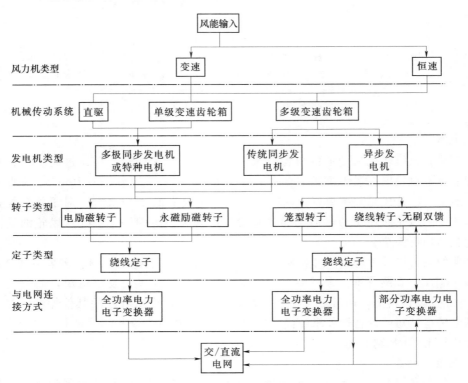

图 1-1 风力发电机组的配置关系

1.1.1　风力发电机组的构成

不同类型的风力发电机组其组成不完全相同，主要包括风轮、传动系统、发电机系统、制动系统、偏航系统、控制系统、变桨系统等，风力发电机组的主要组成部分如图1-2所示。

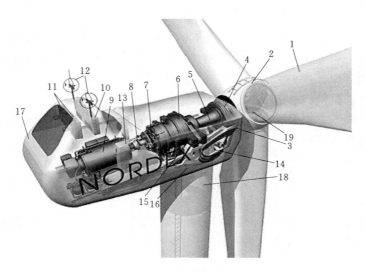

图 1-2　风力发电机组的主要组成部分

1—叶片；2—轮毂；3—机舱；4—叶轮轴与主轴连接；5—主轴；6—齿轮箱；7—刹车机构；
8—联轴器；9—发电机；10—散热器；11—冷却风扇；12—风速仪和风向标；
13—控制系统；14—液压系统；15—偏航驱动；16—偏航轴承；
17—机舱盖；18—塔架；19—变桨距部分

1. 风轮

风轮是将风能转化为动能的机构，风力带动风轮叶片旋转，再通过齿轮箱将转速提升，带动发电机发电。风力机通常有两片或三片叶片，叶尖速度50～70m/s。在此叶尖速度下，通常三叶片风轮效率更好，两叶片风轮效率仅降低2%～3%。对于外形均衡的叶片，叶片少的风轮转速更快，但会导致叶尖噪声和腐蚀等问题。三叶片风轮的受力更平衡，轮毂结构更简单。

早期的风力机叶片为钢制和铝制，随着科技的发展，目前叶片材料多采用玻璃纤维复合材料（GRP）和碳纤维复合材料（CFRP）。对于小型的风力发电机组，如风轮直径小于5m，在选择材料上，通常更关心效率而不是重量、硬度或叶片的其他特性。对于大型风力发电机组，对叶片特性要求较高，所以材料的选择更为重要。世界上大多数大型风力机的叶片是由GRP制成的。

2. 传动系统

风力机的传动机构一般包括低速轴、高速轴、齿轮箱、联轴节和制动器等，但不是所有风力机都必须具备这些环节。有些风力机的轮毂直接连接到齿轮箱上，不需要低速传动轴；也有些风力机（特别是小型风力机）设计成无齿轮箱的，风轮直接与发电机相连接。

齿轮箱是传动装置的主要部件。它的主要功能是将风轮在风力作用下产生的动能传递给发电机并使其达到相应的转速。通常风轮的转速很低，远达不到发电机发电所要求的转速，必须通过齿轮箱齿轮副的增速作用来实现，因此也将齿轮箱称为增速箱。如 600kW 的风力机风轮转速通常为 27r/min，相应的发电机转速通常为 1500r/min。

3. 发电机系统

发电机系统主要由发电机、循环变流器、水循环装置（电机、水泵、水箱等）或空冷装置等组成。核心是发电机，也是本书的重点，关于风力发电机组的分类将在 1.2 节讨论，发电机及其控制的详细内容将在后面各章中详细分析。

4. 制动系统

风力发电机组的制动分为气动制动与机械制动两部分。风的速度很不稳定，在大风的作用下，风轮会越转越快，系统可能被吹垮，因此常常在齿轮箱的输入端或输出端设置刹车装置，配合叶尖制动（定桨距风轮）或变桨距制动装置共同对机组传动系统进行联合制动。

5. 偏航系统

偏航系统使风轮扫掠面积总是垂直于主风向。中小型风力机可用舵轮作为对风装置，其工作原理大致为：当风向变化时，位于风轮后面的两个舵轮（其旋转平面与风轮旋转平面垂直）旋转，并通过一套齿轮传动系统使风轮偏转，当风轮重新对准风向后，舵轮停止转动，对风过程结束。

大中型风力机一般采用电动的偏航系统来调整风轮并使其对准风向。偏航系统一般包括异步风向的风向标、偏航电机、偏航行星齿轮减速器、回转体大齿轮等。其工作原理为：风向标作为异步元件将风向的变化用电信号传递到偏航电机控制回路的处理器中，经过比较后处理器给偏航电机发出顺时针或逆时针的偏航命令，为了减少偏航时的陀螺力矩，电机转速将通过同轴连接的减速器减速后，将偏航力矩作用在回转体大齿轮上，带动风轮偏航对风，当对风完成后，风向标失去电信号，电机停止工作，偏航过程结束。

6. 控制系统

控制系统是现代风力发电机组的神经中枢。现代风力发电机组无人值守，兆瓦级风力发电机组一般在风速 4m/s 左右自动启动，在 14m/s 左右发出额定功率。然后，随着风速的增加，风力发电机组一直控制在额定功率附近发电，直到风速达到 25m/s 时自动停机。现代风力发电机组的存活风速为 60～70m/s，也就是说在如此大的风速下风力发电机组也不会被吹坏。通常所说的 12 级飓风，其风速范围也仅为 32.7～36.9m/s。在这样恶劣的条件下，风力发电机组的控制系统要根据风速、风向对系统加以控制，使之在稳定的电压和频率下运行，自动地并网和脱网，并能够监视齿轮箱、发电机的运行温度，液压系统的油压等，对出现的任何异常进行报警，必要时自动停机。

7. 变桨系统

变桨距控制是根据风速的变化调整叶片的桨距角，从而控制风力发电机的输出功率。变桨系统通常由轴承、驱动装置（电机＋减速器）、蓄电池、逆变器等组成，变桨速度为

$16°/s$ 左右。

目前，国际上常见的变桨系统有两种类型：一种是液压驱动连杆机构，推动轴承，实现变桨；另一种是电机经减速驱动轴承，实现变桨。由于高压油的传递需要通过静止部件向旋转部件（轮毂）传递，难以很好地实现，易发生漏油；电信号的传递较易实现，兆瓦级风力发电机组多采用电机驱动变桨。出于安全考虑，要配置蓄电池，防止电网突然掉电或电信号突然中断，使风力发电机组能够安全平稳地实现顺桨制动。

1.1.2 风力发电机组的分类

1.1.2.1 按照风轮形式分类

1. 垂直轴风力发电机组

垂直轴风力发电机组按形成转矩的机理分为升力型和阻力型两类。

升力型风力发电机组的气动力效率远大于阻力型风力发电机组，因此当前大型并网型垂直轴风力发电机组全部为升力型。阻力型风力发电机组的风轮转矩是由叶片凹凸面阻力不同形成的，其典型代表是风杯，对大型风力发电机组不适用。

升力型风力发电机组的风轮转矩由叶片的升力提供，是垂直轴风力发电机的主流，其中打蛋形风轮应用最多，当这种风轮叶片的主导载荷是离心力时，叶片只有轴向力而没有弯矩，叶片结构最轻。

与水平轴风力发电机组相比，垂直轴风力发电机组除在风向改变时无需对风外，其优越性并不明显，因而目前使用量很小。

2. 水平轴风力发电机组

水平轴风力发电机组的风轮轴线基本与地面平行，安置在垂直地面的塔架上，是当前使用最广泛的机型。

水平轴风力发电机组还可分为上风向及下风向两种机型。上风向风力发电机组其风轮面对风向，安置在塔架前方，需要主动调向机构以保证风轮能随时对准风向。下风向风力发电机组其风轮背对风向，安置在塔架后方。当前大型并网风力发电机组几乎都是水平轴上风向型。

（1）上风向风力发电机组。水平轴上风向三叶片风力发电机组是当代大型风力发电机组的主流，两叶片上风向风力发电机组也比较多见。

两叶片风力发电机组在同样风轮直径（扫掠面积）下其转速更快才能产出与三叶片机组相同的功率，因此，对叶片寿命（循环次数）的要求比三叶片机组要高。由于转速快叶尖速度高，风轮的噪声水平也高，因此对周围的环境影响较大。两叶片相对三叶片，其质量平衡及气动平衡都比较困难，因此功率和载荷波动较大。其优点是叶片少、成本相对低，对于噪声要求不高的离岸型风力发电机组，两叶片是比较合适的。

（2）下风向风力发电机组。下风向风力发电机组只在中、小功率机型中出现。其特点如下：

1）风轮（被动）对风，不需要偏航驱动机构。因为风轮处于塔架的下风向，是静平衡状态，实际上由于偏航使电缆扭绞，仍需要解扭措施。原则上可采用滑环机构避免扭绞，但不可靠。

2）风轮在下风向受塔影影响较大，这一方面影响了风能利用系数，同时使疲劳载荷的幅值增大，叶片疲劳寿命也比上风向机型短，因此下风向风力发电机组很少采用。

1.1.2.2 按照速度与频率的关系分类

1. 恒速恒频风力发电机组

当风力发电机与电网并联运行时，要求风力发电机的频率与电网频率保持一致，即恒频。恒速恒频指在风力发电过程中，保持发电机的转速不变，从而得到恒定的频率。

恒频恒速发电机组通常采用异步发电机和同步发电机作为并网运行的发电机，采用定桨距失速或主动失速调节实现功率控制。

当采用**同步发电机**作为并网运行的发电机时，由于风速随机变化，作用在转子上的转矩很不稳定，使得并网时其调速性能很难达到期望的精度，常采用自动准同步并网和自同步并网方式，前者由于风速的不确定性，并网比较困难，后者并网操作较简单，并网在短时间内可完成，但要克服合闸时有冲击电流的缺点。

当采用**异步发电机**作为并网运行的发电机时，由于靠转差率调整负荷，所以控制装置简单，并网后不会产生振荡和失步，运行稳定。其缺点是直接并网时产生的过大冲击电流会造成电压大幅度下降，对系统安全运行构成威胁。异步发电机本身不发出无功功率，需要无功补偿，正常运行时需要相应采取有效措施才能保障风力发电机组安全运行。

总的来说，恒速恒频风力发电控制技术的优点是成本低、结构简单，不存在复杂的电路控制系统需要维护。其缺点是由于异步电机的转子始终运行于近似同步转速、同步电机始终运行于同步转速，无法实现风力机在不同风速状态下的转速调节，导致风力机在扫风面积上无法实现最大气动能量的捕获。由于这种风力发电机组自身不具备无功功率控制的能力，通常在电网接入环节安装无功补偿装置，如电容器组或 SVG，其容量根据发电机组容量按一定的比例进行设计。

2. 变速恒频风力发电机组

变速恒频是指在风力发电过程中发电机的转速可随风速变化，通过其他控制方式得到恒定的频率。

变速恒频发电是 20 世纪 70 年代中后期逐渐发展起来的一种新型风力发电技术，通过调节发电机转子电流的大小、频率和相位或变桨距控制实现转速的调节，可在很宽的风速范围内保持近乎恒定的最佳叶尖速比，进而实现风能最大转换效率；同时又可以采用一定的控制策略灵活调节系统的有功功率、无功功率，抑制谐波，减少损耗，提高系统效率，因此可以大大提高风电场并网的稳定性。尽管变速系统与恒速系统相比风电转换装置中的电力电子部分比较复杂和昂贵，但成本在大型风力发电机组中所占比例并不大，因而发展变速恒频技术将是今后风力发电的必然趋势。

变速恒频发电机组通常为"变速风力机＋变速发电机"形式，采用变桨距结构，启动时通过调节桨距控制发电机转速。

变速恒频风力发电机有低速直驱永磁风力发电机和带多级齿轮箱的高速双馈异步发电机两种基本形式，最近又从直驱永磁风力发电机和高速双馈异步发电机中分别派生出两种新结构，即带一级增速齿轮箱的半直驱永磁风力发电机和无刷双馈风力发电机，如图 1－3 所示。

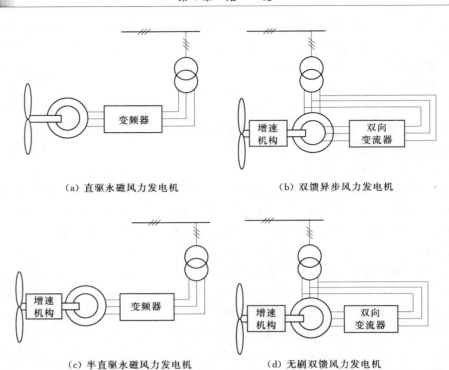

（a）直驱永磁风力发电机　　　　　　　　（b）双馈异步风力发电机

（c）半直驱永磁风力发电机　　　　　　　　（d）无刷双馈风力发电机

图 1-3　变速恒频风力发电机组的不同结构的发电机

表 1-1 为变速恒频风力发电机组与恒速恒频风力发电机组典型方案比较，分别在发电机类型、电力电子装置应用、无功补偿、变速装置、风能捕获效率、转速控制和电网柔性接入等方面进行分析对比。

表 1-1　大功率风力发电系统典型方案比较

比较内容	恒速恒频型风电系统	变速恒频型风电系统	
发电机类型	采用异步发电机（多采用鼠笼型转子结构）	永磁或电励磁同步电机	双馈异步电机
电力电子装置应用	除采用电力电子软并网装置外，无其他电力电子装置	全功率变流器	电力电子装置的额定容量为发电机组的最大滑差容量
无功补偿	可采用外部无功发生装置调节公共接入点电压	通过网侧变流器实现无功输出，公共接入点电压可控	通过网侧变流器及发电机定子实现无功输出，通过无功控制实现电网接入点电压可控
变速装置	无需齿轮箱	直驱方式无需齿轮箱，半直驱方式需要低速齿轮箱	需要高速齿轮箱
风能捕获效率	无法实现最大功率捕获	可实现最大功率捕获	可实现最大功率捕获
转速控制	需要被动失速控制或主动失速控制	通过变桨伺服机构控制转速	通过变桨伺服机构控制转速
电网柔性接入	并网和脱网过程均存在电气和机械冲击	柔性并网/脱网	柔性并网/脱网

1.1.2.3 按照有无齿轮箱分类

1. 有齿轮箱的双馈异步风力发电机组

双馈异步风力发电机组由定子绕组直连三相电网的绕线型异步发电机、增速齿轮箱和安装在转子绕组上的双向背靠背 IGBT 变流器等组成,如图 1-4 所示。传动系统采用增速齿轮箱,提高了电机的转速,进而减小了发电机的体积。

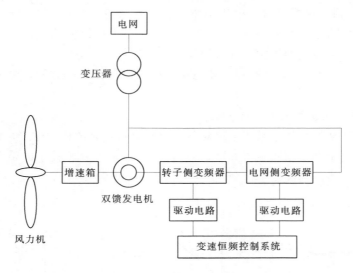

图 1-4 双馈式变速恒频风力发电机组结构框图

双馈异步风力发电机组的变流器由转子侧变流器和电网侧变流器两部分组成,彼此独立控制。变流器的主要原理是转子侧变流器通过控制转子电流分量控制有功功率和无功功率,而电网侧变流器控制直流母线电压并确保变流器运行在零无功功率状态下。

功率是馈入转子还是从转子提取取决于传动链的运行条件,在超同步状态,功率从转子通过变流器馈入电网;在欠同步状态,功率反方向传送。这两种情况(超同步和欠同步)下,定子都向电网馈电。

(1)优点。在风力发电中采用交流励磁双馈风力发电方案,可以获得以下优越的性能:

1)调节励磁电流的频率可以在不同的转速下实现恒频发电,满足用电负载和并网的要求,即变速恒频运行。这样可以从能量最大利用等角度去调节转速,提高发电机组的经济效益。

2)调节励磁电流的有功分量和无功分量,可以独立调节发电机的有功功率和无功功率。这样不但可以调节电网的功率因数,补偿电网的无功需求,还可以提高电力系统的静态和动态性能。

3)由于采用了交流励磁,发电机和电力系统构成了柔性连接,即可以根据电网电压、电流和发电机的转速来调节励磁电流,精确地调节发电机输出电压,使其满足要求。

4)由于控制方案是在转子电路中实现的,而流过转子电路的功率是由交流励磁发电机的转速运行范围所决定的转差功率,它仅仅是额定功率的一小部分,这样就大大降低了变频器的容量，减少了变频器的成本。

5）可维护性好。双馈式风力发电机组的传动结构一般包括叶片、轮毂、齿轮箱、联轴器、发电机，各主要部件相对独立，可以分别进行维护和维修，且现场维修容易，时间响应及时。

（2）缺点。这种双馈式风力发电机组也有以下缺点：

1）齿轮箱问题。双馈风力发电机组中，为了让风轮的转速和发电机的转速相匹配，必须在风轮和发电机之间用齿轮箱来连接，这就增加了机组的总成本；而且齿轮箱噪声大、故障率较高、需要定期维护，并且增加了机械损耗。

2）电刷问题。一方面，电刷和滑环间存在机械磨损；另一方面，电刷的存在降低了机组的可靠性。

2．无齿轮箱的直驱式风力发电机组

直驱式变速变桨恒频技术采用了风轮与发电机直接耦合的传动方式，发电机多采用多极同步电机，通过全功率变频装置并网，如图 1-5 所示。直驱技术的最大特点是可靠性和效率都有了进一步的提高。

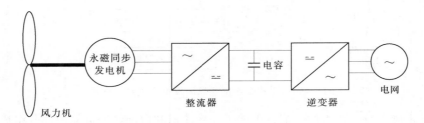

图 1-5　直驱式风力发电机组框图

直驱式风力发电机组首先将风能转化为频率、幅值均变化的三相交流电，经过整流之后变为直流，然后通过逆变器变换为恒幅恒频的三相交流电并入电网。通过中间电力电子变流器环节对系统有功功率和无功功率进行控制，实现最大功率跟踪，最大效率利用风能。

与双馈式风力发电机组相比，直驱式风力发电机组的优点在于：①传动系统部件减少，提高了风力发电机组的可靠性和利用率；②变速恒频技术的采用提高了风电机组的效率；③机械传动部件的减少降低了风力发电机组的噪声、提高了整机效率；④可靠性的提高降低了风力发电机组的运行维护成本；⑤部件数量的减少使整机的生产周期大大缩短；⑥利用现代电力电子技术可以实现对电网有功功率和无功功率的灵活控制；⑦发电机与电网之间采用全功率变流器，使发电机与电网之间的相互影响减少，电网故障时对发电机的损害较小。其缺点在于：①功率变换器与发电机组和电网全功率连接，但其造价昂贵，控制复杂；②用于直接驱动发电的发电机工作在低转速、高转矩状态，电机设计困难、极数多、体积大、造价高、运输困难。

3．半直驱式永磁风力发电机

除了有增速齿轮箱外，半直驱式永磁发电机和直驱式永磁发电机具有相似结构和性能。半直驱式永磁发电机的体积和成本比直驱式永磁发电机小，可靠性比双馈异步发电机高。在功率一定时，电机的体积取决于额定转速，如何选择增速齿轮箱的传送比是半直驱式永磁发电机的关键问题。基于制造容易、结构简单、成本低的要求，选择一级增速齿轮箱更为适合。

额定转速为 20r/min，额定功率为 1.5MW 的直驱式永磁发电机的定子外径和铁芯长度分别为 3800mm 和 1100mm，那么，经过一级增速齿轮箱增速后额定转速变为 255r/min 的半直驱式永磁发电机定子外径和铁芯长度分别为 2200mm 和 445mm。可见，半直驱式永磁发电机的体积、重量、成本都大大降低，而效率达到 97.8%，比直驱式永磁发电机的效率 95.4% 还高。

半直驱式永磁发电机的效率高主要是定子绕组的铜耗降低，这是因为相对于直驱式永磁发电机，转子转速提高了，绕组匝数降低了。

1.1.2.4 按照功率调节方式分类

1. 定桨距风力发电机组

定桨距失速型风力发电机组主要由风轮、增速机构、制动机构、发电机、偏航系统、塔架、机舱、加温加压系统以及控制系统等组成。定桨距风力发电机组的主要结构特点是叶片与轮毂的连接是固定的，即当风速变化时，叶片节距角不能随之变化。这一特点使得当风速高于风轮的设计点风速（额定风速）时，叶片必须能够自动地将功率限制在额定值附近，叶片的这一特性称为自动失速性能。运行中的风力发电机组在突甩负载的情况下，叶片自身必须具备制动能力，使风力发电机组能够在大风情况下安全停机。

20 世纪 70 年代失速性能良好的叶片的出现解决了风力发电机组对自动失速性能的要求，20 世纪 80 年代叶尖扰流器的应用解决了在突甩负载情况下的安全停机问题，这些使定桨距失速型风力发电机组在过去 20 年的风能开发利用中始终处于主导地位，最新推出的兆瓦级风力发电机组仍有机型采用该项技术。

定桨距失速型风电机组的最大优点是控制系统结构简单、制造成本低、可靠性高。但失速型风力发电机组的风能利用系数低，叶片上有复杂的液压传动机构和扰流器，叶片质量大，制造工艺难度大，当风速跃升时，会产生很大的机械应力，需要比较大的安全系数。

定桨距风力发电机组输出功率的特点如下：

（1）风力发电机组的输出功率主要取决于风速，同时也受气压、气温和气流扰动等因素的影响。定桨距风力发电机组叶片的失速性能只与风速有关，当风速达到叶片气动外形所决定的失速调节风速时，不论是否满足输出功率，叶片的失速性能都要起作用。定桨距风力发电机组的主动失速性能使其输出功率始终限定在额定值附近。

（2）定桨距风力发电机组中发电机额定转速的设定也对输出功率有影响。定桨距失速型风力发电机组的节距角和转速都是固定不变的，这使风力发电机组的功率曲线上只有一点具有最大风能利用系数，对应于某个叶尖速比。当风速变化时，风能利用系数也随之改变。要在变化的风速下保持最大风能利用系数，必须保持发电机转速与风速之比不变，而在风力发电机组中，其发电机额定转速有很大的变化，因此额定转速较低的发电机在低风速下具有较高的风能利用系数，额定转速较高的发电机在高风速时具有较高的风能利用系数。

2. 变桨距风力发电机组

变桨距风轮运行是通过改变桨距角使叶片剖面的攻角发生变化来迎合风速变化，从而在低风速时能够更充分地利用风能，具有较好的气动输出性能，而在高风速时，又可通过改变攻角的变化来降低叶片的气动性能，使高风速区风轮功率降低，达到调速限功的目的。变桨距失速型风力发电机组的典型代表是 Vestas 公司生产的 V39/V42/V44 - 600kW 机组。

（1）运行方式。变桨距风力发电机组的整个叶片围绕叶片中心轴旋转，使叶片攻角在一定范围内（一般为 0°~90°）变化，以调节输出功率不超过设计容许值。变桨距风力发电机组出现故障需停机时，一般先使叶片顺桨，使功率减小，在发电机与电网断开之前功率减小至零，即当发电机与电网脱开时，没有转矩作用于风力发电机组，避免了在定桨距风力发电机组上每次脱网时所要经历的突甩负载过程。由于变桨距叶片一般叶宽小，叶片轻，机头质量比失速机组小，不需要很大的刹车，所以其启动性能较好。但却增加了一套变桨距机构，从而增加了故障发生的概率，而且在处理变桨距机构叶片轴承故障时难度很大，所以其安装、维护费用相对偏高。

变桨距风力发电机组根据变距系统所起的作用可分为三种运行状态，即风力发电机的启动状态（转速控制）、欠功率状态（不控制）和额定功率状态（功率控制）。

1）启动状态。当变桨距风力发电机组的风轮从静止到启动，且发电机未并入电网时都称为启动状态，这时变桨距的节距给定值由发电机转速信号控制。转速控制器按一定的速度上升斜率给出速度参考值，变桨距系统根据给定的速度参考值调整节距角进行速度控制，在控制过程中，转速反馈信号与给定值进行比较，当转速超过发电机同步转速时，叶片节距角就向迎风面积减小的方向转动一个角度；反之，则向迎风面积增大的方向转动一个角度。

2）欠功率状态。当转速在同步转速附近保持一定时间后发电机即并入电网，这时如果风速低于额定风速，这种状态就是欠功率状态。这时的变桨距风力发电机组与定桨距风力发电机组相同，其功率输出完全取决于叶片的气动性能。

3）额定功率状态。当发电机并入电网，且风速大于额定风速时，风力发电机组就进入额定功率状态，这时变桨距控制方式由转速控制切换到功率控制，具体来说，就是功率反馈信号与给定值（额定功率）进行比较，当功率超过额定功率时，叶片节距就向迎风面积减小的方向转动一个角度，反之，则向迎风面积增大的方向转动一个角度。

（2）输出功率的特点。对于变桨距风力发电机组，由于叶片节距可以控制，所以即使风速超过额定点，其额定功率仍然具有较高的风能利用系数，功率曲线在额定点后也相对平稳，不但保证了较高的发电量，而且有效地减少了风力发电机因风速的变化对电网造成的不良影响，尤其是解决了高次谐波与功率因数等问题，达到了高效率、高质量地向电网提供电力的目的，因此更具优越性。另外，变桨距风力发电机组与定桨距风力发电机组相比，在相同的额定功率点，前者额定风速比后者的要低。因此，这种新型的变速风力发电机组是发展的主流方向。

1.2　风　力　发　电　机

1.2.1　基本参数与种类

1. 风力发电机的基本参数

风力发电机的基本参数是指风力发电机在额定运行状态下的一些参数，主要参数如下：

（1）额定容量 S_N 和额定功率 P_N。额定容量 S_N 是指出线端的额定视在功率，单位为 kVA 或 MVA。额定功率 P_N 是指在规定的额定情况下发电机输出的有功功率，单位为 kW 或 MW。

（2）额定电压 U_N。额定电压 U_N 是指在额定运行时发电机定子的线电压，单位为 V 或 kV。

（3）额定电流 I_N。额定电流 I_N 是指在额定运行时流过定子的线电流，单位为 A。

（4）额定功率因数 $\cos\varphi_N$。额定功率因数 $\cos\varphi_N$ 是指发电机在额定运行时的功率因数。

（5）额定效率 η_N。额定效率 η_N 是指发电机在额定运行时的效率。

上述额定值之间的关系为

$$P_N = \sqrt{3}U_N I_N \cos\varphi_N \tag{1-1}$$

（6）额定转速。额定转速是指发电机在额定运行时转子的转速，单位为 r/min。

2. 风力发电机的种类

应用于风力发电的发电机种类较多，常用的有以下类型：

（1）笼型异步发电机。多用于定桨距（或主动失速）、定速的风力发电机组，加全额变流器可用于变速风力发电机组。

（2）双馈异步发电机。多用于变桨距、部分变速的风力发电机组。

（3）电励磁同步发电机。多用于定速风力发电机组，加全额变流器可用于变速风力发电机组。

（4）永磁同步发电机加全额变流器。多用于变桨距、变速的直驱型风力发电机组。

（5）直流发电机。现在较少使用。

1.2.2　几种典型的风力发电机

1. 双馈异步风力发电机

双馈异步风力发电机又称交流励磁双馈风力发电机，是变速恒频风力发电机组的核心部件，也是风力发电机组国产化的关键部件之一。此类发电机主要由电机本体和冷却系统两大部分组成。电机本体由定子、转子和轴承系统组成。冷却系统分为水冷、空空冷和空水冷三种结构。双馈异步风力发电机定子结构与异步电机相同，转子结构带有滑环和电刷，与绕线式异步电机和同步电机不同，转子侧可以加入交流励磁，既可输入电能也可输出电能，既有异步电机的某些特点又有同步电机的某些特点。其定子和转子（经过变流器）同时和电网连接，在超同步运行时，定子、转子可以同时发电，因此称为"双馈"。双馈异步风力发电机的性能特点是可以在较大范围内变速运行，而定子侧输出电流的频率恒定。

双馈异步发电机的定子绕组直接与电网相连，转子绕组通过变频器与电网连接，转子绕组电源的频率、幅值和相位按运行要求由变频器自动调节，机组可以在不同的转速下实现恒频发电，满足用电负载和并网的要求。由于采用了交流励磁，发电机和电力系统构成了柔性连接，即可以根据电网电压、电流和发电机的转速来调节励磁电流，精确地调节发电机输出电压，使其能满足要求。

双馈异步风力发电机的主要特点如下：

（1）技术成熟、质量可靠。风力发电机组工作环境恶劣，对机组可靠性要求很高。双馈异步风力发电机组采用的大功率、大速比齿轮箱技术从 20 世纪 90 年代起已经开始应用，其在风电中的故障率已低于电气系统和发电机系统。风轮＋齿轮箱＋发电机的传动链结构简单，各类载荷分配合理，整体质量可靠性高。

（2）电机体积小。由于采用齿轮箱使电机转速提高，相对于低速的直驱型发电机，双馈异步风力发电机的体积大大减小，重量减轻。

双馈异步风力发电机本体的主要问题是电刷问题，一方面，电刷和滑环间存在机械磨损；另一方面，电刷的存在降低了机组的可靠性。

2. 直驱式永磁同步风力发电机

直驱式风力发电机是一种由风力直接驱动的发电机，亦称无齿轮箱风力发电机，这种发电机采用多极电机与风轮直接连接进行驱动的方式，免去齿轮箱这一传统部件。

直驱式永磁同步风力电机主要由定子、永久磁钢转子、位置传感器、电子换向开关等部分组成。直驱式风力发电机直接拖动电机的转子旋转发电，根据电机基本理论，频率不变时，低转速要求电机有足够多的极数，所以这样的电机通常为多极同步发电机。直驱式风力发电机组使用永磁同步发电机发电，无需励磁控制，电机运行速度范围宽、电机功率密度高、体积小，成为风力发电机设计的一个重要方向。

直驱式永磁同步风力发电机的原理：永磁同步发电机是正弦波永磁同步发电机，同一般同步发电机一样，定子绕组通常采用三相对称的正弦分布绕组。同步发电机为了实现能量的转换，需要有一个直流磁场，永磁同步发电机转子采用特殊形状的永磁体以确保气隙磁密沿空间呈正弦分布。当转子永磁体随着转子一起在风力机带动下旋转时，转子磁场切割定子绕组，产生三相感应电势，利用变流器将定子电流频率转变为电网频率输送到电网。

有的直驱式风力发电机组方案，将风轮与外转子合二为一，取消了轮毂，叶片直接装在转子外部。进一步简化了结构、减轻了重量。

直驱式永磁同步风力发电机的主要特点如下。

（1）直驱式永磁同步风力发电机的优点是：①由于零件和系统的数量减少，维修工作量大大降低。另外，运动部件少，由磨损等引起的故障率很低，可靠性高；②最近开发的直驱机型多数是永磁同步发电机，不需要激磁功率，传动环节少，损失少，风能利用率高；③对风能波动和负载变化反应快。

（2）直驱式永磁同步风力发电机的缺点是：①由于直驱式风力发电机组没有齿轮箱，

低速风轮直接与发电机相连接，各种有害冲击载荷也全部由发电机系统承受，对发电机要求很高；②退磁问题。永磁同步发电机存在退磁隐患，尚无明确更换方案；③体积（直径）庞大。为了提高发电效率，发电机的极数非常大，通常在100极左右，发电机的结构变得非常复杂，发电机尺寸大、重量大，运输、安装比较困难。

3. 无刷双馈风力发电机

目前最适合风力变速恒频发电的是双馈异步风力发电机，当风速变化引起转速变化时，通过控制转子电流的频率可实现变速恒频控制，且所需双向变频器容量较小。但该发电机具有电刷、滑环的转子结构使得系统的可靠性大大降低，特别在大型风电系统中维修很不方便。为了克服传统风力发电机的上述缺点，近年来出现了一种无刷双馈变速恒频风力发电机组，所用的电机为新型无刷双馈风力发电机，其结构和运行机理与常规电机有较大的不同。

无刷双馈风力发电机组中采用的发电机为无刷双馈发电机。其定子上有两套极对数不同的绕组，分别为功率绕组和控制绕组，其中功率绕组直接接电网或负载；控制绕组可以通过变频器（一般为双向流通变频器）接电网侧。无刷双馈电机（BDFM）作为发电机运行时原理类似交流励磁发电机，一般功率绕组（极对数多者）用于发电，控制绕组（极对数少者）用作交流励磁，当原动机的转速发生变化时，调节控制绕组侧励磁电流的频率便可方便地实现变速恒频发电，通过改变励磁电流的幅值和相位还可以实现有功功率和无功功率的调节。BDFM的这种特性改变传统同步发电机系统恒速运行的刚性连接为柔性连接，可以很大程度上提高发电机组的可靠性。特别是在低转速风力和水力发电系统中，发电机的变速运行可以使发电机组运行在最优工况，最大限度地利用风能和水能，提高整个发电机组的效率。

无刷双馈发电机的体积和成本比直驱式永磁发电机小，而可靠性比双馈异步发电机高。与双馈异步发电机相比，无刷双馈发电机的体积大，原因如下：

（1）无刷双馈发电机的极数多为8极以上，其运行转速较低。

（2）无刷双馈发电机不需要电刷和滑环，但是定子上有两套极数不同的绕组，需要定子槽的空间较大。

1.2.3 典型发电机对比

以上已分析了主要类型风力发电机组和风力发电机的特点，特别是对双馈发电机和直驱式永磁同步发电机进行了分析，下面以表格形式进行总结对比。

表1-2为不同类型发电机主要设计参数（以1.5MW为例），可以看到在相同容量情况下各类发电机的基本情况，双馈发电机体积最小。表1-3为1.5MW各类发电机的性能对比。

表1-2 1.5MW各类发电机的设计参数

参　　数	直驱式永磁发电机	半直驱式永磁发电机	双馈感应发电机	无刷双馈发电机
定子外径/mm	3800	2200	880	990
铁芯长度/mm	1100	445	910	1200

续表

参　　数	直驱式永磁发电机	半直驱式永磁发电机	双馈感应发电机	无刷双馈发电机
额定转速/(r·min⁻¹)	20	255	1800	900
效率/%	95.4	97.8	96.9	95.1
极数	120	18	4	6/2
定子槽数	378	144	60	90

表 1-3　1.5MW 各类发电机的性能对比

性　　能	变速恒频控制方案				
	交直交方案	交流励磁方案	无刷双馈方案	永磁方案	磁场调制方案
所采用的发电机	笼型异步发电机	交流励磁发电机	无刷双馈发电机	永磁发电机	磁场调制发电机
转子型式	笼型	绕线型	笼型/磁阻/级联式	永磁式	特殊设计
有无电刷、滑环	无	有	无	无	无
变频器位置	定子侧	转子侧	转子侧	定子侧	定子侧
变频器容量	系统全部容量	部分	部分	全部	全部
变频器能量流向	单向	双向	双向	单向	单向
可否调整功率因数	可	可	可	可	可，效率高、谐波少
可否直接驱动	可	可	可	可	不可
转速运行范围	窄	较宽	较宽	宽	较窄

　　需要指出的是，表 1-2 中的效率仅指发电机的效率，如果考虑增速箱的功率损耗，半直驱式永磁发电机、无刷双馈发电机、双馈异步发电机的效率将更低，尤其是双馈异步发电机。直驱式永磁发电机的效率不受影响，因为它不需要增速箱。

　　从上述对比分析可知：直驱式永磁发电机无电刷，不需要增速机构，又没有励磁损耗，因此具有运行可靠、效率高等良好性能，变速恒频技术是通过 AC/AD/AC 在定子侧实现的，成本高、体积大、变频器价格昂贵；高速双馈异步发电机变速恒频技术是在转子侧实现的，所需要变频器容量小、系统成本低，但高速双馈异步发电机有电刷，可靠性差；半直驱式永磁发电机具有低速直驱式永磁发电机的良好性能，又具有高速双馈异步发电机低成本的特点，但由于采用一级增速机构，可靠性比直驱式永磁发电机差；无刷双馈发电机具有高速双馈异步发电机低成本的特点，可靠性也比高速双馈异步发电机高。

　　直驱式风力发电机和双馈风力发电机是当前乃至今后相当长时间内的主流机型，直驱式风力发电机和双馈风力发电机的特性比较见表 1-4。

　　总之，目前风力发电机以双馈异步发电机和直驱式永磁同步发电机为主流，两者各有千秋。就目前国内的情况来看，双馈变桨变速风力发电机的装机容量最大；直驱式变桨变速永磁风力发电机省去齿轮箱，具有电机运行速度范围宽、效率高等突出优点，随着技术逐步成熟，近年来发展很快。

表 1-4 直驱式风力发电机和双馈风力发电机的特性比较

特 性	双馈风力发机组	直驱式永磁风力发电机组
系统维护成本	较高（齿轮箱故障多）	低
系统价格	中	高
系统效率	较高	高
电控系统体积	中	较大
变流其容量	全功率的 1/3	全功率变流
变流系统稳定性	中	高
电刷滑环	半年换电刷，两年换滑环	无电刷，滑环
电机重量	轻	重
电机种类	励磁	永磁，设计时要考虑永磁体退磁问题

可以肯定的是，风力发电机组技术的成熟性、质量的稳定性和可靠性以及低成本的维修和维护将是市场选择最重要的标准。双馈技术已经在过去的 10 多年中成为不可争辩的主流技术，而直驱和永磁直驱技术目前来看尚无法撼动其地位，但永磁直驱技术发展很快，优势明显，至于未来如何，还有待市场的进一步检验。

第 2 章　交流电机的基本理论

使用交流电能或者产生交流电能的旋转电机称为交流电机，可以分为同步电机和异步电机两大类。同步电机的转速与所接电源的频率存在一种严格不变的关系，所以称为同步电机，而异步电机的转速与所接电源的频率并不存在这种关系，所以称为异步电机。

同步电机和异步电机在励磁方式和运行特性等方面均有根本差异，但电机内部发生的电磁现象和机电能量转换的原理基本上是相同的，可归并到一起研究。本章介绍交流电机的绕组、感应电动势和旋转磁动势等共性问题，对学习异步电机和同步电机的运行性能有着重要的意义。

2.1　交流电机的工作原理

2.1.1　同步电机

下面以同步发电机为例说明同步电机的工作原理。同步发电机由定子和转子两部分组成，定子、转子间有气隙，其结构模型如图 2-1 所示。定子上嵌放一组三相对称绕组 AX、BY 和 CZ，每相绕组的匝数相等，空间位置互差 120°电角度，为方便计算，图中每相绕组仅由一个线圈构成。转子磁极装有励磁绕组，由直流励磁。正确选择磁极形状，可使气隙磁通密度沿定子内圈按正弦分布，转子磁场波形图如图 2-2 所示。

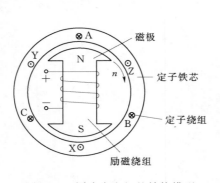

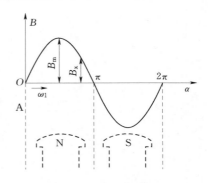

图 2-1　同步发电机的结构模型　　图 2-2　转子磁场波形图

在图 2-2 中，以 A 相绕组为例，横坐标 α 为应转子位置角，纵坐标 B 为气隙磁通密度幅值，ω_1 为转子旋转角速度，B_x 为任意位置处的 A 相绕组对应的气隙磁通密度幅值。当原动机带动电机转子顺时针方向恒速旋转时，在气隙中形成一个正弦旋转磁场，磁场的幅值保持不变，但其所在空间位置随转子的旋转而旋转。该旋转磁场不断切割定子每相绕组，并在其中感应电动势，电动势的大小按 $e=Blv$ 确定，方向按右手定则确定。以 A 相为例，在图

2-1所示位置，导体位于磁极轴线上，感应电动势最大，其方向如图2-1所示。当转子转过90°，磁极轴线位于水平位置，A相绕组不再切割磁场，感应电动势为零。转子继续旋转，连接首端A的线圈边切割S极，感应电动势的方向也随之改变。由于旋转的气隙磁通密度在定子内周按正弦规律分布，则定子绕组中感应电动势随时间按正弦规律变化。

　　由于三相绕组对称，在空间互差120°，当旋转磁场依次切割A相、B相和C相绕组时，所产生的感应电动势也对称，即各相电动势的幅值大小相等，时间相位差120°，波形图如图2-3所示。

　　若把X、Y、Z三个线端接在一起成为中点，在A、B、C三个出线端之间就可得到三相对称交变电动势，这就是三相同步发电机空载时的基本原理。如果在三个出线端接上三相对称负载，就引出三相对称交流电流，实现电能输出，此时，电枢绕组的三相电流与励磁绕组电流生成的气隙磁场相互作用，产生电磁转矩，发电机状态下该转矩方向与转子转向相反，原动机必须不断地提供给转子机械转矩才能维持电机转速，这样发电机就实现了将机械能转换为电能。

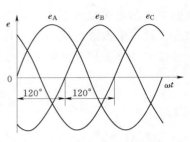

图2-3　三相电动势波形图

　　图2-3中三相电动势的相序为A→B→C，它取决于转子的转向。当转子为一对磁极时，转子旋转一周，定子绕组感应电动势变化一个周期；当转子有p对磁极时，转子旋转一周，感应电动势就变化p个周期。设转子每分钟转数为n_1，则感应电动势频率为

$$f=\frac{pn_1}{60} \tag{2-1}$$

　　从式（2-1）可见，同步电机的转速n_1和电网频率f之间有严格不变的关系。即当电网频率一定时，电机的转速$n_1=60f/p$为一恒值，这是同步电机的一个特点。

2.1.2　异步电机

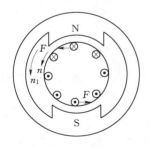

图2-4　异步电动机的
工作原理图

　　以异步电动机为例说明异步电机的工作原理。异步电动机的工作原理如图2-4所示，其定子结构与同步电机相似，由定子铁芯和三相交流绕组组成。转子结构与同步电机不同，转子绕组是一个闭合的交流绕组，常用的一种转子绕组是：转子槽内有导体，导体两端用短路环连接起来，形成一个闭合绕组。当定子绕组流过三相对称交流电流时，在定子、转子间气隙建立起以同步转速n_1旋转的旋转磁场（其原理将在本章2.3节中分析），设为逆时针旋转的两极磁场。磁力线切割转子导体并在其中感应电动势，方向如图2-4所示，于是转子导体内流过电流。由电磁力定律可知，转子导体电流与旋转磁场相互作用，使转子导体受电磁力的作用，作用力的方向由左手定则决定。转子上所有导体受到的电磁力形成一个逆时针方向的电磁转矩T，使转子跟着旋转磁场逆时针旋转，转速为n。如转子轴上带机械负载，电磁转矩将克服负载转矩而做功，输出机械功率，实现从电能到机械能的转换。

异步电机转动原理比较复杂，为便于理解，可简单归纳为 10 个字。具体如下：

（1）电生磁。三相对称绕组通入三相对称电流产生圆形旋转磁场。

（2）磁生电。旋转磁场切割转子导体感应电动势，转子闭合，形成电流。

（3）电磁生力。转子电流（有功分量电流）在磁场作用下受电磁力作用，形成电磁转矩，驱动电动机旋转，将电能转化为机械能。

由上述过程可以发现，异步电机负载运行时转子导条与旋转磁场之间必须有相对运动，即转子转速 n 与旋转磁场转速 n_1（又称同步转速）不同，才能在转子绕组中不断产生感应电动势和感应电流，从而产生电磁转矩，故称为异步电机。从异步电机的作用原理来看，该类电机能负载运行的关键在于转子一侧有感应电动势和电流，这样能量由静止部分通过电磁感应传递到运动部分，或由运动部分传递到静止部分，所以又称为感应电机。

2.2　交流电机的绕组和电动势

交流电机的绕组主要是指同步电机的定子绕组、异步电机的定子绕组和转子绕组（绕线式电机），它是电机结构的重要组成部分，交流电机的电动势和磁动势特性均与绕组的构成有关。

交流电机的绕组可按相数、绕组层数、每极下每相槽数和绕法来分类：

（1）根据相数，交流绕组可分为单相绕组和多相绕组。

（2）根据槽内绕组层数，交流绕组可分为单层绕组和双层绕组。

（3）根据每极下每相槽数，交流绕组可分为整数槽绕组和分数槽绕组。

（4）根据绕法，交流绕组可分为叠绕组和波绕组。

现代大中型交流电机的定子绕组大多为三相绕组。本章将着重介绍三相双层整数槽绕组。

2.2.1　交流电机绕组的要求

1. 交流电机绕组的基本要求

从电力系统对电机电动势和磁动势波形、大小和对称性等要求出发，交流电机的绕组应该满足以下要求：

（1）合成电动势和合成磁动势的波形要接近正弦形，幅值要大。

（2）三相绕组各相的电动势和磁动势要对称（节距、匝数、线径相同，空间互差120°电角度），电阻、电抗要平衡。

此外，从经济性和可靠性出发，交流电机的绕组还应满足：①绕组的铜耗 P_{Cu} 要小，用铜量要省；②绝缘要可靠，机械强度高、散热条件好、制造方便；③绕制加工方便。

2. 交流电机绕组的基本术语

（1）电角度与机械角度。电机圆周在几何上分为 360°，这称为机械角度。但从电磁观点上看，若磁场在空间按正弦分布，导体每转过一对磁极，电动势就变化一个周期，故称一对磁极对应的角度为 360°电角度。对于极对数为 p 的电机两者之间的关系为

$$电角度＝p×机械角度 \tag{2-2}$$

（2）极距和节距。相邻磁极轴线之间沿定子内周跨过的距离称为极距 τ。可用每极对应的定子内圆弧长表示，即

$$\tau = \frac{\pi D}{2p} \qquad (2-3)$$

式中　D——定子内圆直径。

极距 τ 还可用每极所对应的槽数来表示

$$\tau = \frac{Z}{2p} \qquad (2-4)$$

式中　Z——槽数。

电机槽中线圈（或称元件）的两个圈边（或称元件边）的宽度称为节距 y，一般用两圈边所跨槽数表示，如 $y=\tau$ 称为整距，$y<\tau$ 称为短距，$y>\tau$ 称为长距。

（3）槽距角。相邻两槽之间的电角度称为槽距角 α。

$$\alpha = \frac{p \times 360°}{Z} \qquad (2-5)$$

（4）每极每相槽数。每一极下每相所占的槽数称为每极每相槽数 q，如定子的相数为 m，则

$$q = \frac{Z}{2pm} \qquad (2-6)$$

$q=1$ 称为集中绕组，$q \neq 1$ 称为分布绕组；q 为整数称为整数槽绕组，q 为分数称为分数槽绕组。普遍采用的是整数槽分布绕组。

（5）相带。电机每极面下每相绕组占有的范围称为相带，一般用电角度表示。如为了获得三相对称绕组，一种方法是在每个极面下均匀占有相同范围，每个相带占有 $180°/3 = 60°$ 电角度；另一种方法是把每对极所对应的槽分为三等分，使每相带占有 $360°/3 = 120°$ 电角度。一般均采用 $60°$ 相带。

2.2.2　三相双层绕组

双层绕组的每个槽内有上、下两个线圈边。线圈的一条边放在某一槽的上层，另一条边则放在相隔 y 槽的下层，整个绕组的线圈数恰好等于槽数。

双层绕组的主要优点如下：

（1）可以选择最有利的节距，并同时采用分布绕组以改善电动势和磁动势的波形。

（2）所有线圈具有相同的尺寸，便于制造。

（3）端部形状排列整齐，有利于散热和增强机械强度。

因此，目前 10kW 以上的三相交流电机，其定子绕组一般均采用双层绕组。下面以槽数 $Z=36$，极数 $2p=4$，并联支路数 $a=1$ 的三相双层叠绕组为例来说明双层绕组的连接规律。

1. 绕组参数计算

（1）极距。

$$\tau = \frac{Z}{2p} = \frac{36}{4} = 9$$

（2）槽距角。

$$\alpha = \frac{p \times 360°}{Z} = \frac{2 \times 360°}{36} = 20°$$

（3）每极每相槽数。

$$q = \frac{Z}{2pm} = \frac{36}{4 \times 3} = 3$$

2. 绘制槽导体电动势星形图

槽导体电势星形图是分析交流绕组的一种有效方法。设磁极磁场沿气隙圆周按正弦规律分布，逆时针方向恒速旋转，于是定子各槽内导体感应电动势将随时间按正弦变化。由于各槽在空间互差 α 电角度，因此各导体电动势在时间相位上也彼此互差 α 电角度。槽导

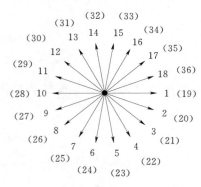

图 2-5　槽导体电动势星形图

体电动势星形图如图 2-5 所示。将 1 号槽的导体电动势以相量 1 表示，磁场逆时针方向转动相当于导体顺时针切割磁力线。所以 2 号槽的导体电动势相量 2 比相量 1 顺时针滞后 20°。依此类推，可把 36 个槽的导体电动势相量都画出来，构成一个辐射星形图，称为槽导体电势星形图。由图 2-5 可见，19～36 的相量与 1～18 的相量分别重合，这是由于它们在磁极下分别处于对应的位置，所以它们的感应电动势同相位。

3. 按 60°相带法分相，求出槽号分配表

所谓分相，就是在星形图上划分各相所属槽号。首先，将图 2-5 所示的星形图分成六等分，每一等分 60°电角度，为一相带。由于 q=3，每相带有 3 个槽。然后在星形图上顺时针方向标上 A、Z、B、X、C、Y。显然，AX 相带里的槽都属于 A 相，BY 相带里的槽属 B 相，CZ 相带里的槽属 C 相，根据此结果求出槽号分配表，见表 2-1。

表 2-1　各个相带的槽号分配表

槽　号	相　带					
	A	Z	B	X	C	Y
第一对极下（1～18 槽）	1，2，3	4，5，6	7，8，9	10，11，12	13，14，15	16，17，18
第二对极下（19～36 槽）	19，20，21	22，23，24	25，26，27	28，29，30	31，32，33	34，35，36

2.2.3　正弦磁场下交流绕组的感应电动势

下面推导气隙磁场为正弦分布时交流绕组内的感应电动势。为便于理解，先分析一根导体的感应电动势，再导出线圈的电动势，然后根据线圈组间的连接方式求出每相绕组的电动势。

2.2.3.1　导体的感应电动势

线圈中磁链变化的感应电动势如图 2-6 所示。一台两极交流同步发电机，其转子是

直流励磁形成的主磁极。假定定子上放有一根导体 A，当转子用原动机拖动以转速 n_0 旋转，气隙中形成一个转速为 n_0 的旋转磁场，定子导体静止，可以理解为以转速 n_0 "切割"此旋转磁场而产生感应电动势 $e＝Blv$。因导体 A 交替切割 N、S 极磁场，因而电动势是交变的。

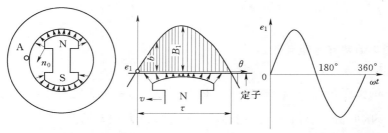

（a）两极交流发电机　　（b）主极磁场在空间的分布　　（c）导体中感应电动势的波形

图 2-6　线圈中磁链变化的感应电动势

1. 频率

此两极电机（$p＝1$）转子每转过一周，导体电动势就变化 1 个周期；若电机有 p 对极，则导体电动势变化 p 个周期，因此导体电动势的频率为

$$f＝\frac{pn_0}{60} \tag{2-7}$$

2. 波形

设定子表面光滑，如合理选择主磁极的形状，则主磁场在气隙内的空间分布如图 2-6（b）所示，为一近似正弦波，若只考虑基波时，可以认为是正弦波

$$B＝B_1\sin\theta \tag{2-8}$$

式中　B_1——气隙磁场的幅值；

　　　θ——距离原点的距离（坐标取在转子上，原点位于极间位置）。

为分析方便，将主磁极视为不动。设 $t＝0$ 时，导体位于极间，将要进入 N 极的位置，转子旋转的角速度（以每秒流过的电弧度计算）为 ω。当时间为 t 时，导体转过 θ 角，则 $\theta＝\omega t$。则导体中的感应电动势为

$$e＝Blv＝B_1lv\sin\omega t＝\sqrt{2}E_c\sin\omega t \tag{2-9}$$

式中　E_c——电动势有效值。

可见，当气隙磁场为正弦分布，主极磁场又是匀速运动时，导体感应电动势为正弦波，如图 2-6（c）所示。

3. 有效值 E_c

由式（2-9），又有 $v＝\dfrac{2p\tau n}{60}$，$\tau＝\dfrac{\pi D}{2p}$（D 为电枢内径），则电动势有效值为

$$E_c＝\frac{B_1lv}{\sqrt{2}}＝\frac{B_1l}{\sqrt{2}}\frac{2p\tau n}{60}＝\sqrt{2}\frac{pn}{60}B_1l\tau＝\sqrt{2}fB_1l\tau \tag{2-10}$$

又知正弦分布磁场磁密幅值 B_1 与平均值 B_{av} 的关系为 $\dfrac{B_{av}}{B_1}=\dfrac{2}{\pi}$，$l\tau$ 为每极下面积，则每极磁通量 $\varPhi=B_{av}l\tau=\dfrac{2}{\pi}B_1l\tau$，所以

$$E_c=\sqrt{2}fB_1l\tau=\sqrt{2}f\frac{\varPhi}{\dfrac{2}{\pi}}=\frac{\sqrt{2}}{2}\pi f\varPhi\approx2.22f\varPhi \tag{2-11}$$

2.2.3.2　线圈电动势和短距系数

1. 整距线匝电动势 E_t

对于 $y=\tau$ 的整匝线匝，一个边处在 N 极的中心，另一个必定处在 S 极的中心，两有效边感应电动势瞬时值大小相等，方向相反，则整距线匝电动势 $\dot{E}_t=\dot{E}_c-(-\dot{E}_c)=2\dot{E}_c$，其有效值为

$$E_t=2E_c=4.44f\varPhi \tag{2-12}$$

2. 短距线匝电动势 E_t

对于 $y<\tau$ 的短距线匝，它的两个有效边相距 $\gamma=\dfrac{y}{\tau}180°$ 电角度，因此两导体电动势相位差 γ 时间电角度，线匝电动势为两导体电动势的相量和，其有效值为

$$E_t=2E_c\cos\frac{180°-\gamma}{2}=2E_c\sin\frac{y}{\tau}90°=4.44fK_p\varPhi \tag{2-13}$$

其中

$$K_p=\frac{E_t}{2E_c}=\frac{短距线匝电动势}{整距线匝电动势}=\sin\frac{y}{\tau}90°\leqslant1 \tag{2-14}$$

式中　K_p——节距因数（也称短距系数），表示线圈短距使线匝电动势较整距时减小的折扣系数。

因为整距线匝电动势为两导体（有效边）电动势的代数和，而短距线匝电动势为两导体电动势的相量和。故 $K_p\leqslant1$，只有双层整距绕组或单层绕组时，$K_p=1$。

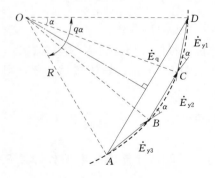

图 2-7　线圈组电动势

3. N_c 匝线圈电动势 E_y

设线圈匝数为 N_c，其电动势 E_y 为一匝线圈电动势 E_t 的 N_c 倍，故

$$E_y=N_cE_t=4.44fN_cK_p\varPhi \tag{2-15}$$

2.2.3.3　线圈组电动势和分布因数

交流绕组总是由属同一相带的 q 个线圈串联组成线圈组，这 q 个线圈分布在相邻槽中，故它们的感应电动势大小相等，但相位依次差 α 电角度。线圈组电动势 E_q 是这 q 个线圈电动势的相量和，如图 2-7 所示。

q 个线圈电动势相量和构成正多边形的一部分。设其外接圆的半径为 R，有图 2-7 中的几何关系

$$E_y=2R\sin\frac{\alpha}{2}$$

故
$$R = \frac{E_y}{2\sin\frac{\alpha}{2}}$$

则
$$E_q = 2R\sin\frac{q\alpha}{2} = 2\frac{E_y}{2\sin\frac{\alpha}{2}}\sin\frac{q\alpha}{2} = qE_y\frac{\sin\frac{q\alpha}{2}}{q\sin\frac{\alpha}{2}} = qE_yK_d = 4.44qfN_cK_dK_p\Phi \tag{2-16}$$

其中
$$K_d = \frac{q\text{ 个线圈分布放置的合成电动势}}{q\text{ 个线圈集中放置的合成电动势}} = \frac{\sin\frac{q\alpha}{2}}{q\sin\frac{\alpha}{2}} \leqslant 1 \tag{2-17}$$

式中 K_d——分布因数（或分布系数），表示在正弦分布的绕组中，线圈分布放置后线圈感应电动势较集中放置减少的折扣系数，这是因为 q 个线圈电动势的几何和要小于代数和。

定义 $K_w = K_dK_p$ 为绕组因数（绕组系数），则式（2-16）可以重写为
$$E_q = 4.44qfN_cK_w\Phi \tag{2-18}$$

2.2.3.4 相绕组电动势

整个电机共有 $2p$ 个极，这些极下属于同一相的线圈组既可相互串联，也可相互并联，以组成一定数目的并联支路。设一相绕组的总串联匝数为 N，则一相绕组总的合成电动势 E_ϕ 为
$$E_\phi = 4.44fNK_w\Phi \tag{2-19}$$

对于单层绕组，每对极每相只有一个线圈组，设 a 为并联支路数，则
$$N = \frac{pqN_c}{a} \tag{2-20}$$

对于双层绕组，每对极每相有两个线圈组，则
$$N = \frac{2pqN_c}{a} \tag{2-21}$$

设每槽导体数为 S，则单层绕组 $S = N_c$，双层绕组 $S = 2N_c$，每相绕组串联匝数可统一写成
$$N = \frac{pqS}{a} \tag{2-22}$$

式（2-19）是一相绕组电动势的计算公式，绕组因数 K_w 反映了因采用分布和短距结构而使其减少的程度，NK_w 称为每相绕组有效串联匝数。

2.2.3.5 三相绕组的线电动势

如前文分析，三相交流绕组结构对称，在空间分布上互差 120°，因此所产生的三相相电动势在时间上互差 120°，当三相绕组接成 Y 连接时，线电动势 $E_L = \sqrt{3}E$；接成 △ 连接时，线电动势 $E_L = E$。

【例 2-1】 有一台三相同步电机，$2p = 2$，转速 $n = 3000\text{r/min}$，定子槽数 $Z = 60$，双层绕组，Y 接法，节距 $y = \frac{4}{5}\tau$，每相绕组串联匝数 $N = 20$，主磁场在气隙中正弦分布，基波磁通量 $\Phi = 1.504\text{Wb}$。试求主磁场在定子绕组内感应的：

（1）电动势频率。

（2）电动势的节距因数、分布因数和绕组因数。

（3）相电动势和线电动势。

【解】

（1）电动势频率

$$f = \frac{pn}{60} = \frac{1 \times 3000}{60} = 50(\text{Hz})$$

（2）每极每相槽数

$$q = \frac{Z}{2pm} = \frac{60}{2 \times 1 \times 3} = 10$$

槽距角

$$\alpha = \frac{p \times 360°}{Z} = \frac{1 \times 360°}{60} = 6°$$

电动势的节距因数、分布因数和绕组因数

$$K_p = \sin\frac{y}{\tau}90° = \sin\frac{4}{5}90° = 0.951$$

$$K_d = \frac{\sin\dfrac{q\alpha}{2}}{q\sin\dfrac{\alpha}{2}} = \frac{\sin\dfrac{10 \times 6°}{2}}{10\sin\dfrac{6°}{2}} = 0.955$$

$$K_w = K_d K_p = 0.951 \times 0.955 = 0.908$$

（3）相电动势和线电动势

$$E_\phi = 4.44 f N K_w \varPhi = 4.44 \times 50 \times 20 \times 0.908 \times 1.504 = 6063(\text{V})$$

$$E_L = \sqrt{3} E_\phi = \sqrt{3} \times 6063 = 10500(\text{V})$$

2.2.4　感应电动势中的高次谐波

空气隙的磁场实际上不完全按正弦分布，需要把非正弦分布的磁通密度波按傅立叶级数分解为基波和各次谐波，它们分别在绕组中产生感应电动势。此时绕组中的感应电动势除基波外，还有一系列的高次谐波。

2.2.4.1　高次谐波电动势

气隙磁场实际上不完全按正弦分布，以三相凸极同步电机为例，其主极磁场如图 2-10 所示，在空间分布为一基于磁极中心线对称的平顶波，气隙磁场中除含有基波外，还含有空间奇次谐波（由于结构对称，谐波分量中无偶次谐波），其中 3 次、5 次谐波幅值较大，而高次谐波幅值较小，图 2-8 仅画出基波和 3 次、5 次谐波。

1. 主极磁场谐波所产生的高次谐波电动势

对于上述气隙磁场，其基波和各次谐波均随转子旋转，因此，定子绕组中不仅感应基波电动势，还感应谐波电动势，谐波电动势的计算公式与基波电动势类似，ν 次谐波的电动势为

$$E_{\phi\nu} = 4.44 f_\nu N K_{w\nu} \phi_{m\nu} \tag{2-23}$$

式中　f_ν——ν 次谐波电动势的频率；

　　　$K_{w\nu}$——ν 次谐波电动势的绕组因数；

　　　$\phi_{m\nu}$——ν 次谐波的每极磁通。

因为 ν 次谐波磁场与基波磁场以同一速度旋转，而极对数为基波磁场的 ν 倍，即 $p_\nu=\nu p$，故 ν 次谐波电动势的频率为

$$f_\nu=p_\nu\frac{n_1}{60}=\nu p\frac{n_1}{60}=\nu f_1 \quad (2-24)$$

因为 ν 次谐波磁场的极对数为基波磁场极对数的 ν 倍，故 ν 次谐波磁场的极距为基波磁场极距的 $\frac{1}{\nu}$ 倍，即 $\tau_\nu=\frac{1}{\nu}\tau$，故 ν 次谐波磁场的每极磁通为

$$\phi_{m\nu}=\frac{2}{\pi}B_{m\nu}l\frac{\tau}{\nu} \quad (2-25)$$

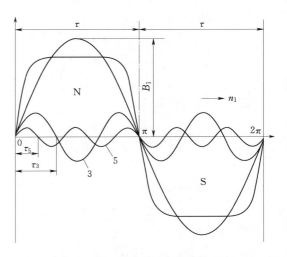

图 2-8　凸极同步电机的主极磁场

式中　$B_{m\nu}$——ν 次谐波磁场的磁通密度幅值。

因为 ν 次谐波磁场的极对数为基波磁场极对数的 ν 倍，$p_\nu=\nu p$，因此，同样一个槽距角或短距角在基波尺度上量度时为 α 或 β 电角度，而在 ν 次谐波尺度上量度时为 $\nu\alpha$ 或 $\nu\beta$ 电角度，故参照基波绕组因数的计算公式，ν 次谐波电动势的分布因数、节距因数和绕组因数分别为

$$K_{d\nu}=\frac{\sin q\dfrac{\nu\alpha}{2}}{q\sin\dfrac{\nu\alpha}{2}} \quad (2-26)$$

$$K_{p\nu}=\sin\nu\frac{y}{\tau}90° \quad (2-27)$$

$$K_{w\nu}=K_{d\nu}K_{p\nu}=\frac{\sin q\dfrac{\nu\alpha}{2}}{q\sin\dfrac{\nu\alpha}{2}}\sin\nu\frac{y}{\tau}90° \quad (2-28)$$

【例 2-2】　三相四极交流电机，定子槽数 $Z=24$，节距 $y=5$。按下列方式接线，算出其基波和 5 次谐波绕组因数：

（1）单层链式绕组。

（2）双层短距绕组。

【解】

（1）单层链式绕组。

槽距角　　　　　　　　　　　$\alpha=\dfrac{360°p}{Z}=\dfrac{360°\times2}{24}=30°$

每极每相槽数　　　　　　　　$q=\dfrac{Z}{2pm}=\dfrac{24}{2\times2\times3}=2$

三相单层绕组短距因数均为 1。

基波绕组因数为

$$K_{w1} = K_{d1} K_{p1} = \frac{\sin \frac{q\alpha}{2}}{q \sin \frac{\alpha}{2}} \times 1 = \frac{\sin 2 \times \frac{30°}{2}}{2 \sin \frac{30°}{2}} = 0.965$$

5 次谐波绕组因数为

$$K_{w5} = K_{d5} K_{p5} = \frac{\sin 2 \times \frac{5 \times 30°}{2}}{2 \sin \frac{5 \times 30°}{2}} = 0.259$$

（2）双层短距绕组。

$$y = 5, \quad \tau = 6, \quad \beta = \alpha = 30°$$

基波绕组因数为

$$K_{p1} = \sin \frac{y}{\tau} 90° = \sin \frac{5}{6} \times 90° = 0.966$$

$$K_{w1} = K_{d1} K_{p1} = 0.965 \times 0.966 = 0.932$$

5 次谐波绕组因数为

$$K_{p5} = \sin \nu \frac{y}{\tau} 90° = \sin 5 \times \frac{5}{6} \times 90° = 0.259$$

$$K_{w5} = K_{d5} K_{p5} = 0.259 \times 0.259 = 0.067$$

一般来说，基波绕组因数略小于 1，但谐波短距系数远小于 1，所以，采用短距绕组、分布绕组虽然对基波电动势的大小稍有影响，但当主磁场中含有谐波磁场时，它能够有效抑制谐波电动势，故一般的交流绕组大多采用短距分布绕组。

2. 相电动势和线电动势

考虑了各次谐波的相电动势有效值为

$$E = \sqrt{E_1^2 + E_3^2 + E_5^2 + \cdots} = E_1 \sqrt{1 + \left(\frac{E_3}{E_1}\right)^2 + \left(\frac{E_5}{E_1}\right)^2 + \cdots} \tag{2-29}$$

对于三相绕组，相电动势的 3 次谐波同幅值同相位，当接成 Y 形时，线电压等于相电压之差，相减时 3 次谐波电动势互相抵消，其线电动势为

$$E_L = \sqrt{3} \times \sqrt{E_1^2 + E_5^2 + \cdots} \tag{2-30}$$

此时其线电动势中不存在 3 次及其倍数次数谐波电动势。

△形连接时，三相的 3 次谐波电动势之和 $3\dot{E}_3$ 将在闭合的三角形回路中形成环流 $\dot{I}_{3\triangle}$，则

$$\dot{I}_{3\triangle} = \frac{3\dot{E}_3}{3Z_3} \tag{2-31}$$

式中　$3Z_3$——回路的 3 次谐波阻抗。

由于 3 次谐波电动势完全消耗于环流的电压降 $\dot{I}_{3\triangle} Z_3$ 上，所以线端亦不会出现 3 次谐波，但 3 次谐波环流所产生的损耗会使电机的效率下降，温升增高，所以三相同步发电机定子绕组通常采用 Y 接法而不用△接法。

2.2.4.2 谐波电动势的削减方法

工程上用电压波形正弦性畸变率 K_u 指标来考核同步发电机的空载电压波形，电压波形正弦性畸变率指电压波形中所包含的除基波分量以外的各次谐波分量有效值平方和的根值与基波分量有效值之比的百分数，即

$$K_u = \frac{1}{U_1}\sqrt{U_2^2 + U_3^2 + U_4^2 + \cdots + U_n^2} \times 100\% \qquad (2-32)$$

式中　U_1——基波电压有效值；

　　　U_n——n 次谐波电压有效值。

高次谐波的存在致使发电机输出的电压并不是理想的正弦波，还有一定分量的高次谐波。一般来说，高次谐波与基波相比其值较小，但高次谐波的存在对电力系统中电动机和其他电气设备造成损耗增加、温升提高、效率降低、性能变坏等不良影响；高次谐波还会产生电磁干扰，对通信线路和通信设备均有影响；再者，电力系统中有一些电感和电容的组合，若在某一高频条件下产生并联谐振，会产生很大的谐振电流和过电压，存在潜在的谐波危险。因此在设计交流电机时，应该采取一定的措施以消除和削弱电机绕组电动势中的谐波含量。

由谐波电动势公式 $E_\nu = 4.44 f_\nu N K_{w\nu} \phi_{m\nu}$ 可见，通过减小 $K_{w\nu}$ 或 $\phi_{m\nu}$ 可降低 E_ν，其具体方法分述如下。

1. 使气隙磁场接近正弦分布

使气隙磁场接近正弦分布是消除和减少绕组高次谐波电动势最有效的方法。例如凸极同步电机转子通过设计极靴宽度和气隙长度（磁极中心气隙较小，极边缘的气隙有规律地变大），使气隙磁场的波形尽可能接近正弦分布。

2. 采用短距绕组

某次谐波电动势的大小与其绕组因数成正比。如要消除 ν 次谐波电动势，只要使

$$K_{p\nu} = \sin\nu\frac{y}{\tau}90° = 0$$

即　　　　$\nu\frac{y}{\tau}90° = k \times 180°$　　或　　$y = \frac{2k}{\nu}\tau (k = 1, 2, \cdots)$

从消除谐波的观点看，上式中的 k 可选为任意整数，但是从尽可能不削弱基波的角度考虑，应当选用接近于整距的短节距，即使 $2k = \nu - 1$。此时

$$y = \left(1 - \frac{1}{\nu}\right)\tau \qquad (2-33)$$

式（2-33）说明，为消除第 ν 次谐波，应当选用比整距短 $\frac{1}{\nu}\tau$ 的短距线圈。

当磁场为非正弦分布时，线电动势中主要成分是 5 次和 7 次谐波，所以三相双层短距绕组一般取 $\frac{y}{\tau} = \frac{5}{6}$ 左右，这样有利改善相电动势的波形。

3. 采用分布绕组

绕组的分布因数同样与其电动势大小成正比。随着每极每相槽数的增加，基波分布因数减少很小，仍接近于 1，而谐波分布因数减少很多，如 $q = 1$ 时，$K_{d1} = K_{d3} = K_{d5} = $

$K_{d7} = \cdots = 1$；$q = 2$ 时，$K_{d1} = 0.965$，$K_{d3} = 0.707$，$K_{d5} = 0.259$，$K_{d7} = -0.259$；$q = 6$ 时，$K_{d1} = 0.957$，$K_{d3} = 0.644$，$K_{d5} = 0.195$，$K_{d7} = -0.143$。所以通常交流电机不采用集中绕组（$q = 1$），而采用分布绕组。但 q 的增加意味着总槽数的增多，这将使电机的成本提高。考虑到 $q > 6$ 时，高次谐波的分布因数的下降已不太显著，故现代交流电机设计一般取 $q = 2 \sim 6$。

由此可见，由于分布绕组和短距绕组对基波和谐波电动势的绕组因数的影响有很大的不同，分布和短距后虽然基波电动势有所下降，但对削弱或消除谐波电动势非常明显，因而广泛采用这类绕组。

以上以三相同步发电机为例，说明其气隙磁场空间分布为平顶波时，定子绕组产生谐波电动势的机理和削弱谐波电动势的方法。事实上，交流电机还有一些其他原因产生的绕组谐波电动势，如定子、转子开槽以后，单位面积下气隙磁导变为不均匀，导致气隙磁场中含有齿谐波，同样也会产生相应的谐波电动势。对此本书不做进一步分析，可参考相关文献。

2.3　交流电机绕组的磁动势

2.3.1　概述

由交流电机的工作原理可知，气隙磁场是交流电机实现机电能量转换的关键。这个磁场的建立非常复杂，对于空载运行的同步电机，气隙磁场由转子磁动势建立，而当定子绕组接通负载时，由定子三相电流产生的磁动势将使气隙磁场的分布发生改变；对于异步电动机，当定子绕组接到交流电网后，流入的三相定子电流将会产生磁动势和气隙磁场，由于电磁感应，转子绕组中也将产生三相或多相（对于笼型转子绕组）电流并产生转子磁动势来影响原来的磁场。因此，同步电机的定子，异步电机的定子、转子上都产生交流磁场。研究交流磁场磁动势的大小和性质，并进一步分析它产生的气隙磁场十分重要。

交流绕组空间分布位置不同，而绕组中的电流是随时间变化的交流电流，因此交流绕组的磁动势及其气隙磁场既是时间的函数，又是空间的函数，分析起来比较复杂。下面以定子电流产生的磁动势为例来分析交流绕组的气隙磁场，所得结论同样适用于转子磁动势。根据由简入繁的原则，按线圈、线圈组、单相绕组、三相绕组的顺序，依次分析它们的磁动势。为了简化分析，做出下列假定：

（1）绕组的电流随时间按正弦规律变化，不考虑高次谐波电流。

（2）槽内电流集中于槽中心处，齿槽的影响忽略不计。

（3）定子、转子间的气隙是均匀的，气隙磁阻是常数。

（4）铁芯不饱和，略去定转子铁芯的磁压降。

2.3.2　单相绕组的磁动势——脉振磁动势

2.3.2.1　线圈的磁动势

组成绕组的单元是线圈，下面先分析一个线圈所产生的磁动势。

图 2-9 所示为一个整距线圈的磁动势示意图及波形图。定子上只有一个整距线圈 AX，该线圈放置在水平轴线上，其匝数为 N_c，当电流 i 从 X 流入，从 A 流出时，线圈产生的磁势为 $N_c i$，磁力线的路径遵循右手螺旋定则，如图中虚线所示，由定子铁芯进入气隙为 N 极，由气隙进入定子铁芯为 S 极。根据磁场的分布、电流的数值、导线的位置，可确定线圈磁动势的大小及分布。由于不考虑铁芯中磁压降，所以线圈的磁动势降落在两个均匀的气隙中，则气隙各处的磁压降均等于线圈磁动势的一半，即 $\frac{1}{2}N_c i$。

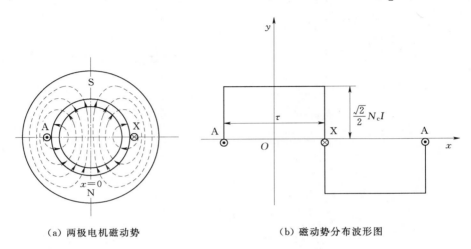

（a）两极电机磁动势　　　　　　　　　（b）磁动势分布波形图

图 2-9　一个整距线圈的磁动势

假设将电机定子从放置线圈边 A 的位置切开并沿气隙圆周展开，如图 2-9（b）所示，将定子内圆圆周展成的直线作为 x 轴，表示气隙圆周所对应的电角度；将磁极轴线确定为 y 轴，表示磁动势的大小和极性。设 N 极磁极为正，S 极磁极为负，可得整距线圈产生的磁动势沿气隙圆周的分布。设线圈中流过的电流随时间按余弦规律变化，即 $i = I_m \cos\omega t = \sqrt{2} I \cos\omega t$，当 $\omega t = 0$ 时，$i = \sqrt{2} I$。总磁动势为 $N_c i = \sqrt{2} N_c I$，不计铁芯磁压降，每侧气隙磁压降各占 $\frac{1}{2}$ 总磁动势，此时，图 2-9（b）所示的磁动势曲线的数学表达式为

$$\begin{cases} F_{ym}(x) = \dfrac{\sqrt{2}}{2}N_c I & \left(-\dfrac{\tau}{2} < x \leqslant \dfrac{\tau}{2}\right) \\[2mm] F_{ym}(x) = -\dfrac{\sqrt{2}}{2}N_c I & \left(\dfrac{\tau}{2} < x < \dfrac{3\tau}{2}\right) \end{cases} \tag{2-34}$$

由于线圈中流过的电流按正弦规律变化，因此，整距线圈每极磁动势的幅值也随时间按正弦规律变化，其数学表达式为

$$f_y(x,t) = \frac{1}{2}N_c i = \frac{\sqrt{2}}{2}N_c I \cos\omega t = F_{ym}\cos\omega t \tag{2-35}$$

式中　F_{ym}——矩形波磁动势的幅值，$F_{ym} = \dfrac{\sqrt{2}}{2}N_c I$。

上述分析表明：当正弦交流电流通过整距线圈时，所产生的磁动势在空间上是矩形波

分布，即每一极下各点的磁势在同一时刻是相等的；而矩形波的高度，即磁动势的大小是随时间按正弦规律变化的，随电流的大小变化而变化，磁动势的极性也随着电流方向的改变而变化。不同瞬间的磁动势脉动分布情况如图 2-10 所示。把这种空间位置固定，而大小和极性随电流交变的磁动势称为脉振磁动势。其脉振的频率就是线圈中交流电流的频率。

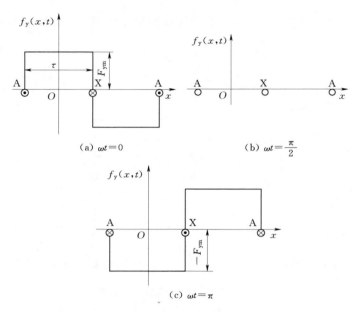

图 2-10　不同瞬间整距线圈的脉振磁动势

上述分析是针对一对极的情况进行的。在多极电机中，如果只取一对极内的磁动势来进行分析，则与两极电机的磁动势完全相同。即 p 对磁极的磁动势分布波形只是在交变次数上较一对磁极的磁动势分布增加 p 倍而已。图 2-11 给出了四极电机中电流达到最大值时整距线圈磁动势的分布。

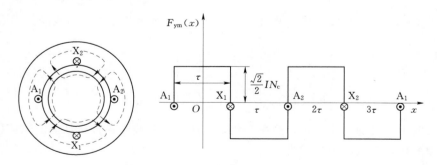

图 2-11　两个整距线圈组成的四极磁动势

直接运用矩形波来分析绕组的磁动势是非常不方便的。通常采用傅立叶级数将矩形波分解，根据线圈的基波磁动势得出相绕组的基波磁动势，根据线圈的谐波磁动势得出相绕组的谐波磁动势，最后得出相绕组的合成磁动势。由图 2-11 可见，整距线圈磁动势是一

个对称的矩形波，用傅立叶级数表示为

$$F_{ym}(x) = F_{y1}\cos\frac{\pi}{\tau}x + F_{y3}\cos3\,\frac{\pi}{\tau}x + F_{y5}\cos5\,\frac{\pi}{\tau}x + \cdots \qquad (2-36)$$

式中 F_{y1}——磁动势的基波幅值，$F_{y1} = \frac{4}{\pi}\frac{\sqrt{2}}{2}N_cI = 0.9N_cI$；

$F_{y\nu}$——磁动势的 ν 次谐波幅值，$F_{y\nu} = \frac{1}{\nu}\left(\frac{4}{\pi}\frac{\sqrt{2}}{2}N_cI\sin\nu\,\frac{\pi}{2}\right)$，$\nu = 1, 3, 5, \cdots$。

因此整距线圈所产生的脉振磁动势为

$$f_y(x,t) = F_{ym}(x)\cos\omega t$$

$$= \frac{4}{\pi}\frac{\sqrt{2}}{2}N_cI\left(\cos\frac{\pi}{\tau}x - \frac{1}{3}\cos3\,\frac{\pi}{\tau}x + \frac{1}{5}\cos5\,\frac{\pi}{\tau}x + \cdots\right)\cos\omega t$$

$$= 0.9N_cI\left(\cos\frac{\pi}{\tau}x - \frac{1}{3}\cos3\,\frac{\pi}{\tau}x + \frac{1}{5}\cos5\,\frac{\pi}{\tau}x + \cdots\right)\cos\omega t \qquad (2-37)$$

式（2-37）的矩形波如图2-12所示，为了图面清晰只画了基波和3次、5次谐波。

2.3.2.2 线圈组的磁动势

1. 整距分布线圈组

设有 q 个相同的整距线圈相串联组成一个线圈组。各线圈在空间依次相距 α 电角度，若各线圈的匝数相等，流过的电流也相同，便产生 q 个振幅相等的矩形磁动势波，但空间依次相距 α 电角度。整距线圈的线圈组磁动势如图2-13所示。$q=3$，$\alpha=20°$，共有3个高度

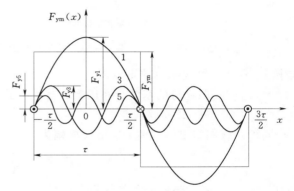

图2-12　不同瞬间整距线圈的脉振磁动势

相等的矩形波，彼此相差20°。利用傅氏级数把每一个矩形磁动势波分解成基波及一系列奇次谐波。图2-13（b）中的曲线1、2、3分别代表3个幅值相等、在空间互差20°电角度的整距线圈的基波磁动势。若把这3个基波磁动势逐点相加，就可得到基波合成磁动势（曲线4），其振幅为 F_{q1}。对各次谐波也可以用逐点相加的方法得到各次谐波的合成磁势，其振幅为 $F_{q\nu}$。

在数学分析上，正弦分布波可用空间矢量来表示，矢量的长度表示振幅，图2-13（b）中3个线圈的基波磁动势分别是3个大小相等，彼此相差20°电角度的空间矢量，按矢量相加，其合成磁动势基波即为这3个线圈矢量的矢量和，如图2-13（c）所示，这个矢量和比各线圈的代数和小。

以上分析与线圈组基波电动势的合成相似，因此同样可以引入分布因数 K_{d1} 来计及线圈分布的影响。故线圈组磁动势的基波振幅为

$$F_{q1} = qF_{c1}K_{d1} = 0.9qN_cK_{d1}I_c \qquad (2-38)$$

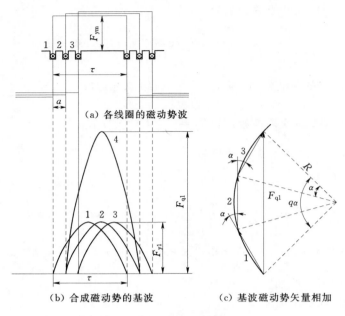

（a）各线圈的磁动势波

（b）合成磁动势的基波　　　（c）基波磁动势矢量相加

图 2-13　整距线圈的线圈组磁动势

式中　qN_c——每线圈组的匝数；

　　　　K_{d1}——磁动势的基波分布因数，计算公式与电动势的基波分布因数公式相同，见式（2-17）。

同理，线圈组磁动势的 ν 次谐波振幅为

$$F_{q\nu}=qF_{c\nu}K_{d\nu}=\frac{0.9}{\nu}qN_cK_{d\nu}I_c \tag{2-39}$$

式中　$K_{d\nu}$——磁动势的 ν 次谐波分布因数，计算公式与电动势的 ν 次谐波分布因数公式相同，见式（2-26）。

【例 2-3】　三相四极交流电机，定子槽数 $Z=36$，计算其基波和 5 次谐波磁动势的分布因数。

【解】

槽距角为

$$\alpha=\frac{360°p}{Z}=\frac{360°\times2}{36}=20°$$

每极每相槽数为

$$q=\frac{Z}{2pm}=\frac{36}{2\times2\times3}=3$$

基波分布因数为

$$K_{d1}=\frac{\sin\dfrac{q\alpha}{2}}{q\sin\dfrac{\alpha}{2}}=\frac{\sin3\times\dfrac{20°}{2}}{3\sin\dfrac{20°}{2}}=0.960$$

5 次谐波分布因数为

$$K_{d5} = \frac{\sin q \dfrac{\nu\alpha}{2}}{q\sin \dfrac{\nu\alpha}{2}} = \frac{\sin 3 \times \dfrac{5 \times 20°}{2}}{3\sin \dfrac{5 \times 20°}{2}} = 0.217$$

7 次谐波分布因数为

$$K_{d7} = \frac{\sin q \dfrac{\nu\alpha}{2}}{q\sin \dfrac{\nu\alpha}{2}} = \frac{\sin 3 \times \dfrac{7 \times 20°}{2}}{3\sin \dfrac{7 \times 20°}{2}} = -0.177$$

由此例可以看出，5 次、7 次谐波分布因数要比基波分布因数小得多，这意味着采用分布绕组虽然会使基波合成磁动势有所减小，但对高次谐波却削弱得更多。因此，采用分布绕组是改善磁动势波形的有效措施之一。

2. 短距分布线圈组

双层绕组通常是短距绕组，线圈节距缩短后对合成磁动势有一定影响，下面分析短距对线圈组磁动势的影响。

图 2 - 14 所示为 $q = 2$，$y = \dfrac{5}{6}\tau$ 的双层短距叠绕组中一对极下同属同一相的两个线圈组。

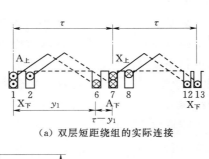

（a）双层短距绕组的实际连接

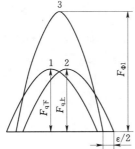

（b）上下层基波磁动势及其合成

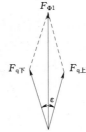

（c）用矢量求基波合成磁动势

图 2 - 14 双层短距绕组

从产生磁场的观点来看，磁动势既取决于槽内导体电流的大小和方向，又与槽内有效圈边的分布和匝数有关，但与圈边的连接次序无关。因此，为分析方便，仿效单层整距绕组分析方法，分别求出这两个单层整距分布绕组的磁动势，其基波分量为图 2 - 14 （b）中的曲线 1、2，这两个磁动势的幅值相等，空间相差一个短距角 $\varepsilon = \left(1 - \dfrac{y}{\tau}\right)180° = 30°$ 电角度，把这两条曲线逐点相加，可得到合成曲线 3。也可以用磁动势矢量来表示，如图2-14（c）所示，与交流绕组的电动势分析方法相似，双层短距分布绕组的基波磁动势比双层整距时小 $\sin \dfrac{y}{\tau}90°$倍，此倍数就是基波节距因数 K_{p1}，双层绕组磁动势的基波振幅为

$$F_{\phi 1}=2F_{q1}K_{p1}=0.9(2qN_c)K_{p1}K_{d1}I=0.9(2qN_c)K_{w1}I \qquad (2-40)$$

式中　$2qN_c$——双层线圈组的每对极匝数；

　　　　K_{p1}——磁动势的基波节距因数，计算公式与电动势的基波节距因数公式相同，见式（2-14）；

　　　　K_{w1}——磁动势的基波绕组因数，$K_{w1}=K_{p1}K_{d1}$。

同理，磁动势的 ν 次谐波振幅为

$$F_{\phi \nu}=2F_{q\nu}K_{p\nu}=0.9(2qN_c)\frac{K_{p\nu}K_{d\nu}}{\nu}I=0.9(2qN_c)\frac{K_{w\nu}}{\nu}I \qquad (2-41)$$

式中　$K_{p\nu}$——磁动势的 ν 次谐波节距因数，计算式与电动势的 ν 次谐波节距因数的计算式相同，见式（2-27）；

　　　　$K_{w\nu}$——磁动势的 ν 次谐波绕组因数，$K_{w\nu}=K_{p\nu}K_{d\nu}$。

采用短距绕组也可以削弱或者消除磁动势中的高次谐波，改善磁动势波形。

2.3.2.3　单相绕组的磁动势

在弄清线圈和线圈组的磁动势基础上，可推导出相绕组的合成磁动势。

然而需要指出的是：相绕组由分布在各极下的线圈连接而成，一相绕组的磁动势平均作用于各个磁极，书中所指的单相绕组磁动势，不是总磁动势（即不是各极面下磁动势的叠加），而是作用于一对磁极的磁动势。这与相电动势求法不同，电动势是时间相量，相电动势是将各线圈组电动势按线圈组的接线方式（串联或并联）相加而成，而磁动势是空间矢量，把不同空间的各对磁极的磁动势合并起来是没有意义的。

设每相绕组串联匝数为 $N\left(\text{对于单层绕组，}N=\dfrac{pqN_c}{a}\text{，对于双层绕组，}N=\dfrac{2pqN_c}{a}\right)$，每相并联支路数为 a，相电流有效值为 I，线圈中的电流，即每条支路的电流 $I_c=I/a$。一个相绕组一对极下的基波磁动势幅值所在的轴线即为该相绕组在该对极下的轴线，以一对极考虑，这就是相绕组的轴线。如空间坐标原点取在相绕组轴线处，导体中电流按正弦规律变化，则单相绕组磁动势按照式（2-37）的形式可表示为

$$f_{\phi}(x,t)=0.9\frac{NI}{p}\left(K_{w1}\cos\frac{\pi}{\tau}x-\frac{1}{3}K_{w3}\cos3\frac{\pi}{\tau}x+\frac{1}{5}K_{w5}\cos5\frac{\pi}{\tau}x+\cdots\right)\cos\omega t$$

$$=\left(F_{\phi 1}\cos\frac{\pi}{\tau}x-F_{\phi 3}\cos3\frac{\pi}{\tau}x+F_{\phi 5}\cos5\frac{\pi}{\tau}x+\cdots\right)\cos\omega t \qquad (2-42)$$

式中　$F_{\phi 1}$——相绕组的磁动势基波振幅，$F_{\phi 1}=0.9\dfrac{NK_{w1}}{p}I$；

　　　　$F_{\phi \nu}$——相绕组磁动势的 ν 次谐波幅值，$F_{\phi \nu}=0.9\dfrac{NK_{w\nu}}{\nu p}I$，$\nu=3,5,7,\cdots$。

图 2-15 给出了不同瞬间单相绕组基波磁动势的波形，由图可以发现：单相绕组的基波磁动势在空间上随 x 按正弦规律分布，在时间上随 ωt 按正弦规律脉振。它既是时间的函数，也是空间的函数。但是图 2-15 中的磁动势在水平方向没有移动，即不能旋转。

因此，单相绕组流入交流电流时产生脉振磁动势，该磁动势有以下特性：

（1）单相绕组的磁动势是一个在空间位置固定不变，幅值随时间按正弦规律变化的脉振磁动势，基波及所有谐波磁动势的脉振频率都等于绕组中电流的频率。

（2）单相绕组基波磁动势幅值 $F_{\phi1}=0.9\dfrac{NK_{w1}}{p}I$，$\nu$ 次谐波幅值 $F_{\phi\nu}=0.9\dfrac{NK_{w\nu}}{\nu p}I$。由于 $F_{\phi\nu}\propto K_{w\nu}/\nu$，所以谐波次数越高，幅值越小，绕组分布和适当短距有利于改善磁动势波形。

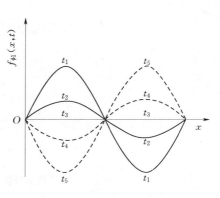

图 2-15 不同瞬间时单相绕组的基波磁动势

（3）各对极磁动势只与槽导体电流有关，但把不同空间的磁动势进行合并是没有物理意义的。

2.3.3 三相绕组的磁动势——旋转磁动势

交流电机大多数为三相电机，以上分析了单相绕组的磁动势，三个单相绕组所产生的磁动势波逐点相加，就可得到三相绕组的合成磁动势。

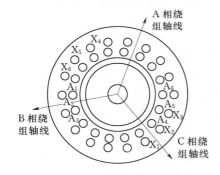

图 2-16 一台两极三相交流电机的定子

2.3.3.1 三相绕组的基波合成磁动势

图 2-16 为一台两极三相交流电机的定子示意图。其中各相绕组的轴线互差 120°，即 B 相轴线滞后于 A 相轴线 120°，C 相轴线又滞后于 B 相轴线 120°。由于三相绕组在空间互差 120°电角度，所以三相基波磁动势在空间亦互差 120°电角度。

若三相绕组中通过对称正序电流，即

$$\begin{cases} i_A=\sqrt{2}I\cos\omega t \\ i_B=\sqrt{2}I\cos(\omega t-120°) \\ i_C=\sqrt{2}I\cos(\omega t-240°) \end{cases}\qquad(2-43)$$

以 A 相绕组的轴线处作为空间坐标的原点，并以 A→B→C 相绕组的方向作为空间角度 x（以电角度计算）的正方向。在某一瞬间 t，距离 A 相绕组轴线 x 处，各相的基波磁动势分别为

$$\begin{cases} f_{A1}=F_{\phi1}\cos\dfrac{\pi}{\tau}x\cos\omega t \\ f_{B1}=F_{\phi1}\cos\left(\dfrac{\pi}{\tau}x-120°\right)\cos(\omega t-120°) \\ f_{C1}=F_{\phi1}\cos\left(\dfrac{\pi}{\tau}x-240°\right)\cos(\omega t-240°) \end{cases}\qquad(2-44)$$

应用三角公式 $\cos\alpha\cos\beta=\dfrac{1}{2}\cos(\alpha-\beta)+\dfrac{1}{2}\cos(\alpha+\beta)$，分解式（2-44）得到

$$\begin{cases} f_{A1} = \dfrac{1}{2} F_{\phi1} \cos\left(\omega t - \dfrac{\pi}{\tau} x\right) + \dfrac{1}{2} F_{\phi1} \cos\left(\omega t + \dfrac{\pi}{\tau} x\right) \\[2mm] f_{B1} = \dfrac{1}{2} F_{\phi1} \cos\left(\omega t - \dfrac{\pi}{\tau} x\right) + \dfrac{1}{2} F_{\phi1} \cos\left(\omega t + \dfrac{\pi}{\tau} x - 240°\right) \\[2mm] f_{C1} = \dfrac{1}{2} F_{\phi1} \cos\left(\omega t - \dfrac{\pi}{\tau} x\right) + \dfrac{1}{2} F_{\phi1} \cos\left(\omega t + \dfrac{\pi}{\tau} x - 120°\right) \end{cases} \quad (2-45)$$

三相合成基波磁动势为上述三式求和，得到

$$f_1(x,t) = f_{A1} + f_{B1} + f_{C1} = \frac{3}{2} F_{\phi1} \cos\left(\omega t - \frac{\pi}{\tau} x\right) = F_1 \cos\left(\omega t - \frac{\pi}{\tau} x\right) \quad (2-46)$$

其中 F_1 为三相合成基波磁动势幅值

$$F_1 = \frac{3}{2} F_{\phi1} = \frac{3}{2}\left(0.9 \frac{NK_{w1}}{p} I\right) = 1.35 \frac{NK_{w1}}{p} I \quad (2-47)$$

分析式（2-46）可以看出，当 $\omega t = 0$ 时，$f_1(x,t) = F_1 \cos\left(-\frac{\pi}{\tau} x\right) = F_1 \cos\left(\frac{\pi}{\tau} x\right)$，按照选定的坐标轴，可画出 $f_1(x,0)$ 的曲线。当经过一定时间，$\omega t = \theta_0$ 时，$f_1(x,\theta_0) = F_1 \cos\left(\theta_0 - \frac{\pi}{\tau} x\right)$，可画出 $f_1(x,\theta_0)$ 的曲线，如图 2-17 （a）所示。将这两个瞬时的磁动势波进行比较，可见磁动势的幅值未变，但 $f_1(x,\theta_0)$ 比 $f_1(x,0)$ 向前推进了 θ_0。所以 $f_1(x,t)$ 是一个幅值恒定、正弦分布的行波。由于 $f_1(x,t)$ 表示定子的三相绕组基波合成磁动势沿气隙圆周空间分布的情况，所以它是一个沿气隙圆周旋转的旋转磁动势，如图 2-17 （b）所示。

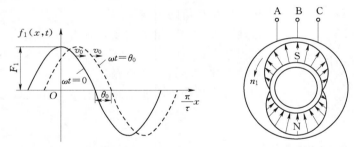

（a）两个瞬间 $f_1(x,t)$ 的分布曲线　　（b）三相绕组的基波合成磁动势（圆形旋转磁动势）

图 2-17　一台两极三相交流电机的定子

通过以上分析可以得出结论，当三相对称绕组通入三相对称电流时，其合成磁动势为一圆形旋转磁动势。该旋转磁动势具有如下特性：

（1）基波旋转磁动势的极数与绕组的极数相同。

（2）幅值为每相脉振磁动势波振幅的 3/2 倍。推广到 m 相绕组，合成基波磁动势仍为旋转磁动势波，其幅值为每相脉振磁动势波最大幅值的 $m/2$ 倍，即

$$F_1 = \frac{m}{2} F_{\phi1} = \frac{m}{2}\left(0.9 \frac{NK_{w1}}{p} I\right) \quad (2-48)$$

（3）当某相电流达到最大值时，合成磁动势波的幅值正好处在该相绕组轴线上。

（4）同步转速取决于电流的频率和磁极对数，$n_1 = 60f/p$。电流在时间上经过多少电

角度，合成基波磁动势就在空间上转过同样的角度。

（5）转向与电流的相序有关，从超前电流的相绕组轴线转向滞后电流的相绕组轴线。

电机中不同位置的磁动势不能相互叠加（如四极电机，每个磁极的磁动势均为100安匝，但不可以说电机总磁动势是400安匝）；但不同电流在同一位置产生的磁动势是可以叠加的（如上面三相电流在电机中相同的位置产生的磁动势是可以叠加的，而且是矢量叠加）。

【例2-4】 一台三相异步电动机，定子采用双层短距叠绕组，Y连接，定子槽数 $Z=48$，极数 $2p=4$，线圈匝数 $N_c=22$，节距 $y=10$，每相并联支路数 $a=4$，定子绕组相电流 $I=37A$，$f=50Hz$，试求：

（1）A相绕组所产生的磁动势基波幅值。

（2）三相绕组所产生的合成磁动势基波幅值及其转速。

【解】

每极每相槽数为

$$q=\frac{Z}{2pm}=\frac{48}{4\times3}=4$$

槽距角为

$$\alpha=\frac{p\times360°}{Z}=\frac{2\times360°}{48}=15°$$

每相绕组串联匝数为

$$N=\frac{2pqN_c}{a}=\frac{4\times4\times22}{4}=88$$

绕组因数为

$$K_{w1}=K_{d1}K_{q1}=\frac{\sin\frac{q\alpha}{2}}{q\sin\frac{\alpha}{2}}\sin\frac{y}{\tau}90°=\frac{\sin\frac{4\times15°}{2}}{4\sin\frac{15°}{2}}\sin\left(\frac{10}{12}\times90°\right)=0.925$$

（1）A相绕组所产生的磁动势基波幅值为

$$F_{A1}=0.9\frac{NK_{w1}}{p}I=0.9\times\frac{88\times0.925}{2}\times37=1355.31(AT)$$

（2）三相绕组所产生的合成磁动势基波幅值为

$$F_1=\frac{3}{2}F_{A1}=1.5\times1355.31=2032.97(AT)$$

转速为

$$n_1=\frac{60f}{p}=\frac{60\times50}{2}=1500(r/min)$$

2.3.3.2 三相合成磁动势中的高次谐波

把A、B、C三相绕组所产生的 ν 次谐波磁动势相加，可得三相的 ν 次谐波合成磁动势 $f_\nu(x,t)$ 为

$$f_\nu(x,t)=f_{A\nu}+f_{B\nu}+f_{C\nu}$$
$$=F_{\phi\nu}\cos\left(\nu\frac{\pi}{\tau}x\right)\cos\omega t+F_{\phi\nu}\cos\left[\nu\left(\frac{\pi}{\tau}x-120°\right)\right]\cos(\omega t-120°)$$

$$+ F_{\phi\nu} \cos\left[\nu\left(\frac{\pi}{\tau}x - 240°\right)\right]\cos(\omega t - 240°) \qquad (2-49)$$

经过运算可知：

(1) 当 $\nu = 3k(k=1,3,5,\cdots)$，亦即 $\nu = 3,9,15,\cdots$ 时

$$f_{\nu} = 0 \qquad (2-50)$$

这说明对称三相绕组的磁动势中不存在 3 次及 3 的倍数次谐波合成磁动势。

(2) 当 $\nu = 6k+1(k=1,3,5,\cdots)$，亦即 $\nu = 7,13,19,\cdots$ 时

$$f_{\nu} = \frac{3}{2}F_{\phi\nu}\cos\left(\omega t - \frac{\nu\pi}{\tau}x\right) \qquad (2-51)$$

此时合成磁动势是一个**正向旋转、转速为 n_1/ν，幅值为 $\frac{3}{2}F_{\phi\nu}$ 的旋转磁动势**。

(3) 当 $\nu = 6k-1(k=1,3,5,\cdots)$，亦即 $\nu = 5,11,17,\cdots$ 时

$$f_{\nu} = \frac{3}{2}F_{\phi\nu}\cos\left(\omega t + \frac{\nu\pi}{\tau}x\right) \qquad (2-52)$$

此时合成磁动势是一个**反向旋转、转速为 n_1/ν，幅值为 $\frac{3}{2}F_{\phi\nu}$ 的旋转磁动势**。

在同步电机中，谐波磁动势所产生的磁场将在转子表面产生涡流损耗，引起电机发热，并使电机的效率降低。在感应电机中，谐波磁场还会产生一定的寄生转矩，影响电机的启动性能，有时造成电机根本不能启动或达不到正常转速。因此，必须设法抑制谐波磁动势。为此，线圈的节距最好选择在 0.8～0.83 这一范围内。

第3章 双馈风力发电机

3.1 双馈风力发电机结构与基本原理

3.1.1 概述

现在关于双馈风力发电机的名称很多，如"双馈电机""双馈发电机""双馈风力发电机""双馈异步发电机""双馈异步风力发电机"等，严格意义上它们的含义不完全相同，但是在风力发电的特定范畴内，这些名称实际所指的相同，均是指以风力机驱动的双馈发电机。虽然双馈发电机还可用于其他场合，但本书主要定位于风力发电场合，因此，除特殊需要，本书统一用"双馈风力发电机"这一名词。双馈风力发电机实质上是绕线型转子异步电机，由于其定子、转子都能向电网馈电，故简称双馈风力发电机。双馈风力发电机虽然属于异步风力发电机的范畴，但是由于其具有独立的励磁绕组，可以像同步电机一样施加励磁，调节功率因数，所以又称为交流励磁电机，也有的称为异步化同步电机。

双馈风力发电机的定子绕组直接与电网相连，转子绕组通过变频器与电网连接，转子绕组电源的频率、幅值和相位按运行要求由变频器自动调节，机组可以在不同的转速下实现恒频发电，满足用电负载和并网的要求。由于采用了交流励磁，发电机和电力系统构成了"柔性连接"，即可以根据电网电压、电流和发电机的转速来调节励磁电流，精确调节发电机输出电压，使其满足要求。

当双馈风力发电机作异步电动机运行时，电磁转矩和转速方向相同，即转差率 $s>0$；当双馈风力发电机作异步发电机运行时，电磁转矩和转速方向相反，转差率 $s<0$，发电机的功率随该负转差率绝对值的增大而提高。当双馈风力发电机的转子绕组通过三相低频电流时，在转子中会形成一个低速旋转磁场，这个磁场的旋转速度与转子的机械转速相叠加，使其等于定子的同步转速，从而在发电机定子绕组中感应出相应于同步转速的工频电压。当风速变化时，转速随之而变化，相应地改变转子电流的频率和旋转磁场的速度，使定子输出频率保持恒定。

双馈风力发电机通过控制转子励磁使定子的输出频率保持在工频。当发电机的转速低于气隙旋转磁场的转速时，发电机处于亚同步速运行，为了保证发电机发出的频率与电网频率一致，需要变频器向发电机转子提供正相序励磁，给转子绕组输入一个使旋转磁场方向与转子机械转速方向相同的励磁电流，此时转子的制动转矩与转子的机械转速方向相反，转子的电流必须与转子的感应电动势反方向，转差率减小，定子向电网馈送电功率，而变频器向转子绕组输入功率。当发电机的转速高于气隙旋转磁场的转速时，发电机处于超同步运行状态，为了保证发电机发出的频率与电网频率一致，需要给转子绕组输入一个旋转磁场方向与转子机械方向相反的励磁电流，此时变频器向发电机转子提供负相序励磁，以加大转差率，变频器从转子绕组吸收功率；当发电机的转速等于气隙旋转磁场的转速时，发电机处于同步速运行，变频器应向转子提供直流励磁，此时，转子的制动转矩与转子的机械转速方向相反，与转子感生电流产生的转矩方向相同，定子和转子都向电网馈送电功率。

　　双馈风力发电机通过调节励磁电流的幅值、频率和相序，确保发电机输出功率恒压，同时采用矢量变换控制技术实现发电机有功功率、无功功率的独立调节。双馈风力发电机通过调节有功功率可调节风力机转速，进而实现捕获最大风能的追踪控制；而调节无功功率可调节电网功率因数，提高风力发电机组及所并电网系统的动态、静态运行稳定性。根据双馈风力发电机数学模型和发电机的功率方程可知，调节转矩电流分量和励磁电流分量可分别实现有功功率和无功功率的独立调节。此外，现有的双馈风力发电机发出的电能是经变压器升压后直接与电网并联，而且在转速控制系统中采用了电力电子装置，因此会产生电力谐波。发电机在向电网输出有功功率的同时，必须从电网吸收滞后的无功功率，这使功率因数恶化，加重电网的负担。因此双馈风力发电系统必须进行无功补偿，提高功率因数。

3.1.2　类型与结构

3.1.2.1　类型

　　双馈风力发电机按冷却介质分为风冷双馈风力发电机和水冷双馈风力发电机两类，如图 3 - 1 所示，按冷却方式可分为水冷、空空冷和空水冷三种结构。

（a）风冷双馈风力发电机　　　　　　　（b）水冷双馈风力发电机

图 3 - 1　双馈风力发电机类型

3.1.2.2　结构

　　水冷双馈风力发电机外部结构以及风冷双馈风力发电机内部结构分别如图 3 - 2、图 3 - 3 所示。

3.1.2.3　型号、结构型式、主要参数和定额

　　1. 型号

　　双馈风力发电机的型号由产品代号、冷却方式代号、规格代号、特殊环境代号四部分依次排列组成（参照 GB/T 4831—1984《电机产品型号编制方法》），具体形式如下：

图 3-2 水冷双馈风力发电机外部结构

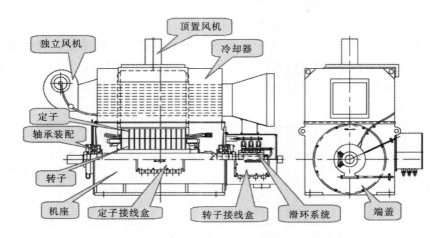

图 3-3 风冷双馈风力发电机内部结构

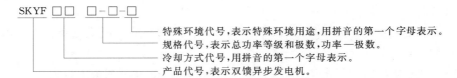

特殊环境代号,表示特殊环境用途,用拼音的第一个字母表示。
规格代号,表示总功率等级和极数,功率—极数。
冷却方式代号,用拼音的第一个字母表示。
产品代号,表示双馈异步发电机。

示例:1500kW 空空冷双馈异步风力发电机,4 极,高原型。型号为 SKYF KK 1500—4—G。

2. 结构型式要求

(1) 发电机的外壳防护等级应不低于 GB/T 4942.1—2006《旋转电机整体结构的防护等级(IP 代码)—分级》中 IP 54 的规定,接线盒的防护等级应不低于 GB/T 4942.1—2006 中 IP 54 的规定要求,集电环室防护等级应不低于 GB/T 4942.1—2006 中 IP 23 的规定,或根据不同的使用环境条件与整体机组要求协调确定。主、辅助接线盒内和机座上应设计可靠接地端子,并用 GB 14711—2006《中小型旋转电机安全要求》规定的符号或图形标志标明,接地端子须保证与接地导线具有良好的连接和足够的连接面积。接线盒内的电气间隙和爬电距离应符合 GB 14711—2006 的规定。

（2）使用环境为海上的发电机应符合 GB/T 7060—2008《船用旋转电机基本技术要求》的规定，防腐等级应不低于 C4。

（3）发电机的冷却方式应符合 GB/T 1993—1993《旋转电机冷却方法》的规定。超出标准规定范围的冷却方式应与用户协商确定，初级或次级冷却介质不得对产品或周围环境造成危害，如果采用液体冷却应无渗漏、腐蚀、冻结等问题。

（4）发电机的结构及安装型式应符合 GB/T 997—2008《旋转电机结构型式、安装型式及接线盒位置的分类（IM 代码）》的规定。

（5）发电机内部应设置停机加热装置，集电环室内宜设置停机加热装置（与用户协商）。加热装置的容量应使发电机机壳内的温度至少高于发电机所处周围温度 5K，但不得使加热装置温度超过附件绝缘的允许温度。

（6）发电机定子绕组、轴承及电刷等部位应装设用于监测发电机工作状态的传感器。

（7）发电机轴承室应设置自动或手动注油润滑型式。

（8）对于 SKYFKS 系列发电机，空—水冷却器必须经过水压试验，试验水压应不低于工作水压的两倍，并需装设泄漏挡板，防止管子漏水而滴入发电机绕组。空—水冷却器应有可拆卸的水箱或盖板，便于定期检查和修理。

3. 主要参数

发电机的电压等级、输出功率等级和中心高参数优先推荐值见表 3-1。

表 3-1　发电机的电压等级、输出功率等级和中心高参数优先推荐值

电压等级/V	输出功率等级/kW	中心高/mm
690、3150、3300、6300、6600、10500	850、1250、1500、2000、2500、3000、3600、4000、4500、5000、6000	450、500、560、630、710、800、900

注：超出该表以外的中心高尺寸及电压、功率等级由制造商与用户协商确定。

3.1.2.4　电气运行条件、温升限值与效率

1. 电气运行条件

（1）在额定电压允差为 ±10% 或额定频率允差为 ±2% 的电网供电条件下，发电机应能正常工作。

（2）变频器供电时尖峰电压 V_{PEAK} 及电压变化率 $\mathrm{d}v/\mathrm{d}t$ 在下列极限以内：

$$V_{\text{PEAK}} \leqslant 3U_{\text{N}}$$

$$\mathrm{d}v/\mathrm{d}t \leqslant 2000\text{V}/\mu\text{s}$$

当发电机需要在超出上述一个或多个限值条件下运行时，其特殊要求可以由用户和制造商协商。

（3）一般性能。发电机的一般性能应符合 GB/T 23479.1—2009《风力发电机组　双馈异步发电机第 1 部分：技术条件》中的规定。

2. 温升限值

发电机绝缘等级一般为 F 级、H 级。发电机在环境空气温度为 40℃下额定运行时，其各部分的温升限值应符合表 3-2 的规定。

表 3-2 温 升 限 值 单位：K

绝缘等级	最高允许温度/℃	测量方法	输出5000kW及以上发电机的绕组	输出800kW及以上但小于5000kW发电机绕组	集电环及其电刷和电刷结构	无论与绝缘是否接触的结构件（轴承除外）和铁芯	轴承
B	130	ETD	85	90	这些部件的温升或温度应不损坏该部件本身或任何与其相邻部件的绝缘；集电环的温升或温度应不超过由电刷等级和集电环材质组件在整个运行范围内能承受的电流的温升或温度值	这些部件的温升或温度应不损坏该部件本身或任何与其相邻部件的绝缘	环境温度不超过40℃时，滚动轴承（ETD法）应不超过95℃，滑动轴承（ETD法，出油温度不超过65℃）应不超过80℃，特种轴承的允许温度在相应产品标准中规定
B	130	R	80	80			
F	155	ETD	110	115			
F	155	R	105	105			
H	180	ETD	130	135			
H	180	R	125	125			

注： ETD表示埋置检温计法，R表示电阻法。

3. 效率

发电机在额定工况时的效率应不低于96%，当用户有特殊要求时，发电机的效率和效率曲线应与用户协商确定。

3.1.3 基本原理与运行状态

1. 基本原理

双馈风力发电机在结构上类似绕线型异步电机，定子侧直接接入三相工频电网，而转子侧通过变频器接入电网。因为定子与转子两侧都有能量的馈送，所以称为双馈电机。

同步发电机在稳态运行时，其输出电压的频率 f 与发电机的极对数 p 及发电机转子的转速 n 有严格固定的关系，即

$$f = \frac{pn}{60} \tag{3-1}$$

可见，在发电机转子转速不能恒定时，同步发电机不可能发出恒频电能。

绕线型转子异步电机的转子上嵌装有三相对称绕组，在该三相对称绕组中通入三相对称交流电流，则将在电机气隙内产生旋转磁场，此旋转磁场的转速与所通入的交流电流的频率及电机的极对数有关，即

$$n_2 = \frac{60 f_2}{p} \tag{3-2}$$

式中 n_2——转子通入频率为 f_2 的电流所产生的旋转磁场相对于转子的旋转速度，r/min；

f_2——转子电流频率，Hz。

从式（3-2）可知，改变频率 f_2 即可改变 n_2。因此，只要调节转子电流的频率 f_2，就可以使电网频率 f_1 不变，即

$$n \pm n_2 = n_1 = 常数 \tag{3-3}$$

式中　　n_1——对应于电网频率 f_1 时异步发电机的同步转速，r/min。

异步电机定、转子电流频率的关系为

$$f_2 = s f_1 \tag{3-4}$$

式中　　s——转差率。

式（3-4）表明，在异步电机转子以变化的转速转动时，只要在转子的三相对称绕组中通入转差频率（sf_1）的电流，则在异步电机的定子绕组中就能产生 50Hz 的恒频电动势。即异步电机定子绕组的感应电动势频率将始终维持 f_1 不变。

2. 三种运行状态

根据转子转速变化，双馈风力发电机可有以下三种运行状态：

（1）亚同步运行状态。在此种状态下 $n < n_1$，由转差频率为 f_2 的电流产生的旋转磁场转速 n_2 与转子的转速方向相同，因此有 $n + n_2 = n_1$。

（2）超同步运行状态。此种状态下 $n > n_1$，改变通入转子绕组频率为 f_2 的电流相序，则其所产生的旋转磁场的转向与转子的转向相反，因此有 $n - n_2 = n_1$。为了实现 n_2 转向反向，在由亚同步运行转向超同步运行时，双馈风力发电系统必须能自动改变其相序；反之亦然。

（3）同步运行状态。此种状态下 $n = n_1$，转差频率 $f_2 = 0$，这表明此时通入转子绕组的电流的频率为 0，即直流电流，因此与普通同步发电机一样。

3.1.4　基本方程式、等效电路

下面从等效电路的角度分析双馈风力发电机的特性。首先，作如下假定：

（1）只考虑定转子的基波分量，忽略谐波分量。

（2）只考虑定转子空间磁势基波分量。

（3）忽略磁滞、涡流、铁耗。

（4）变频电源可为转子提供能满足幅值、频率、功率因数要求的电源，不计其阻抗和损耗。

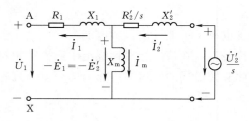

图 3-4　双馈风力发电机等效电路图

（5）设三相绕组对称，在空间互差 120°电角度，所产生的气隙磁动势沿气隙圆周按正弦规律变化。

（6）不考虑频率变化与温度变化对绕组电阻的影响。

在等效电路中，发电机定子侧电压电流的正方向按发电机惯例，转子侧电压电流的正方向按电动机惯例，电磁转矩与转向相反为正，转差率 s 按转子转速小于同步转速为正，参照异步电机的分析方法，可得双馈风力发电机的等效电路，如图 3-4 所示。

根据等效电路图，可得双馈风力发电机的基本方程式为

$$\begin{cases} \dot{U}_1 = -\dot{E}_1 - \dot{I}_1(R_1 + \mathrm{j}X_1) \\ \dfrac{\dot{U}_2'}{s} = -\dot{E}_2' + \dot{I}_2'\left(\dfrac{R_2'}{s} + \mathrm{j}X_2'\right) \\ \dot{E}_1 = \dot{E}_2' = -\dot{I}_\mathrm{m}(\mathrm{j}X_\mathrm{m}) \\ \dot{I}_1 = \dot{I}_2' - \dot{I}_\mathrm{m} \end{cases} \tag{3-5}$$

式中　　R_1、X_1——定子侧的电阻和漏抗；

R_2'、X_2'——转子折算到定子侧的电阻和漏抗；

X_m——激磁电抗；

$\dot{U}_1$、$\dot{E}_1$、$\dot{I}_1$——定子侧电压、感应电势和电流；

$\dot{E}_2'$、$\dot{I}_2'$——转子侧感应电势和转子电流经过频率和绕组折算后折算到定子侧的值；

$\dot{U}_2'$——转子励磁电压经过绕组折算后的值；

$\dot{U}_2'/s$——$\dot{U}_2'$经过频率折算后的值。

3.1.5　定、转子电流计算

由于$R_\mathrm{m} \ll X_\mathrm{m}$，忽略$R_\mathrm{m}$，当磁路不饱和时，可以认为等效电路由两个电路叠加而成，是$\dot{U}_1$和$\dot{U}_2'$分别作用的结果，如图3-5所示。

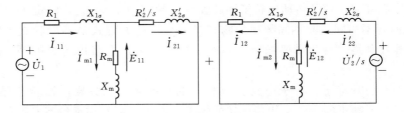

图3-5　等效叠加电路图

以定子电压$\dot{U}_1$为参考相量，$\dot{U}_2'/s$与$\dot{U}_1$相差θ电角度，由等效叠加电路可求得双馈风力发电机定子电流为

$$\dot{I}_1 = \dot{I}_{12} - \dot{I}_{11} \tag{3-6}$$

转子电流为

$$\dot{I}_2' = \dot{I}_{22}' - \dot{I}_{21}' \tag{3-7}$$

其中

$$\dot{I}_{11} = \cfrac{\dot{U}_1}{R_1 + \mathrm{j}X_{1\sigma} + \cfrac{\mathrm{j}X_\mathrm{m}(R_2'/s + \mathrm{j}X_{2\sigma}')}{R_2'/s + \mathrm{j}(X_{2\sigma}' + X_\mathrm{m})}}$$

$$\dot{I}_{21}' = \cfrac{\mathrm{j}X_\mathrm{m}}{R_2'/s + \mathrm{j}(X_{2\sigma}' + X_\mathrm{m})}\dot{I}_{11}$$

$$\dot{I}'_{22}=\frac{\dot{U}'_2/s}{R'_2/s+jX'_{2\sigma}+\dfrac{jX_m(R_1+jX_{1\sigma})}{R_1+j(X_{1\sigma}+X_m)}}$$

$$\dot{I}_{12}=\frac{jX_m}{R_1+j(X_{1\sigma}+X_m)}\dot{I}'_{22}$$

定子、转子电流均由两部分组成：一部分为定子侧加电压 $\dot{U}_1$，转子短路时的定子和转子电流，此电流相当于普通感应电机内的电流；第二部分为转子侧加电压 $\dot{U}'_2$，定子侧短路时的定子和转子电流。所以，转子电流可看成由两个分量组成：一个分量是传统感应电机由定子电压决定的电流分量 $\dot{I}'_{21}$；另一个是由转子外加励磁电压所产生的电流分量 $\dot{I}'_{22}$。定子电流 $\dot{I}_1=\dot{I}'_2-\dot{I}_m=\dot{I}'_{22}-\dot{I}'_{21}-\dot{I}_m$。其中的 $\dot{I}'_{21}$ 分量只取决于定子电压 $\dot{U}_1$、转差率 s 和电机参数，为不可控分量，而 $\dot{I}'_{22}$ 则由转子励磁电压的大小以及与 $\dot{U}_1$ 的相位差来决定，为可控分量。交流励磁发电机的有功功率、无功功率调节，实际上就是通过改变转子励磁电压的大小和相位来改变 $\dot{I}'_{22}$ 的大小及相位，从而改变定子电流的大小及相位，实现有功功率、无功功率的控制。

3.1.6 频率、绕组归算

1. 频率归算

由以上分析可知，转子转动后转子回路参数的频率为 $f_2=sf_1$，而定子回路参数的频率仍为 f_1，两者不相同，而不同频率的物理量所列出的方程式是不能联立求解的，也得不到统一的等效电路，为此需要把转子频率变换成与定子电路相同的频率，这就是频率归算。

因为转子不动时定子、转子电路具有相同的频率，因此只要保证转子磁动势 F_2 不变，就可以用一个静止的转子来代替旋转的转子，而定子侧各物理量不发生任何变化，即对电网等效。

转子转动时（转子电流频率为 f_2），设感应电机的转子绕组端电压为 $\dot{U}_2$，此时根据基尔霍夫第二定律，可写出转子绕组一相的电压方程为

$$\dot{E}_{2s}=\dot{I}_{2s}(R_2+jsX_{2\sigma})-\dot{U}_2$$

$$\Rightarrow \quad \frac{\dot{E}_{2s}}{s}=\dot{I}_{2s}\left(\frac{R_2}{s}+jX_{2\sigma}\right)-\frac{\dot{U}_2}{s} \qquad (3-8)$$

$$\Rightarrow \quad \dot{E}_2=\dot{I}_{2s}\left(\frac{R_2}{s}+jX_{2\sigma}\right)-\frac{\dot{U}_2}{s}$$

式中　$\dot{I}_{2s}$——转子电流；

R_2——转子每相电阻；

$\dot{E}_2$——转子不转时的感应电动势，$\dot{E}_2=\dfrac{\dot{E}_{2s}}{s}$。

图 3-4 所示为与式（3-8）相对应的转子等效电路。

2. 绕组折算

假设异步电机转子相数 m_2，每相串联匝数 N_2，基波绕组系数 k_{w2}，在一般情况下 m_2、N_2、k_{w2} 与定子的 m_1、N_1、k_{w1} 不同。为了得到等效电路，必须先将异步电机转子绕组折算成一个相数为 m_1、匝数为 N_1、绕组系数为 k_{w1} 的等效绕组，即用一个相数为 m_1、匝数为 N_1、绕组系数为 k_{w1} 的等效转子绕组来替代原来的转子绕组，保持极对数不变。折算前后要求转子上各功率不变，主磁通 $\dot{\Phi}_m$ 不变。

由于转子是通过转子磁动势 F_2 对定子起作用的，为了满足上述要求，折算条件为：折算前后转子磁动势 F_2 不变、转子上各有功功率、无功功率保持不变。

与变压器一样，转子侧的物理量、参数折算到定子侧，用该量符号右上角加 "′" 来表示。

（1）转子电流的折算。折算前后 F_2 不变，即 $F_2' = F_2$，则转子电流折算值 I_2' 满足

$$\frac{m_1}{\pi}\frac{\sqrt{2}}{\ }\frac{N_1 k_{w1}}{p}\dot{I}_2' = \frac{m_2}{\pi}\frac{\sqrt{2}}{\ }\frac{N_2 k_{w2}}{p}\dot{I}_2$$

得

$$\dot{I}_2' = \frac{m_2 N_2 k_{w2}}{m_1 N_1 k_{w1}}\dot{I}_2 = -\frac{1}{k_i}\dot{I}_2 \qquad (3-9)$$

式中 k_i——电流比，$k_i = \dfrac{m_1 N_1 k_{w1}}{m_2 N_2 k_{w2}}$。

则得到电流平衡方程式为

$$\dot{I}_1 + \dot{I}_2' = \dot{I}_0$$

（2）转子电动势的折算。由于折算前后定转子磁动势不变，从而 F_0 不变，主磁通 $\dot{\Phi}_m$ 不变，则折算后转子绕组电动势 $\dot{E}_2'$ 应满足

$$\frac{\dot{E}_2'}{\dot{E}_2} = \frac{N_1 k_{w1}}{N_2 k_{w2}} = k_e$$

式中 k_e——电压比。

可得

$$\dot{E}_2' = k_e \dot{E}_2 = \dot{E}_1 \qquad (3-10)$$

根据等效电路的转子电压方程，再次改写为

$$\dot{E}_2' = k_e \dot{E}_2 = k_e\left[\dot{I}_2\left(\frac{R_2}{s} + jX_{2\sigma}\right) - \frac{\dot{U}_2}{s}\right]$$

$$= k_e k_i\left[\frac{\dot{I}_2}{k_i}\left(\frac{R_2}{s} + jX_{2\sigma}\right)\right] - k_e\frac{\dot{U}_2}{s}$$

$$= \dot{I}_2'\left(\frac{R_2'}{s} + jX_{2\sigma}'\right) - \frac{\dot{U}_2'}{s} \qquad (3-11)$$

（3）转子阻抗的折算。折算前后转子回路有功功率不变，以转子相电阻为例

$$m_1 I_2'^2 R_2' = m_2 I_2^2 R_2$$

得

$$R_2' = \frac{m_2 I_2^2}{m_1 I_2'^2} R_2 = \frac{m_2 (m_1 N_1 k_{w1})^2}{m_1 (m_2 N_2 k_{w2})^2} R_2 = k_e k_i R_2 \tag{3-12}$$

由转子漏电抗无功功率相等，得到

$$X_2' = k_e k_i X_2 \tag{3-13}$$

折算前后转子回路功率因数不变，因为

$$\tan\varphi_2' = \frac{X_2'}{R_2'} = \frac{X_2}{R_2} = \tan\varphi_2$$

总之将转子电路中各量折算到定子方时：①电动势、电压应乘以 k_e；②电流除以 k_i；③电阻、电抗、阻抗乘以 $k_e k_i$。

3.1.7　双馈电机在风力发电中的应用

双馈风力发电机是风力发电机的发展方向之一。因为风速的不稳定性，因此要想使电机转子转速恒定以达到像同步电机一样发出恒定频率的电能是不可能的。从上面分析可知，双馈风力发电机转子绕组接一个频率、幅值、相序和相位均可调节的三相逆变电源，只要调节转子电流频率就可达到发出恒频电能的目的，即变速恒频风力发电系统。

图 3-6 为典型的变速恒频风力发电系统示意图（实际上网侧变频器后一般还有升压变压器），主要由风力机、增速箱、双馈风力发电机、双向变频器和控制系统组成。

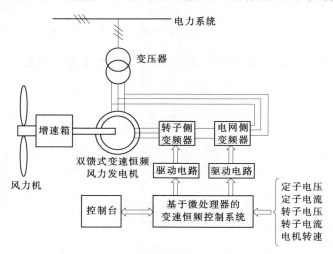

图 3-6　典型的变速恒频风力发电系统示意图

双馈风力发电机在亚同步运行及超同步运行时的功率流向如图 3-7 所示，图中 P_{em} 为发电机的电磁功率，不计定子绕组损耗时等于从定子输出到电网的电功率。s 为电机的转差率，P_{mec} 为输入机械功率。

风速较低（$n < n_1$），电机运行在亚同步状态时，$s > 0$，需要从电网向电机转子绕组馈入电功率。风力发电机经转子传递给定子的功率为 P_{em}（忽略电机损耗），转子需要输入

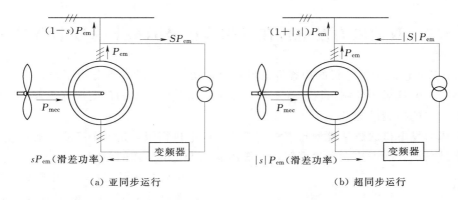

（a）亚同步运行　　　　　　　　　　（b）超同步运行

图 3-7　双馈风力发电机运行时的功率流向

的电功率为 sP_{em}，所以发电机传给电网的总功率只有 $P_{em}-sP_{em}=(1-s)P_{em}$。

风速较高（$n>n_1$），电机运行在超同步状态时，$s<0$，转子绕组向外（电网）供电。风力发电机经转子传递给定子的功率为 P_{em}（忽略电机损耗），转子输出到电网的电功率为 $|s|P_{em}$，所以发电机传给电网的总功率为 $P_{em}+|s|P_{em}=(1+|s|)P_{em}$。

以一个双馈电机在风力发电系统中应用实例来分析在不同风速下定子、转子及输出功率的关系。该电机主要参数：额定功率为 1501kW；额定转速为 1440r/min；额定效率为 97.1%；额定频率为 60Hz；额定功率因数为 1.0；定子电压为 575V；转子电压为 376V；定子电流为 1287.2A；转子电流为 396.5A；定子输出功率为 1263kW；转子输出功率为 247.8kW。该发电机在不同转速下的基本运行特性见表 3-3。

表 3-3　发电机在不同转速下的基本运行特性

转速 /(r·min^{-1})	输出有功功率/kW	定子侧有功功率输出/kW	转子侧有功功率输出/kW	转子无功功率/kvar	定子电流/A	转子电流/A	效率/%	转子电压/V
800	446.0	689.0	-233.2	-159.1	691.8	244.6	92.85	666.3
900	625.9	853.0	-218.0	-133.4	856.5	291.3	94.61	504.5
1000	795.9	970.0	-167.1	-94.4	973.9	325.5	95.75	340.4
1100	974.6	1074.0	-95.4	-50.6	1078.4	356.4	96.61	174.9
1200	896.0	900.0	-3.8	0.0	903.7	305.0	96.89	7.2
1300	1247.8	1160.0	91.4	50.4	1164.7	382.1	97.18	160.2
1400	1431.3	1238.0	201.4	113.2	1243.0	405.6	97.12	328.8
1440	1500.9	1263.0	247.8	138.2	1268.1	413.1	97.10	396.5
1500	1500.3	1213.0	299.3	166.9	1217.9	398.0	97.00	497.0
1600	1502.1	1140.0	377.2	211.6	1144.6	376.1	96.85	664.0

显然在电机转速低于 1200r/min，即亚同步运行时，转子外接电源送入功率；在高于 1200r/min，即超同步运行时，表明转子可向电源送出功率，即定子、转子同时发电。

3.2　双馈风力发电机在三相静止坐标系下的数学模型

3.1 节从双馈风力发电机的稳态等效电路以及功率流向的角度分析了双馈风力发电机的工作原理，但这对于控制来说远远不够，本节将从数学模型的角度来分析双馈风力发电机，为下一步的控制做准备。

双馈风力发电机的数学模型与三相绕线式感应电机相似，是一个高阶、非线性、强耦合的多变量系统。为了建立数学模型，一般作如 3.1.3 节所作的假设。

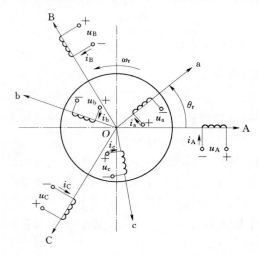

图 3-8　双馈风力发电机的物理模型和结构示意图

在建立基本方程之前，有几点必须说明：

（1）要选定好磁链、电流和电压的正方向。图 3-8 所示为双馈风力发电机的物理模型和结构示意图。图中，定子三相绕组轴线 A、B、C 在空间上是固定，a、b、c 为转子轴线并且随转子旋转，θ_r 为转子 a 轴和定子 A 轴之间的电角度。它与转子的机械角位移 θ_m 的关系为 $\theta_m = \theta_r / n_p$，$n_p$ 为极对数。各轴线正方向取为对应绕组磁链的正方向。定子电压、电流正方向按照发电机惯例标示，正值电流产生负值磁链；转子电压、电流正方向按照电动机惯例标示，正值电流产生正值磁链。

（2）为了简单起见，在下面的分析过程中，假设转子各绕组各个参数已经折算到定子侧，折算后定子、转子每相绕组匝数相等。

双馈风力发电机的数学模型包括电压方程、磁链方程、运动方程、电磁转矩方程等。

3.2.1　电压方程

选取下标 s 表示定子侧参数，下标 r 表示转子侧参数。定子各相绕组的电阻均取值为 R_s，转子各相绕组的电阻均取值为 R_r。

交流励磁发电机定子绕组电压方程为

$$\begin{cases} u_A = -R_s i_A + D\psi_A \\ u_B = -R_s i_B + D\psi_B \\ u_C = -R_s i_C + D\psi_C \end{cases} \tag{3-14}$$

转子电压方程为

$$\begin{cases} u_a = R_r i_a + D\psi_a \\ u_b = R_r i_b + D\psi_b \\ u_c = R_r i_c + D\psi_c \end{cases} \tag{3-15}$$

可用矩阵表示为

$$\begin{bmatrix} u_A \\ u_B \\ u_C \\ u_a \\ u_b \\ u_c \end{bmatrix} = \begin{bmatrix} -R_s & 0 & 0 & 0 & 0 & 0 \\ 0 & -R_s & 0 & 0 & 0 & 0 \\ 0 & 0 & -R_s & 0 & 0 & 0 \\ 0 & 0 & 0 & R_r & 0 & 0 \\ 0 & 0 & 0 & 0 & R_r & 0 \\ 0 & 0 & 0 & 0 & 0 & R_r \end{bmatrix} \begin{bmatrix} i_A \\ i_B \\ i_C \\ i_a \\ i_b \\ i_c \end{bmatrix} + \begin{bmatrix} D\psi_A \\ D\psi_B \\ D\psi_C \\ D\psi_a \\ D\psi_b \\ D\psi_c \end{bmatrix} \qquad (3-16)$$

或写成 $$\boldsymbol{u} = \boldsymbol{Ri} + D\boldsymbol{\psi} \qquad (3-17)$$

式中　u_A、u_B、u_C、u_a、u_b、u_c——定子和转子相电压的瞬时值；

$\qquad i_A$、i_B、i_C、i_a、i_b、i_c——定子和转子相电流的瞬时值；

$\qquad \psi_A$、ψ_B、ψ_C、ψ_a、ψ_b、ψ_c——各组绕组的全磁链；

$\qquad R_s$、R_r——定子和转子的绕组电阻；

$\qquad D$——微分算子$\dfrac{\mathrm{d}}{\mathrm{d}t}$。

3.2.2　磁链方程

定转子各绕组的合成磁链是由各绕组自感磁链与其他绕组的互感磁链组成，按照上面的磁链正方向，磁链方程式为

$$\begin{bmatrix} \psi_A \\ \psi_B \\ \psi_C \\ \psi_a \\ \psi_b \\ \psi_c \end{bmatrix} = \begin{bmatrix} -L_{AA} & -L_{AB} & -L_{AC} & L_{Aa} & L_{Ab} & L_{Ac} \\ -L_{BA} & -L_{BB} & -L_{BC} & L_{Ba} & L_{Bb} & L_{Bc} \\ -L_{CA} & -L_{CB} & -L_{CC} & L_{Ca} & L_{Cb} & L_{Cc} \\ -L_{aA} & -L_{aB} & -L_{aC} & L_{aa} & L_{ab} & L_{ac} \\ -L_{bA} & -L_{bB} & -L_{bC} & L_{ba} & L_{bb} & L_{bc} \\ -L_{cA} & -L_{cB} & -L_{cC} & L_{ca} & L_{cb} & L_{cc} \end{bmatrix} \begin{bmatrix} i_A \\ i_B \\ i_C \\ i_a \\ i_b \\ i_c \end{bmatrix} \qquad (3-18)$$

或写成 $$\boldsymbol{\psi} = \boldsymbol{Li} \qquad (3-19)$$

式中　$\boldsymbol{\psi} = \begin{bmatrix} \psi_A & \psi_B & \psi_C & \psi_a & \psi_b & \psi_c \end{bmatrix}^T$；

$\qquad \boldsymbol{i} = \begin{bmatrix} i_A & i_B & i_C & i_a & i_b & i_c \end{bmatrix}^T$。

电感 $\boldsymbol{L}$ 是 6×6 的矩阵，主对角线元素是与下标对应的绕组的自感，其他元素是与下标对应的两绕组间的互感。

由于各相绕组的对称性，可认为定子各相漏感相等，转子各相漏感也相等，定义定子绕组每相漏感为 L_{ls}，定子绕组每相主电感为 L_{ms}（表示与主磁通对应的定子一相绕组交链的最大互感磁通所对应的定子互感值）；转子绕组每相漏感为 L_{lr}，转子绕组每相主电感为 L_{mr}（表示与主磁通对应的转子一相绕组交链的最大互感磁通所对应的转子互感值），由于折算后定子、转子绕组匝数相等，且各绕组间互感磁通都通过气隙，磁阻相等，故可认为 $L_{ms} = L_{mr}$。

定子各相自感为

$$L_{AA} = L_{BB} = L_{CC} = L_{ls} + L_{ms} \qquad (3-20)$$

转子各相自感为

$$L_{aa} = L_{bb} = L_{cc} = L_{lr} + L_{mr} \qquad (3-21)$$

两相绕组之间只有互感。互感可分为两类：①定子三相绕组彼此之间和转子三相绕组彼此之间的位置是固定的，故互感为常值；②定子任一相和转子任一相绕组之间的位置是变化的，互感是 θ_r 的函数。

第一类互感由于三相绕组的轴线在空间的相位差是 $120°$，在假设气隙磁通为正弦分布的条件下，忽略气隙磁场的高次谐波，互感为

$$L_{ms}\cos120°=-\frac{1}{2}L_{ms} \tag{3-22}$$

于是

$$\begin{cases}L_{AB}=L_{BC}=L_{CA}=L_{BA}=L_{CB}=L_{AC}=-\dfrac{1}{2}L_{ms}\\[2mm]L_{ab}=L_{bc}=L_{ca}=L_{ba}=L_{cb}=L_{ac}=-\dfrac{1}{2}L_{mr}\end{cases} \tag{3-23}$$

当忽略气隙磁场的高次谐波，第二类定子、转子间的互感可近似认为是定子、转子绕组轴线电角度 θ_r 的余弦函数。当两套绕组恰好在同一轴线上时，互感有最大值 L_{sr}（互感系数），于是

$$\begin{cases}L_{Aa}=L_{aA}=L_{Bb}=L_{bB}=L_{Cc}=L_{cC}=L_{sr}\cos\theta_r\\[2mm]L_{Ab}=L_{bA}=L_{Ca}=L_{aC}=L_{Bc}=L_{cB}=L_{sr}\cos\left(\theta_r+\dfrac{2}{3}\pi\right)\\[2mm]L_{Ac}=L_{cA}=L_{Ba}=L_{aB}=L_{Cb}=L_{bC}=L_{sr}\cos\left(\theta_r-\dfrac{2}{3}\pi\right)\end{cases} \tag{3-24}$$

代入磁链方程，就可以得到更进一步的磁链方程。为方便起见将其写成分块矩阵的形式

$$\begin{bmatrix}\boldsymbol{\psi}_{ABC}\\\boldsymbol{\psi}_{abc}\end{bmatrix}=\begin{bmatrix}-\boldsymbol{L}_{ss}&\boldsymbol{L}_{sr}\\-\boldsymbol{L}_{rs}&\boldsymbol{L}_{rr}\end{bmatrix}\begin{bmatrix}\boldsymbol{i}_{ABC}\\\boldsymbol{i}_{abc}\end{bmatrix} \tag{3-25}$$

其中

$$\boldsymbol{\psi}_{ABC}=\begin{bmatrix}\psi_A&\psi_B&\psi_C\end{bmatrix}^T$$
$$\boldsymbol{\psi}_{abc}=\begin{bmatrix}\psi_a&\psi_b&\psi_c\end{bmatrix}^T$$
$$\boldsymbol{i}_{ABC}=\begin{bmatrix}i_A&i_B&i_C\end{bmatrix}^T$$
$$\boldsymbol{i}_{abc}=\begin{bmatrix}i_a&i_b&i_c\end{bmatrix}^T$$

$$\boldsymbol{L}_{ss}=\begin{bmatrix}L_{ms}+L_{ls}&-\dfrac{1}{2}L_{ms}&-\dfrac{1}{2}L_{ms}\\[2mm]-\dfrac{1}{2}L_{ms}&L_{ms}+L_{ls}&-\dfrac{1}{2}L_{ms}\\[2mm]-\dfrac{1}{2}L_{ms}&-\dfrac{1}{2}L_{ms}&L_{ms}+L_{ls}\end{bmatrix}$$

$$\boldsymbol{L}_{rr}=\begin{bmatrix}L_{mr}+L_{lr}&-\dfrac{1}{2}L_{mr}&-\dfrac{1}{2}L_{mr}\\[2mm]-\dfrac{1}{2}L_{mr}&L_{mr}+L_{lr}&-\dfrac{1}{2}L_{mr}\\[2mm]-\dfrac{1}{2}L_{mr}&-\dfrac{1}{2}L_{mr}&L_{mr}+L_{lr}\end{bmatrix}$$

$$\boldsymbol{L}_{sr}=L_{ms}\begin{bmatrix} \cos\theta_r & \cos\left(\theta_r+\dfrac{2}{3}\pi\right) & \cos\left(\theta_r-\dfrac{2}{3}\pi\right) \\ \cos\left(\theta_r-\dfrac{2}{3}\pi\right) & \cos\theta_r & \cos\left(\theta_r+\dfrac{2}{3}\pi\right) \\ \cos\left(\theta_r+\dfrac{2}{3}\pi\right) & \cos\left(\theta_r-\dfrac{2}{3}\pi\right) & \cos\theta_r \end{bmatrix}$$

$$\boldsymbol{L}_{rs}=L_{ms}\begin{bmatrix} \cos\theta_r & \cos\left(\theta_r-\dfrac{2}{3}\pi\right) & \cos\left(\theta_r+\dfrac{2}{3}\pi\right) \\ \cos\left(\theta_r+\dfrac{2}{3}\pi\right) & \cos\theta_r & \cos\left(\theta_r-\dfrac{2}{3}\pi\right) \\ \cos\left(\theta_r-\dfrac{2}{3}\pi\right) & \cos\left(\theta_r+\dfrac{2}{3}\pi\right) & \cos\theta_r \end{bmatrix}$$

$\boldsymbol{L}_{rs}$ 和 $\boldsymbol{L}_{sr}$ 两个分块矩阵互为转置，即 $\boldsymbol{L}_{rs}=\boldsymbol{L}_{sr}^{T}$，且与转角位置 θ_r 有关，他们的元素是变参数，这是系统非线性的一个根源。为了把变参数转化为常参数，需要进行坐标变换，这将在后面讨论。

需要注意的是：

（1）定子侧的磁链正方向与电流正方向关系是正值电流产生负值磁链，不同于一般的电动机惯例，所以式（3-18）中出现了负号"一"。

（2）折算前，根据电感的基本定义有 $L_{ms}=\lambda N_1^2$，$L_{mr}=\lambda N_2^2$，$L_{sr}=\lambda N_1 N_2$。

则
$$\begin{cases} \dfrac{L_{ms}}{L_{sr}}=\dfrac{L_{sr}}{L_{mr}}=\dfrac{N_1}{N_2} \\ \dfrac{L_{ms}}{L_{mr}}=\left(\dfrac{N_1}{N_2}\right)^2 \end{cases}$$

（3）转子绕组经过匝数比变换折算到定子侧后，定子、转子绕组匝数相等，且各绕组间互感磁通都通过气隙，磁阻相同，故可以认为转子绕组主电感、定子绕组主电感与定子、转子绕组间互感系数都相等，即 $L_{ms}=L_{mr}=L_{sr}$。

3.2.3 运动方程

交流励磁电机内部电磁关系的建立离不开输入的机械转矩和由此产生的电磁转矩之间的平衡关系。为简单起见，忽略电机转动部件之间的摩擦，则转矩之间的平衡关系为

$$T_m=T_e+\frac{J}{n_p}\frac{d\omega}{dt} \tag{3-26}$$

式中　T_m——原动机输入的机械转矩，N·m；

　　　T_e——电磁转矩，N·m；

　　　J——系统的转动惯量，kg·m³；

　　　n_p——电机极对数；

　　　ω——电机的电角速度，rad/s。

根据机电能量转换原理，在线性电感条件下，磁场的储能 W_m 和磁共能 W_m' 为

$$W_m=W_m'=\frac{1}{2}\boldsymbol{i}^T\boldsymbol{\psi}=\frac{1}{2}\boldsymbol{i}^T\boldsymbol{L}\boldsymbol{i} \tag{3-27}$$

电磁转矩等于机械角位移变化时磁共能的变化率$\dfrac{\partial W'_{\mathrm{m}}}{\partial \theta_{\mathrm{m}}}$（电流约束为常值），且机械角位移 $\theta_{\mathrm{m}} = \theta / n_{\mathrm{p}}$，于是

$$T_{\mathrm{e}} = \left. \frac{\partial W'_{\mathrm{m}}}{\partial \theta_{\mathrm{m}}} \right|_{i=常数} = \left. n_{\mathrm{p}} \frac{\partial W'_{\mathrm{m}}}{\partial \theta} \right|_{i=常数} \tag{3-28}$$

将式（3-27）代入式（3-28），并考虑到电感的分块矩阵关系式，得

$$T_{\mathrm{e}} = \frac{1}{2} n_{\mathrm{p}} \boldsymbol{i}^{\mathrm{T}} \frac{\partial \boldsymbol{L}}{\partial \theta} \boldsymbol{i} = \frac{1}{2} n_{\mathrm{p}} \boldsymbol{i}^{\mathrm{T}} \begin{bmatrix} 0 & \dfrac{\partial \boldsymbol{L}_{\mathrm{sr}}}{\partial \theta} \\ \dfrac{\partial \boldsymbol{L}_{\mathrm{rs}}}{\partial \theta} & 0 \end{bmatrix} \boldsymbol{i}$$

又考虑到 $\boldsymbol{i}^{\mathrm{T}} = \begin{bmatrix} \boldsymbol{i}_{\mathrm{s}}^{\mathrm{T}} & \boldsymbol{i}_{\mathrm{r}}^{\mathrm{T}} \end{bmatrix} = \begin{bmatrix} i_{\mathrm{A}} & i_{\mathrm{B}} & i_{\mathrm{C}} & i_{\mathrm{a}} & i_{\mathrm{b}} & i_{\mathrm{c}} \end{bmatrix}$，则得出电磁转矩方程为

$$\begin{aligned}
T_{\mathrm{e}} &= \frac{1}{2} n_{\mathrm{p}} \left[\boldsymbol{i}_{\mathrm{r}}^{\mathrm{T}} \frac{\partial \boldsymbol{L}_{\mathrm{rs}}}{\partial \theta_{\mathrm{r}}} \boldsymbol{i}_{\mathrm{s}} + \boldsymbol{i}_{\mathrm{s}}^{\mathrm{T}} \frac{\partial \boldsymbol{L}_{\mathrm{sr}}}{\partial \theta_{\mathrm{r}}} \boldsymbol{i}_{\mathrm{r}} \right] \\
&= -n_{\mathrm{p}} L_{\mathrm{ms}} \begin{bmatrix} (i_{\mathrm{A}} i_{\mathrm{a}} + i_{\mathrm{B}} i_{\mathrm{b}} + i_{\mathrm{C}} i_{\mathrm{c}}) \sin\theta_{\mathrm{r}} + (i_{\mathrm{A}} i_{\mathrm{b}} + i_{\mathrm{B}} i_{\mathrm{c}} + i_{\mathrm{C}} i_{\mathrm{a}}) \sin\left(\theta_{\mathrm{r}} + \dfrac{2}{3}\pi\right) \\ + (i_{\mathrm{A}} i_{\mathrm{c}} + i_{\mathrm{B}} i_{\mathrm{a}} + i_{\mathrm{C}} i_{\mathrm{b}}) \sin\left(\theta_{\mathrm{r}} - \dfrac{2}{3}\pi\right) \end{bmatrix}
\end{aligned} \tag{3-29}$$

应该指出，上述公式是在磁路为线性、磁场在空间按正弦分布的假定条件下得出的，但对定子、转子的电流波形没有任何假定，它们都是任意的。因此，上述电磁转矩公式对于研究由变频器供电的三相转子绕组很有实用意义。

上述公式构成了交流励磁发电机在三相静止轴系上的数学模型。可以看出，该数学模型即是一个多输入多输出的高阶系统，又是一个非线性、强耦合的系统。分析和求解这组方程式非常困难，即使绘制一个清晰的结构图也并非易事。为了使交流励磁发电机具有可控性、可观性，必须对其进行简化、解耦，使其成为一个线性、解耦的系统。其中矢量坐标变换是一种有效方法。

3.3　空　间　坐　标　变　换

3.3.1　概述

等效交直流绕组物理模型如图 3-6 所示。当三相对称的静止绕组 A、B、C 通入三相平衡的正弦电流 i_{A}、i_{B}、i_{C} 时产生合成磁动势 F，它在空间呈正弦分布，并以同步速度 ω（电角速度）顺着 A、B、C 的相序旋转。如图 3-9（a）所示，然而产生旋转磁动势并不一定非要三相电流不可，三相、四相等任意多相对称绕组通入多相平衡电流都能产生旋转磁动势。图 3-9（b）所示即为两相静止绕组 α、β，它们在空间上互差 90°，当它们流过时间相位上相差 90° 的两相平衡的交流电流 i_{α}、i_{β} 时也可以产生旋转磁动势。当图 3-9（a）和图 3-9（b）两个旋转磁动势大小和转速都相等时，即认为图 3-9（a）中的两相绕组和图 3-9（b）中三相绕组等效。再看图 3-9（c）中的两个匝数相等且相互垂直的绕组 d 和 q，其中分别通以直流电流 i_{d} 和 i_{q}，也能够产生合成磁动势 F，但其位置相对于

绕组来说是固定的。如果让包含两个绕组在内的整个铁芯以 ω 转速旋转，则磁动势 F 自然也随着旋转起来，称为旋转磁动势。如果这个旋转磁动势的大小和转速与图 3-9（a）和图 3-9（b）中的磁动势相等，那么这套旋转的直流绕组也可以与前两种固定的交流绕组等效。

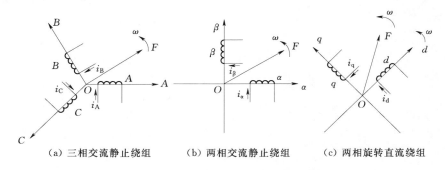

(a) 三相交流静止绕组　　(b) 两相交流静止绕组　　(c) 两相旋转直流绕组

图 3-9　等效交直流绕组物理模型

当观察者站在图 3-9（c）中的两相旋转绕组 d、q 铁芯上与绕组一起旋转时，在观察者看来这是两个通以直流电流的相互垂直的静止绕组。这样就将对交流电机的控制转化为类似直流电机的控制了。

在交流励磁电机中，定子三相绕组、转子三相绕组都可以等效成两相旋转绕组。由于相互垂直，定子两相轴之间和转子两相轴之间都没有互感，又由于定子两相轴与转子两相轴之间没有相对运动（因为定子、转子磁动势没有相对运动），其互感必然是常数，在同步两相轴系电机的微分方程就必然是常系数，这为使用矩阵方程求解创造了条件。

习惯上分别称图 3-9（a）、（b）、（c）中三种坐标系统为三相静止坐标系（$A-B-C$ 坐标系）、两相静止坐标系（$\alpha\beta O$ 坐标系）和两相旋转坐标系（dqO 坐标系）。要想上述三种坐标系具有等效关系，关键是要确定 i_A、i_B、i_C 与 i_α、i_β 和 i_d、i_q 之间的关系，保证它们产生同样的旋转磁动势，因此需要引入坐标变换矩阵。

坐标变换的方法有很多，这里只介绍根据等功率原则构造的变换阵，可以证明根据等功率原则构造的变换阵的逆矩阵与其转置相等，属于正交变换。

3.3.2　三相静止—两相静止变换（3S/2S 变换）

三相异步电动机动态模型相当复杂，分析和求解这组非线性方程十分困难。在实际应用中必须予以简化，简化的基本方法就是坐标变换。异步电动机数学模型之所以复杂，关键是因为有一个复杂的 6×6 电感矩阵，它体现了影响磁链和受磁链影响的复杂关系。因此，要简化数学模型，须从简化磁链关系入手。

在三相绕组 A、B、C 和两相绕组 α、β 之间的变换，称为三相坐标系和两相坐标系间的变换，简称 3S/2S 变换。

图 3-10 中绘出了 A、B、C 和 α、β 两个坐标系中的磁动势矢量，将两个坐标系原点并在一起，使 A 轴和 α 轴重合。设三相绕组每相有效匝数为 N_3，两相绕组每相有效匝数为 N_2，各相磁动势为有效匝数与电流的乘积，其空间矢量均位于相关的坐标轴上。

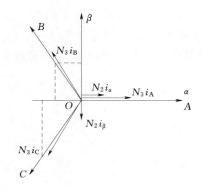

图 3-10　三相定子绕组与两相定子
绕组磁势的空间位置

当两者的旋转磁场完全等效时，合成磁动势沿相同轴向的分量必定相等，即三相绕组和两相绕组的瞬间磁动势沿 α、β 轴的投影相等，即

$$\begin{cases} N_2 i_{\alpha s} = N_3 i_A + N_3 i_B \cos\dfrac{2\pi}{3} + N_3 i_C \cos\dfrac{4\pi}{3} \\[2mm] N_2 i_{\beta s} = 0 + N_3 i_B \sin\dfrac{2\pi}{3} + N_3 i_C \sin\dfrac{4\pi}{3} \end{cases} \quad (3-30)$$

经计算并整理后，用矩阵表示为

$$\begin{bmatrix} i_{\alpha s} \\ i_{\beta s} \end{bmatrix} = \frac{N_3}{N_2} \begin{bmatrix} 1 & -\dfrac{1}{2} & -\dfrac{1}{2} \\[2mm] 0 & \dfrac{\sqrt{3}}{2} & -\dfrac{\sqrt{3}}{2} \end{bmatrix} \begin{bmatrix} i_A \\ i_B \\ i_C \end{bmatrix} \quad (3-31)$$

简记为 $i = C_{3S \to 2S} i$。

为求其逆变换，引入另一个独立于 $i_{\alpha s}$、$i_{\beta s}$ 的新变量 i_0，称之为零序电流，并定义

$$i_0 = \frac{N_3}{N_2}(K i_A + K i_B + K i_C) \quad (3-32)$$

式中　K——待定系数。

对两相系统而言，零序电流是没有意义的，这里只是为了纯数学上求逆的需要而补充定义的一个值为零的零序电流（相应坐标系才称为 $\alpha\beta O$ 坐标系）。需要说明的是，这并不影响总的变换过程。

式（3-31）和式（3-32）合并后，$C_{3S \to 2S}$ 成为

$$C_{3S \to 2S} = \frac{N_3}{N_2} \begin{bmatrix} 1 & -\dfrac{1}{2} & -\dfrac{1}{2} \\[2mm] 0 & \dfrac{\sqrt{3}}{2} & -\dfrac{\sqrt{3}}{2} \\[2mm] K & K & K \end{bmatrix} \quad (3-33)$$

将 $C_{3S \to 2S}$ 求逆，得到

$$C_{3S \to 2S}{}^{-1} = \frac{2}{3}\frac{N_2}{N_3} \begin{bmatrix} 1 & 0 & \dfrac{1}{2K} \\[2mm] -\dfrac{1}{2} & \dfrac{\sqrt{3}}{2} & \dfrac{1}{2K} \\[2mm] -\dfrac{1}{2} & -\dfrac{\sqrt{3}}{2} & \dfrac{1}{2K} \end{bmatrix} \quad (3-34)$$

根据等功率原则，要求 $C_{3S \to 2S}{}^{-1} = C_{3S \to 2S}{}^{T}$。[用到矩阵的运算公式 $(AB)^T = B^T A^T$]据此，经过计算整理可得

$$\frac{N_3}{N_2} = \sqrt{\frac{2}{3}}, \qquad K = \frac{1}{\sqrt{2}}$$

于是

$$C_{3S \to 2S} = \sqrt{\frac{2}{3}} \begin{bmatrix} 1 & -\dfrac{1}{2} & -\dfrac{1}{2} \\ 0 & \dfrac{\sqrt{3}}{2} & -\dfrac{\sqrt{3}}{2} \\ \dfrac{1}{\sqrt{2}} & \dfrac{1}{\sqrt{2}} & \dfrac{1}{\sqrt{2}} \end{bmatrix} \qquad (3-35)$$

$$C_{2S \to 3S} = C_{3S \to 2S}{}^{-1} = \sqrt{\frac{2}{3}} \begin{bmatrix} 1 & 0 & \dfrac{1}{\sqrt{2}} \\ -\dfrac{1}{2} & \dfrac{\sqrt{3}}{2} & \dfrac{1}{\sqrt{2}} \\ -\dfrac{1}{2} & -\dfrac{\sqrt{3}}{2} & \dfrac{1}{\sqrt{2}} \end{bmatrix} \qquad (3-36)$$

式（3-35）和式（3-36）即为定子三相/两相静止坐标系变化矩阵，以上两式同样适用于定子电压和磁链的变化过程。需要注意的是，当把以上两式运用于转子坐标系的变换时，变换后得到的两相坐标系和转子三相坐标系一样，相对转子实体是静止的，但是，相对于静止的定子坐标系而言却是以转子角频率 ω_r 旋转的。因此和定子部分的变换不同，转子部分实际上是三相旋转坐标系变换成两相旋转坐标系。

3.3.3 两相静止—两相旋转变换（2S/2R 变换）

两相静止绕组 α、β 通以两相平衡交流电流，产生旋转磁动势。如果令两相绕组转起来，且旋转角速度等于合成磁动势的旋转角速度，则两相绕组通以直流电流就产生空间旋转磁动势。图 3-11 中绘出两相旋转绕组 d 和 q，从两相静止坐标系 $\alpha\beta O$ 到两相旋转坐标系 dqO 的变换，称作两相静止—两相旋转变换，简称 2S/2R 变换，其中 S 表示静止，R 表示旋转，变换的原则同样是产生的磁动势相等。

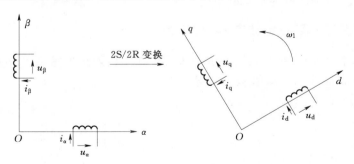

图 3-11　静止两相坐标系到旋转两相坐标系变换

旋转变换矢量关系如图 3-12 所示，i_s 为定子电流空间矢量，图中 dq 坐标系是任意同步旋转坐标系，旋转角速度为同步角速度 ω_1。由于两相绕组 α、β 在空间上的位置是固定的，因而 d 轴和 α 轴的夹角 φ 随时间而变化 $\left(\omega_1 = \dfrac{\mathrm{d}\varphi}{\mathrm{d}t}\right)$，在矢量变换控制系统中，$\varphi$ 通常称为磁场定向角。

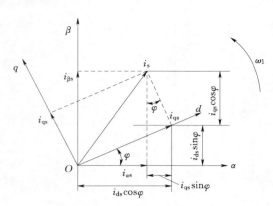

图 3 - 12　旋转变换矢量关系图

由图 3 - 12 可以看出

$$\begin{bmatrix} i_{\alpha s} \\ i_{\beta s} \end{bmatrix} = \begin{bmatrix} \cos\varphi & -\sin\varphi \\ \sin\varphi & \cos\varphi \end{bmatrix} \begin{bmatrix} i_{ds} \\ i_{qs} \end{bmatrix} \qquad (3-37)$$

令

$$\boldsymbol{C}_{2R \to 2S} = \begin{bmatrix} \cos\varphi & -\sin\varphi \\ \sin\varphi & \cos\varphi \end{bmatrix} \qquad (3-38)$$

式 (3 - 38) 即为由两相同步旋转坐标系到两相静止坐标系的矢量旋转变换矩阵。

由于变换矩阵 $\boldsymbol{C}_{2R \to 2S}$ 是一个正交矩阵，所以 $\boldsymbol{C}_{2R \to 2S}^{-1} = \boldsymbol{C}_{2R \to 2S}^{T}$。因此由静止坐标系变换到同步旋转坐标系的矢量变换方程式为

$$\begin{bmatrix} i_{ds} \\ i_{qs} \end{bmatrix} = \begin{bmatrix} \cos\varphi & -\sin\varphi \\ \sin\varphi & \cos\varphi \end{bmatrix}^{-1} \begin{bmatrix} i_{\alpha s} \\ i_{\beta s} \end{bmatrix} = \begin{bmatrix} \cos\varphi & \sin\varphi \\ -\sin\varphi & \cos\varphi \end{bmatrix} \begin{bmatrix} i_{\alpha s} \\ i_{\beta s} \end{bmatrix} \qquad (3-39)$$

令

$$\boldsymbol{C}_{2S \to 2R} = \boldsymbol{C}_{2S \to 2R}^{-1} = \begin{bmatrix} \cos\varphi & \sin\varphi \\ -\sin\varphi & \cos\varphi \end{bmatrix} \qquad (3-40)$$

式 (3 - 40) 即为两相静止坐标系到两相同步旋转坐标系的矢量旋转变换矩阵。

仿照定子两相同步旋转坐标系到两相静止坐标系的矢量旋转变换，可以得到转子两相旋转坐标系 $d'q'$ 到两相静止坐标系的坐标变换过程为

$$\begin{bmatrix} i_{\alpha r} \\ i_{\beta r} \end{bmatrix} = \begin{bmatrix} \cos\theta_r & -\sin\theta_r \\ \sin\theta_r & \cos\theta_r \end{bmatrix} \begin{bmatrix} i_{dr} \\ i_{qr} \end{bmatrix} \qquad (3-41)$$

式中　i_{dr}、i_{qr}——转子两相旋转 dq 坐标系的电流；

$\quad\quad i_{\alpha r}$、$i_{\beta r}$——两相静止坐标系下的电流；

$\quad\quad \theta_r$——转子转过的空间电角度。

3.3.4　三相静止—两相旋转变换 (3S/2R 变换)

将 3S/2S 变换和 2S/2R 变换合并成一步就得到三相静止坐标系和 dqO 坐标系之间的定子量变换矩阵，简称 3S/2R 变换。推导如下：

按式 (3 - 39)，有

$$\begin{bmatrix} i_{ds} \\ i_{qs} \\ i_0 \end{bmatrix} = \begin{bmatrix} \cos\varphi & \sin\varphi & 0 \\ -\sin\varphi & \cos\varphi & 0 \\ 0 & 0 & 1 \end{bmatrix} \begin{bmatrix} i_{\alpha s} \\ i_{\beta s} \\ i_0 \end{bmatrix} \qquad (3-42)$$

又由于 $\begin{bmatrix} i_{\alpha s} & i_{\beta s} & i_0 \end{bmatrix}^{T} = \boldsymbol{C}_{3S \to 2S} \begin{bmatrix} i_A & i_B & i_C \end{bmatrix}^{T}$，代入上式可得

$$\begin{bmatrix} i_{ds} \\ i_{qs} \\ i_0 \end{bmatrix} = \begin{bmatrix} \cos\varphi & \cos\left(\varphi - \dfrac{2}{3}\pi\right) & \cos\left(\varphi + \dfrac{2}{3}\pi\right) \\ -\sin\varphi & -\sin\left(\varphi - \dfrac{2}{3}\pi\right) & -\sin\left(\varphi + \dfrac{2}{3}\pi\right) \\ \sqrt{\dfrac{1}{2}} & \sqrt{\dfrac{1}{2}} & \sqrt{\dfrac{1}{2}} \end{bmatrix} \begin{bmatrix} i_A \\ i_B \\ i_C \end{bmatrix} = \boldsymbol{C}_{3S \to 2R} \begin{bmatrix} i_A \\ i_B \\ i_C \end{bmatrix} \qquad (3-43)$$

由于等功率坐标变换矩阵为正交矩阵，易知 $\boldsymbol{C}_{2R\to3S}=\boldsymbol{C}_{3S\to2R}^{\mathrm{T}}$。

另外，关于两相同步旋转坐标系下的转子量的求法如下。

两相同步旋转坐标系下的转子量可以经过如下变换得到：先利用式（3-39）的变换矩阵得到 dqO 坐标系下的转子量；再利用式（3-41）实现到 $\alpha\beta O$ 坐标系的转换；最后利用式（3-40）的变换矩阵，最终得到两相同步旋转坐标系下的转子量。经推导，以上 3 个步骤可合并为一个坐标变换矩阵，即

$$\begin{bmatrix} i_{\mathrm{dr}} \\ i_{\mathrm{qr}} \\ i_0 \end{bmatrix} = \begin{bmatrix} \cos(\varphi-\theta_{\mathrm{r}}) & \cos\left(\varphi-\theta_{\mathrm{r}}-\dfrac{2}{3}\pi\right) & \cos\left(\varphi-\theta_{\mathrm{r}}+\dfrac{2}{3}\pi\right) \\ -\sin(\varphi-\theta_{\mathrm{r}}) & -\sin\left(\varphi-\theta_{\mathrm{r}}-\dfrac{2}{3}\pi\right) & -\sin\left(\varphi-\theta_{\mathrm{r}}+\dfrac{2}{3}\pi\right) \\ \sqrt{\dfrac{1}{2}} & \sqrt{\dfrac{1}{2}} & \sqrt{\dfrac{1}{2}} \end{bmatrix} \begin{bmatrix} i_{\mathrm{a}} \\ i_{\mathrm{b}} \\ i_{\mathrm{c}} \end{bmatrix} = \boldsymbol{C}_{3S\to2R} \begin{bmatrix} i_{\mathrm{a}} \\ i_{\mathrm{b}} \\ i_{\mathrm{c}} \end{bmatrix}$$

$$(3-44)$$

同样，以上变换也满足等功率原则，该变换矩阵仍为正交矩阵。

由于转子绕组变量可以看作是处在一个以角速度 ω_{r} 旋转的参考坐标系下，对应式（3-43），转子各变量可直接以角度差 $\varphi-\theta_{\mathrm{r}}$ 的关系变换到同步 dqO 坐标系下 ［相应地，$\omega_1-\omega_{\mathrm{r}}=\dfrac{\mathrm{d}(\varphi-\theta_{\mathrm{r}})}{\mathrm{d}t}$］。显然，式（3-44）与这一思路完全吻合。

有必要指出，坐标变换矩阵同样适用于电压和磁链的变换过程，而且变换是以各量的瞬时值为对象的，同样适用于稳态和动态。对三相坐标系到两相坐标系的变换而言，由于电压变换矩阵与电流变换矩阵相同，两相绕组的额定相电流和额定电压均增加到三相绕组额定值的 $\sqrt{3/2}$ 倍，因此每相功率增加到 3/2 倍，但是相数已由 3 变为 2，故总功率保持不变。

3.4　两相同步旋转 dqO 坐标系下的数学模型

利用 3.3 节所述的坐标变换关系，可将双馈风力发电机在三相静止坐标下的数学模型变换为两相同步旋转 dqO 坐标系下的模型。定子绕组接入无穷大电网，定子旋转磁场电角速度为同步角速度 ω_1，因此，选用在空间中以恒定同步角速度 ω_1 旋转的 dqO 坐标系下的变量替代三相静止坐标系下的真实变量来对双馈风力发电机进行分析。在稳态时，各电磁量的空间矢量相对于坐标轴静止，这些电磁量在 dqO 坐标系下就不再是正弦交流量，而成了直流量。交流励磁发电机非线性、强耦合的数学模型在 dqO 同步坐标系中变成了常微分方程，电流、磁链等变量也以直流量的形式出现，dqO 轴下双馈风力发电机的物理模型如图 3-13 所示。

根据正方向约定，即定子取发电机惯例，转子取电动

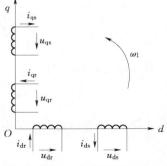

图 3-13　dqO 轴下双馈风力发电机的物理模型

机惯例，分析三相对称双馈风力发电机的电压方程、磁链方程、运动方程和功率方程。

3.4.1　dqO 坐标下的电压方程

1. 定子电压方程

要实现三相坐标系向同步旋转 dqO 坐标系的变换，可利用坐标变换矩阵 $\boldsymbol{C}_{3S \to 2R}$ 来进行。重写三相坐标系下的定子电压方程为

$$\begin{bmatrix} u_A \\ u_B \\ u_C \end{bmatrix} = \begin{bmatrix} -r_s & 0 & 0 \\ 0 & -r_s & 0 \\ 0 & 0 & -r_s \end{bmatrix} \begin{bmatrix} i_A \\ i_B \\ i_C \end{bmatrix} + \begin{bmatrix} D\psi_A \\ D\psi_B \\ D\psi_C \end{bmatrix} \quad (3-45)$$

对式（3-45）两边乘以坐标变换矩阵 $\boldsymbol{C}_{3S \to 2R}$，有

$$\boldsymbol{C}_{3S \to 2R} \boldsymbol{u}_{ABC} = -r_s \boldsymbol{C}_{3S \to 2R} \boldsymbol{i}_{ABC} + \boldsymbol{C}_{3S \to 2R} D\boldsymbol{\psi}_{ABC}$$

$$= -r_s \boldsymbol{C}_{3S \to 2R} \boldsymbol{i}_{ABC} + \boldsymbol{C}_{3S \to 2R} \frac{\mathrm{d}}{\mathrm{d}t}(\boldsymbol{C}_{3S \to 2R}^{-1} \boldsymbol{\psi}_{dq0}) \quad (3-46)$$

即
$$\boldsymbol{u}_{dq0} = -r_s \boldsymbol{i}_{dq0} + \boldsymbol{C}_{3S \to 2R} \frac{\mathrm{d}\boldsymbol{C}_{3S \to 2R}^{-1}}{\mathrm{d}t} \boldsymbol{\psi}_{dq0} + \frac{\mathrm{d}\boldsymbol{\psi}_{dq0}}{\mathrm{d}t} \quad (3-47)$$

其中

$$\boldsymbol{C}_{3S \to 2R} \frac{\mathrm{d}\boldsymbol{C}_{3S \to 2R}^{-1}}{\mathrm{d}t} = \sqrt{\frac{2}{3}} \begin{bmatrix} \cos\varphi & \cos\left(\varphi - \frac{2}{3}\pi\right) & \cos\left(\varphi + \frac{2}{3}\pi\right) \\ -\sin\varphi & -\sin\left(\varphi - \frac{2}{3}\pi\right) & -\sin\left(\varphi + \frac{2}{3}\pi\right) \\ \sqrt{\frac{1}{2}} & \sqrt{\frac{1}{2}} & \sqrt{\frac{1}{2}} \end{bmatrix}$$

$$\times \frac{\mathrm{d}}{\mathrm{d}t} \left\{ \sqrt{\frac{2}{3}} \begin{bmatrix} \cos\varphi & -\sin\varphi & \sqrt{\frac{1}{2}} \\ \cos\left(\varphi - \frac{2}{3}\pi\right) & -\sin\left(\varphi - \frac{2}{3}\pi\right) & \sqrt{\frac{1}{2}} \\ \cos\left(\varphi + \frac{2}{3}\pi\right) & -\sin\left(\varphi + \frac{2}{3}\pi\right) & \sqrt{\frac{1}{2}} \end{bmatrix} \right\}$$

$$= \frac{\mathrm{d}\varphi}{\mathrm{d}t} \begin{bmatrix} 0 & -1 & 0 \\ 1 & 0 & 0 \\ 0 & 0 & 0 \end{bmatrix} \quad (3-48)$$

对于定子绕组，有

$$\frac{\mathrm{d}\varphi}{\mathrm{d}t} = \omega_1 \quad (3-49)$$

于是 dqO 坐标系下定子电压方程可表示为（略写零序分量）

$$\begin{cases} u_{ds} = -r_s i_{ds} - \omega_1 \psi_{qs} + \dfrac{\mathrm{d}}{\mathrm{d}t}\psi_{ds} \\ u_{qs} = -r_s i_{qs} + \omega_1 \psi_{ds} + \dfrac{\mathrm{d}}{\mathrm{d}t}\psi_{qs} \end{cases} \quad (3-50)$$

2. 转子电压方程

同样，要实现转子三相坐标系向同步旋转 dqO 坐标系的变换，可利用坐标变化矩阵 $C_{3S\to 2R}$ 来进行。重写三相坐标系下的转子电压方程为

$$\begin{bmatrix} u_{\mathrm{a}} \\ u_{\mathrm{b}} \\ u_{\mathrm{c}} \end{bmatrix} = \begin{bmatrix} r_{\mathrm{r}} & 0 & 0 \\ 0 & r_{\mathrm{r}} & 0 \\ 0 & 0 & r_{\mathrm{r}} \end{bmatrix} \begin{bmatrix} i_{\mathrm{a}} \\ i_{\mathrm{b}} \\ i_{\mathrm{c}} \end{bmatrix} + \begin{bmatrix} D\psi_{\mathrm{a}} \\ D\psi_{\mathrm{b}} \\ D\psi_{\mathrm{c}} \end{bmatrix} \tag{3-51}$$

在进行类似定子电压方程坐标变换的过程后，结果是（略写零序分量）

$$\begin{cases} u_{\mathrm{dr}} = r_{\mathrm{r}} i_{\mathrm{ds}} - (\omega_1 - \omega_{\mathrm{r}})\psi_{\mathrm{qr}} + \dfrac{\mathrm{d}}{\mathrm{d}t}\psi_{\mathrm{dr}} \\[2mm] u_{\mathrm{qr}} = r_{\mathrm{r}} i_{\mathrm{qr}} + (\omega_1 - \omega_{\mathrm{r}})\psi_{\mathrm{dr}} + \dfrac{\mathrm{d}}{\mathrm{d}t}\psi_{\mathrm{qr}} \end{cases} \tag{3-52}$$

其中

$$\omega_1 - \omega_{\mathrm{r}} = \frac{\mathrm{d}(\varphi - \theta_{\mathrm{r}})}{\mathrm{d}t}$$

3.4.2 dqO 坐标下的磁链方程

重写三相坐标系下的磁链方程为

$$\begin{bmatrix} \boldsymbol{\psi}_{\mathrm{ABC}} \\ \boldsymbol{\psi}_{\mathrm{abc}} \end{bmatrix} = \begin{bmatrix} -L_{\mathrm{ss}} & L_{\mathrm{sr}} \\ -L_{\mathrm{rs}} & L_{\mathrm{rr}} \end{bmatrix} \begin{bmatrix} \boldsymbol{i}_{\mathrm{ABC}} \\ \boldsymbol{i}_{\mathrm{abc}} \end{bmatrix} \tag{3-53}$$

利用坐标变换矩阵 $C_{3S\to 2R}$ 和 $C'_{3S\to 2R}$ 将定子三相磁链和转子三相磁链变换到 dqO 坐标系下，推导如下：

对上式两边乘以 $\begin{bmatrix} C_{3S\to 2R} & 0 \\ 0 & C'_{3S\to 2R} \end{bmatrix}$ 得

$$\begin{bmatrix} C_{3S\to 2R} & 0 \\ 0 & C'_{3S\to 2R} \end{bmatrix}\begin{bmatrix} \boldsymbol{\psi}_{\mathrm{ABC}} \\ \boldsymbol{\psi}_{\mathrm{abc}} \end{bmatrix} = \begin{bmatrix} C_{3S\to 2R} & 0 \\ 0 & C'_{3S\to 2R} \end{bmatrix}\begin{bmatrix} -L_{\mathrm{ss}} & L_{\mathrm{sr}} \\ -L_{\mathrm{rs}} & L_{\mathrm{rr}} \end{bmatrix}\begin{bmatrix} \boldsymbol{i}_{\mathrm{ABC}} \\ \boldsymbol{i}_{\mathrm{abc}} \end{bmatrix}$$
$$= \begin{bmatrix} C_{3S\to 2R} & 0 \\ 0 & C'_{3S\to 2R} \end{bmatrix}\begin{bmatrix} -L_{\mathrm{ss}} & L_{\mathrm{sr}} \\ -L_{\mathrm{rs}} & L_{\mathrm{rr}} \end{bmatrix}\begin{bmatrix} C_{3S\to 2R}^{-1} & 0 \\ 0 & C'^{-1}_{3S\to 2R} \end{bmatrix}\begin{bmatrix} \boldsymbol{i}_{\mathrm{dqOs}} \\ \boldsymbol{i}_{\mathrm{dqOr}} \end{bmatrix} \tag{3-54}$$

即

$$\begin{bmatrix} \boldsymbol{\psi}_{\mathrm{dqOs}} \\ \boldsymbol{\psi}_{\mathrm{dqOr}} \end{bmatrix} = \begin{bmatrix} -C_{3S\to 2R}L_{\mathrm{ss}}C_{3S\to 2R}^{-1} & C_{3S\to 2R}L_{\mathrm{sr}}C'^{-1}_{3S\to 2R} \\ -C'_{3S\to 2R}L_{\mathrm{rs}}C_{3S\to 2R}^{-1} & C'_{3S\to 2R}L_{\mathrm{rr}}C'^{-1}_{3S\to 2R} \end{bmatrix}\begin{bmatrix} \boldsymbol{i}_{\mathrm{dqOs}} \\ \boldsymbol{i}_{\mathrm{dqOr}} \end{bmatrix} \tag{3-55}$$

化简 $\begin{bmatrix} -C_{3S\to 2R}L_{\mathrm{ss}}C_{3S\to 2R}^{-1} & C_{3S\to 2R}L_{\mathrm{sr}}C'^{-1}_{3S\to 2R} \\ -C'_{3S\to 2R}L_{\mathrm{rs}}C_{3S\to 2R}^{-1} & C'_{3S\to 2R}L_{\mathrm{rr}}C'^{-1}_{3S\to 2R} \end{bmatrix}$ 的过程比较繁琐，本章不再列出具体化简过程。

由以上推导，最终可得 dqO 坐标系下交流励磁发电机磁链方程为（略写零序分量）

$$\begin{bmatrix} \psi_{\mathrm{ds}} \\ \psi_{\mathrm{qs}} \\ \psi_{\mathrm{dr}} \\ \psi_{\mathrm{qr}} \end{bmatrix} = \begin{bmatrix} -L_{\mathrm{s}} & 0 & L_{\mathrm{m}} & 0 \\ 0 & -L_{\mathrm{s}} & 0 & L_{\mathrm{m}} \\ -L_{\mathrm{m}} & 0 & L_{\mathrm{r}} & 0 \\ 0 & -L_{\mathrm{m}} & 0 & L_{\mathrm{r}} \end{bmatrix}\begin{bmatrix} i_{\mathrm{ds}} \\ i_{\mathrm{qs}} \\ i_{\mathrm{dr}} \\ i_{\mathrm{qr}} \end{bmatrix} \tag{3-56}$$

式中　L_m——同步 dqO 坐标系下等效定子绕组与等效转子绕组间互感，$L_m = \dfrac{3}{2} L_{ms}$；

　　　　L_s——同步 dqO 坐标系下等效定子每相绕组全自感，$L_s = L_{ls} + \dfrac{3}{2} L_{ms}$；

　　　　L_r——同步 dqO 坐标系下等效转子每相绕组全自感，$L_r = L_{lr} + \dfrac{3}{2} L_{ms}$，$L_{ms}$ 为转子

　　　　　　每相主电感。

则定子磁链方程为

$$\left.\begin{aligned} \psi_{ds} &= -L_s i_{ds} + L_m i_{dr} \\ \psi_{qs} &= -L_s i_{qs} + L_m i_{qr} \end{aligned}\right\} \tag{3-57}$$

转子磁链方程为

$$\left.\begin{aligned} \psi_{dr} &= -L_m i_{ds} + L_r i_{dr} \\ \psi_{qr} &= -L_m i_{qs} + L_r i_{qr} \end{aligned}\right\} \tag{3-58}$$

对式（3-56），如果考虑零序磁链，则 dqO 坐标系下交流励磁发电机磁链方程为

$$\begin{bmatrix} \psi_{ds} \\ \psi_{qs} \\ \psi_{0s} \\ \psi_{dr} \\ \psi_{qr} \\ \psi_{0r} \end{bmatrix} = \begin{bmatrix} -L_s & 0 & 0 & L_m & 0 & 0 \\ 0 & -L_s & 0 & 0 & L_m & 0 \\ 0 & 0 & -L_{ls} & 0 & 0 & 0 \\ -L_m & 0 & 0 & L_r & 0 & 0 \\ 0 & -L_m & 0 & 0 & L_r & 0 \\ 0 & 0 & 0 & 0 & 0 & L_{lr} \end{bmatrix} \begin{bmatrix} i_{ds} \\ i_{qs} \\ i_{0s} \\ i_{dr} \\ i_{qr} \\ i_{0r} \end{bmatrix}$$

式中　L_{ls}——定子绕组每相漏感；

　　　　L_{lr}——转子绕组每相漏感。

3.4.3　dqO 坐标下的运动方程、功率方程

变换到 dqO 同步旋转坐标系下后，运动方程形式没有变化，仍为

$$T_m = T_e + \frac{J}{n_p} \frac{d\omega}{dt} \tag{3-59}$$

但电磁转矩方程变化为

$$T_e = n_p L_m (i_{qs} i_{dr} - i_{ds} i_{qr}) = n_p (\psi_{ds} i_{qs} - \psi_{qs} i_{ds}) \tag{3-60}$$

定子有功功率和无功功率分别为

$$\left\{\begin{aligned} P_1 &= u_{ds} i_{ds} + u_{qs} i_{qs} \\ Q_1 &= u_{qs} i_{ds} - u_{ds} i_{qs} \end{aligned}\right. \tag{3-61}$$

转子有功功率和无功功率分别为

$$\left\{\begin{aligned} P_2 &= u_{dr} i_{dr} + u_{qr} i_{qr} \\ Q_2 &= u_{qr} i_{dr} - u_{dr} i_{qr} \end{aligned}\right. \tag{3-62}$$

式（3-61）和式（3-62）一起构成了双馈风力发电机在 dqO 同步旋转坐标系下完整的数学模型。可以看出，这种数学模型消除了互感之间的耦合，比三相坐标系下的数学模型要简单得多。它们是一组常系数微分方程，这就是坐标变换的最终目的所在，也为双馈风力发电系统定子磁链定向的矢量控制策略奠定了基础。

3.5 双馈风力发电机的设计

绕线型双馈风力发电机定子、转子结构与传统的绕线型异步电动机结构相同，其定子和传统同步发电机的定子完全相同，转子上嵌有两相或三相对称绕组。当采用交流励磁时，转子的转速与励磁电源频率有关，从而使绕线型双馈风力发电机的内部电磁关系既不同于异步电机，又不同于同步电机，但它却同时具有异步电机和同步电机的某些特点。绕线型双馈风力发电机与传统的绕线型异步电动机不同之处在于当其正常运行时，转子绕组外接交流电源励磁。当定子侧电压电流正方向按发电机惯例，转子侧电压电流正方向按电动机惯例，电磁转矩与转向相反为正，转差率 s 按转子速度小于同步速度为正的规定后参照异步电机的分析方法，将转子侧的量折算到定子侧，可得绕线型双馈风力发电机的电磁设计方法，从而编制变速恒频绕线型异步发电机的电磁计算程序。

3.5.1 电磁设计

由于绕线型双馈风力发电机的运行方式既不同于异步电机也不同于同步电机，其电磁设计应有其自身特点。根据绕线型双馈风力发电机的运行原理及其运行方式，设计中主要应考虑以下 6 个方面的问题。

1. 电压、极数选取

（1）发电机电压等级一般为低压或中压（多为低压 690V），按发电机设计原则分析，功率 3MW 以上的发电机的电压等级更适合采用中压等级。低压大电流电机嵌线、出线困难。

（2）发电机极数。传统同步电机，由于转子转速总是等于同步转速，因此电网频率一定时其极对数是唯一的。而由于双馈风力发电机是带转差运行，转差率 $s \neq 0$，当发电机转速范围一定时，其极对数的选择不唯一。

双馈风力发电机在定子输出一定时，其励磁容量将随转差率 s 绝对值增大而增大，因此为了降低励磁容量，极对数选择原则上应使在正常转速范围内励磁容量最小。在双馈风力发电机定子输出、极对数一定时，其励磁容量存在一个最小值，它所对应的转差率为 $s_{\min}$。所以，当双馈风力发电机在转速范围一定时，极对数的选取应使其运行的转差率尽可能地靠近 $s_{\min}$，这将有利于励磁容量的减小，从而降低励磁系统的造价。

一般来说，双馈风力发电机极数可以是 4 极或 6 极。4 极发电机比 6 极体积要小，现在 2MW 以下发电机多采用 4 极。4 极发电机的轴中心高不宜超过 710mm（对应发电机功率可达 4～4.5MW），现在 2.5MW、3MW 发电机极数多采用 6 极。

2. 转子励磁绕组相数的选择

双馈风力发电机转子励磁绕组的作用是产生转子旋转磁场，从理论上讲可以采用两相、三相或多于三相的对称绕组。但实际运行中，采用超过三相的对称绕组会增加励磁电源和励磁控制的难度与成本，因而不宜采用。采用三相对称绕组时，用交—交或交—直—交变频器容易实现对绕线型双馈风力发电机的控制，同时在保持转子热负荷相等时两相和三相所产生的合成磁动势幅值不相等，三相绕组所产生的磁动势大于两相绕组所产生的磁

63

动势，比两相绕组有更高的利用率，因此绕线型双馈风力发电机转子绕组宜采用三相对称绕组。

3. 气隙的选择

受静态稳定性的限制，传统同步电机的同步电抗一般不能太大，因而气隙不能太小；但对于双馈风力发电机，由于不存在静态稳定性问题，故气隙的选择可不考虑其受静态稳定性的影响。不过当气隙较大时，其励磁容量也将增大，传统同步电机励磁容量一般为额定容量的 2% 左右，而双馈风力发电机的励磁容量在转速变化较大时可高达额定容量的 30%。为尽可能降低其励磁容量，绕线型双馈风力发电机应减小气隙长度；但气隙也不能过小，因为随着气隙的减小，因齿谐波所产生的附加铁耗又将增大。所以，应在考虑不影响效率、制造工艺的前提下尽可能减小气隙长度。

4. 负荷选取

(1) 考虑整个运行范围内发电机的温升和效率。风力发电机的转速范围较宽，最大可为同步转速 ±30%，要注意低速时风力发电机的通风散热能力会降低；发电机功率因数波动范围较大，为 −0.9（超前）～1～0.9（滞后）——热负荷；电网电压的波动范围较大，为额定电压 ±10%——磁负荷、热负荷；电网电压、功率因数波动范围内的电磁计算、性能计算、温升计算；磁路饱和程度影响发电机输出电能质量。

(2) 考虑转子采用变频器供电时发电机的谐波影响。发电机谐波会引起转子铁损和定子、转子绕组铜损增加，定子和转子绕组温升上升，还将增加发电机噪音和电磁振动，增加转子导条的集肤效应。因此转子铁芯应设有轴向通风孔或径向通风道，保证良好的通风冷却效果。考虑到高次谐波增加将加深磁路饱和，发电机的磁路应设计成不饱和结构。

(3) 系统控制方式的影响。

1) 桨距控制中的动态入流现象。会引起暂态过电流和磁路饱和效应，从而产生高次谐波。

2) 用短路棒保护方式进行低电压穿越。当电压严重跌落时，高次谐波会使暂态电流增加。

(4) 电磁负荷、热负荷、温升应留有一定的裕度。双馈风力发电机定子、转子电流密度及线负荷设计均应较普通 YR 型电机低，磁负荷选取也应略低于常规发电机。特别应注意超负荷（如 1.1 倍、1.15 倍额定功率）、高网压、低功率因数时的定子、转子齿磁密（转子齿磁密 B_{t2} 可比定子齿磁密 B_{t1} 略高，因其只会使功率因数降低，不会导致铁耗增加），气隙磁密 B_g 不宜过大（影响转轴的临界转速、挠度、轴承寿命和齿谐波）。

5. 槽形、线圈型式

电磁设计时，常采用以下措施：

(1) 定子、转子槽采用开口槽、半开口槽、半闭口槽。

(2) 定子或转子铁芯采用斜槽结构。

(3) 短距绕组形式。

(4) 适当增大电机气隙，减小发电机的气隙磁密谐波、改善感应电势的波形，达到降低电压波形正弦性畸变率、减小发电机损耗和提高效率、降低定转子绕组温升的目的。

6. 斜槽

为了减小发电机的气隙磁密齿谐波，可采用定子铁芯斜槽或转子铁芯斜槽结构，如图 3-14 和图 3-15 所示。

图 3-14　定子铁芯斜槽结构　　　　图 3-15　转子铁芯斜槽结构

3.5.2　转子结构

1. 转子结构类型

双馈风力发电机转子绕组有成型绕组、矩形半线圈以及散嵌绕组 3 种型式，如图 3-16 和图 3-17 所示。

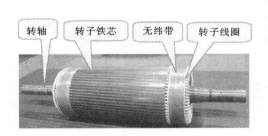 

图 3-16　成型绕组转子　　　　　图 3-17　矩形半线圈转子

2. 主要考虑因素

（1）发电机转子接变频器，会增大转子损坏的危险。

（2）发电机转速变化范围最大可为同步转速±30%，一般在同步转速 70%～130% 内调节转速。

（3）转子绕组端部必须有牢固的支撑，以适应机械旋转和发电机内部的温度环境要求。转子绕组端部的固定与防护是一个难点，既要能保证飞逸工况下的最大离心力不被损坏，又要保证适宜的通风。

（4）转子引线可靠连接和固定，确保运行可靠。

（5）转子在稳态和暂态性能方面还有一些新问题需要研究，如桨距控制中的动态入流现象、用短路棒保护方式进行低电压穿越存在的问题等。

3. 转轴强度计算

变桨过程中风轮的机械转矩过冲快速变桨时会产生动态入流现象。在桨距控制型风力发电机组中机械转矩会出现明显过冲,过冲量取决于风轮运行状态和风轮半径,风速越低、变桨速率越大、风轮半径越大,过冲量就越大。

发电机在转速上升阶段会有数倍额定转矩施加在其转轴上(大于系统要求的最大转矩,即 2 倍额定转矩)。图 3-18 所示为桨距控制型风力发电机组以不同变桨速率使功率从额定功率的 20% 提高到 100% 时的机械转矩。

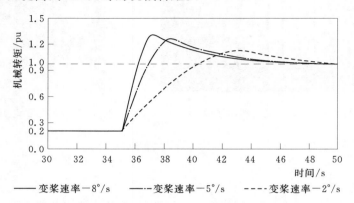

图 3-18　桨距控制型风力发电机组以不同变桨速率使功率
从额定功率的 20% 提高到 100% 时的机械转矩

在转子侧变频器闭锁的同时,发电机转子回路通过一定阻值的短路棒短接,发电机继续作为常规感应发电机运行。在系统采取短路棒保护方式进行低电压穿越时,将可能在瞬时将数倍发电机额定转矩施加在其转轴上(远大于系统要求的最大转矩,即 2 倍额定转矩)。图 3-19 表示电机低电压穿越能力,关于低电压穿越详细内容见第 4 章。

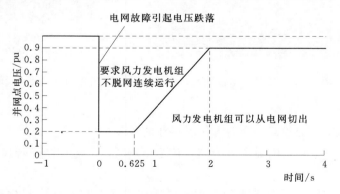

图 3-19　低电压穿越能力

4. 转子线圈并头连接

对于采用半闭口槽或半开口槽的转子,其矩形半线圈两端头的钎焊是制造的难点,也是影响发电机运行可靠性的关键点之一。图 3-20 表示电机并头结构,图 3-21 表示并头钎焊工艺。

图 3-20 电机并头结构

图 3-21 并头钎焊工艺

5. 转子电缆引出线的固定

转子电缆引出线需与转子线圈端部并头环连接，然后从转轴滑环端的深孔中引出，再连接到滑环上。如何确保可靠连接和可靠固定是直接影响高速运转的发电机运行可靠性的关键点之一。图 3-22 为电缆引出线在转轴深孔中的固定方式之一——灌封固定工艺试验图。

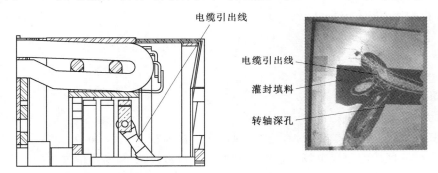

图 3-22 电缆引出线在转轴深孔中的固定方式之一——灌封固定工艺试验

也可借鉴图 3-23 中的汽轮发电机集电环结构理解转轴深孔中导电杆与集电环固定方式。

3.5.3 绝缘结构

兆瓦级双馈型风力发电机的定子电压均为三相 690V 50Hz，电流按功率不同约为 1000～2000A，采用单根或多根绝缘铜扁线绕制成菱形线圈，导线绝缘采用单玻或双玻聚酰亚胺薄膜氟树脂黏结的烧结线

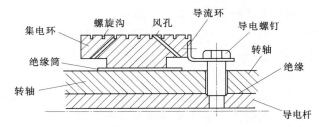

图 3-23 一种汽轮发电机集电环装配简图

或采用一层薄膜半叠包外加一层云母带半叠包的绕包线。这两种导线的双面绝缘厚度约 0.3～0.4mm，对地绝缘均采用单面玻璃布或薄膜补强的少胶云母带 1/2 叠包 2～3 层。主

绝缘厚度为 0.5～0.8mm，槽内再有一层 0.2～0.25mm 厚的 H 级聚芳酰胺纤维和聚酰亚胺薄膜的复合绝缘，整个定子下线后经真空压力浸渍 1～2 次。双馈型发电机定子外径较小，在烘房中固化时进行旋转烘焙，树脂流失很少，绕组槽内和端部树脂填充和覆盖良好。

　　双馈型发电机转子绕组的特点是裸铜排加包绝缘，与现有的 YR 型异步电机绕线转子结构相似，发电机转子开路电压可能达到 2kV，正常运行电压 600V 以下。但由变频器供电，因此转子绝缘结构要考虑变频器供电的要求，防止重复脉冲电压引起的局部放电损坏绝缘。云母是耐局部放电的最理想的材料，由于发电机转子的尺寸十分紧凑，以耐电晕聚酰亚胺薄膜补强少胶云母带成为转子主绝缘的首选材料。这种云母带的耐热指数为 200，厚度为 0.12～0.13mm，宽度为 20～25mm，采取 1/2 叠包 3 层，转子主绝缘的厚度 0.78mm，形成连续式绝缘。这样既保证转子耐热等级达到 H 级，又有很好的耐电晕性和耐潮性，且 VPI 树脂很容易浸透。经 VPI 后的转子都在烘房中经过旋转烘焙，使 VPI 树脂在转子表面分布均匀，槽内填充良好。

　　1. 绝缘破坏的主要因素

　　绝缘破坏的四大主要因素有：

　　（1）电因素。

　　（2）热因素。

　　（3）机械因素。

　　（4）化学（或环境）因素。

　　2. 运行环境及条件

　　（1）极端环境气候条件。

　　1）环境温度：－30～50℃。

　　2）污秽：Ⅱ～Ⅲ级污区。

　　3）三北地区：低温、昼夜温差大、风沙大、高海拔（＜4000m）。

　　4）沿海地区、海上风电场：盐蚀、潮湿（空气湿度为 95%，最大达到 100%）。

　　（2）电气条件。

　　1）受自然风变化及电网波动的影响，电流、电压变化频繁、无规律。

　　2）过电压。雷电过电压和转子变频器会产生重复陡脉冲，因此雷击在风力发电机定子（或转子）绕组产生的过电压应适当考虑。

　　3）变桨控制会引起过冲电压。

　　4）低电压穿越时，由于发电机内磁场变化不能跟踪电网电压的变化，将产生直流分量，会造成转子电压上升。

　　（3）机械条件。

　　1）机械力。风塔振动、频繁启动、转速频繁波动和大范围变化都会产生较大机械力。

　　2）内应力。极低温和高温差环境都会产生内应力。

　　3）发电机内各次时间谐波与电磁部分固有空间谐波相互干预，形成各种电磁激振力；变频器的脉冲波会使电磁振动变得更为严重。

　　在机械、电磁激振力和振动影响下，发电机绝缘受到循环交变应力作用，会加速发电机绝缘老化。

3. 变频器影响

（1）IGBT PWM 变频器极短促的开关动作会产生极高的交变尖峰电压，其波前时间极短，电压幅值相当于 3 倍标准电压，且大部分线电压加在第一个线圈上。

（2）变频器电源产生交变尖峰电压使发电机线圈相邻导线之间的电压可以相当高，使发电机绝缘要承受额外的高电压强度。

（3）变频器可能导致线圈绝缘层发生局部放电现象（称为电晕），产生的能量和生成物将逐渐腐蚀绝缘层。

（4）变频器谐波电压产生的附加损耗转化为热能，也会大大加速发电机绝缘老化。

局部放电、局部介质发热和空间电荷积聚、电磁激振和振动等多种因素的作用，最后将导致线圈匝间—匝间短路，相—相或相—地间的绝缘击穿，其中最常见的是匝间短路。

4. 解决对策

发电机绝缘结构设计时，要注意考虑发电机的环境适应性和工艺适应性（低电压、大电流，线圈较粗，成型及嵌线工艺难度大）。具体对策如下：

（1）风力发电机（低压或中压）中引入高压电机的绝缘技术。

（2）增加匝间及对地绝缘厚度，以提高绝缘结构的安全储备裕度（大于 10 倍，甚至大于 20 倍）。

（3）引入高压电机的绝缘检验技术，包括电晕放电起始电压检测、局部放电起始电压检测等。

（4）选用耐电晕性能好的绝缘材料，以提高绕组的耐电晕性能。

（5）完善绝缘结构和绝缘处理工艺，以消除绝缘内的空隙和表面放电。

5. 有关绝缘的主要要求

（1）绝缘电阻。发电机在热态下，定子绕组对机座的绝缘电阻及绕组间的热态绝缘电阻应不低于 $(U_N/1000) \text{M}\Omega$；转子绕组对机座的绝缘电阻及绕组间的热态绝缘电阻应不低于 $(U_{02}/1000) \text{M}\Omega$，冷态绝缘电阻应符合产品技术条件的规定。测量电阻时，绝缘电阻表的选用应符合 GB/T 1032—2012《三相异步电动机试验方法》的规定。其中，U_N 为定子额定电压，U_{02} 为转子静止时的开路电压。

（2）短时升高电压。在他励不并网情况下，发电机应能承受额定电压的 130%，且历时 3min 短时升高电压试验而不发生故障。

（3）耐电压性能。

1）对地耐电压。发电机的绕组应能承受历时 1min 的耐电压试验而不发生击穿，定子试验电压有效值为 $(2U_N+1000) \text{V}$；转子试验电压有效值为 $(2U_{02}+1000) \text{V}$，最低为 1500V。试验电压的频率为 50Hz，并尽可能为正弦波形。

2）匝间耐电压。发电机的定、转子线圈应能承受对地和匝间耐冲击电压试验而不发生击穿；散嵌绕组应能承受匝间绝缘冲击电压试验历时 3s 而不击穿；成型绕组应能承受匝间绝缘冲击电压试验历时 3s 而不击穿。

3.5.4 滑环系统

电刷滑环系统是发电机励磁系统的重要组成部分，双馈电机转子绕组需要通过电刷—

滑环系统与外界交换电能。发电机运行在次同步状态下时，转子变频器通过电缆、刷架、电刷及滑环将频率、幅值时刻变化的三相电流引入到转子绕组；发电机运行在超同步状态下时，电刷滑环系统将三相转子电流引至转子变频器。图 3－24 为滑环结构示意图。

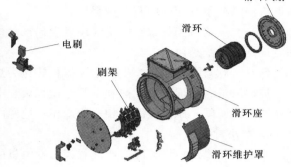

图 3－24　滑环结构示意图

图 3－25　热套式滑环结构

滑环系统需重点考虑的因素有：

（1）防护等级：IP 23。

（2）东南沿海地区的潮湿、盐雾。

（3）西北的风沙、昼夜温差大。

（4）高原的空气稀薄。

（5）转速范围宽。

（6）负载跨度大。

1. 滑环

采用热套式滑环结构或环氧浇注式滑环结构能够满足双馈风力发电机高速运行需要。在绝缘筒与钢套筒、集电环之间要进行密封处理以提高滑环防潮性。集电环多采用高强度的不锈钢环，可用于腐蚀性场所。图 3－25 所示为热套式滑环结构。

环氧树脂浇铸双馈风力发电机专用集电环是用耐高温环氧树脂加超细玻璃纤维作为增强材料，用真空压力浇铸工艺制造的，具有绝缘性能优良、防潮性优良、机械强度高等优点。环氧树脂浇铸滑环结构如图 3－26 所示。

2. 电刷—滑环系统故障

作为双馈异步电机的动静转换器件，因电刷和滑环系统故障而导致的发电机运行不稳定现象屡有发生。同时，电刷和滑环系统的日常维护工作量大，需要消耗相当的人力和物力，尤其是处于恶劣环境下（高山、海洋等）的机组，电刷和滑环系统的维护修理工作更加困难。所以，对发电机电刷和滑环系统的状态监测及故障诊断研究是很有意义和必要的。

电刷—滑环系统常见故障类型有电刷滑环过热故障、滑环火花故障、电刷特异性振动故障、电刷重度磨损故障等。不同类型的故障可能会同时出现在电刷—滑环系统中，从而引发综合性故障。

3. 电刷—电刷氧化膜

电刷在滑环上运行时，在其接触面上会形成一层均匀、适度、稳定的氧化膜。氧化膜是一种复合薄膜，其组成成分与电刷型号及滑环的材料成分有关，厚度一般为 $1\sim6nm$。氧化膜受到破坏是导致电机励磁电流不稳定的重要原因。氧化膜的形成主要与下列因素有关：

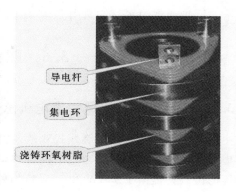

图 3-26　环氧树脂浇铸滑环

（1）滑环与电刷接触处的表面温度。一般理想的滑环工作表面工作温度为 $60\sim95℃$，在 $70℃$ 左右较易形成氧化膜，高温、低温环境应注意避免滑环运行温度过高或过低。

（2）设计时电刷平均电流密度不能取得太高，国内设计时一般取电刷平均电流密度为 $6\sim8A/cm^2$，保证运行时有些电流分布稍不均匀也能保证安全运行。

（3）空气湿度。电刷磨损量与环境空气湿度有关，电刷需要空气中有一定的水分含量，即空气湿度不能太低，但也不能太高。一般空气湿度为 $3\sim25g/m^3$，电刷安全运行的最小湿度为 $4.6g/m^3$；发电机制造厂推荐运行时湿度范围为 $8\sim15g/m^3$。

（4）含氧量。含氧量过低也不利于氧化膜的形成。在高原地区可用高原型电刷适应环境空气稀薄的情况。

（5）冷却空气中污染性杂质。空气中的杂质对电刷表面氧化膜的形成将带来不利影响。这些杂质包括：硫化物或卤族元素的腐蚀性气体、空气中油气混合物、粉尘、铁屑、铁锈粉尘、碳粉等其他杂质。如果环境中污染性杂质含量大，机组和滑环罩均要进行密封处理或对冷却空气进行过滤处理。

（6）此外，电刷研磨、集电环表面光洁度以及电刷材质等因素也是影响电刷氧化膜形成的因素，在设计时应予以考虑。

3.5.5　轴承电蚀

电流在循环转重的轴承滚道轮和滚动体的接触部分流动时，通过薄薄的润滑油膜发出火花，其表面出现局部的熔融和凹凸现象，叫做电蚀。

会在电机中形成轴承电流并在轴承中产生电蚀，使轴承过早损坏的情况有以下方面：

（1）对工频电源和变频器供电电机，发电机内的磁路不对称时会产生电蚀现象。

（2）对工频电源和变频器供电电机，非屏蔽电缆敷设不对称时会产生电蚀现象。

（3）对变频器供电电机，快速切换的变频器及它们的共模电压时会产生电蚀现象。

发电机转子接变频器，快速切换的变频器及它们的共模电压会产生高频轴接地电流、高频循环电流和电容性放电电流，会增大轴承电蚀损坏的危险。

风力发电机轴承的有关要求为：①轴电压不大于 $0.5V$（GB/T 23479.1—2009《风力发电机组　双馈异步发电机》中第 6.7 条规定）；②轴承电流的密度不得超过以下限值，否则会在轴承中产生电蚀：小于 $1.5A/mm^2$（《电机工程手册·电机卷》）或小于 $0.7A/$

mm^2 ［瑞典斯凯孚公司（SKF）、德国舍弗勒公司（FAG）等提出］。

3.6　双馈风力发电机实例

3.6.1　兆瓦级双馈风力发电机总体设计

本实例针对兆瓦级绕线式双馈风力发电机的总体结构提出了总体设计方案及参数，考虑了兆瓦级变速恒频风力发电机组的总体协调以及发电机与控制系统、励磁系统、冷却系统的协调；提出了 1MW 和 1.5MW 两个规格发电机的总体设计思路和方案以及采用的冷却系统和方式。本设计能满足兆瓦级绕线式双馈风力发电机国产化的要求，顺利通过了国家"863"重大科研课题专家组的验收。

3.6.1.1　技术规范

1. 总则

（1）本技术条件未规定事项均应符合国家标准 GB 755—2008《旋转电机　定额和性能》、GB/T 23479.1—2009《风力发电机组　双馈异步发电机》和 NB/T 31013—2011《双馈风力发电机制造技术规范》的规定。

（2）本发电机为交流励磁绕线型异步发电机，供风力发电机组使用。

2. 基本参数和技术要求

（1）基本参数。本发电机的基本参数见表 3-4。

表 3-4　发电机基本参数

发电机型号	YRF5601-4	额定频率	50Hz
发电机类型	双馈绕线	中心高	560mm
相数	3	效率	96％
额定功率	1500kW	功率因素	−0.9～0.9
额定电压	690V	绕组连接方式	Y/Y
额定定子电流	1004A	绝缘等级	H
转子电压	＜690V	防护等级	IP54
同步转速	1500r/min	旋转方向	顺时针（从传动端看）
额定转速	1200～1900r/min	冷却方式	空—空冷却（IC0616）

（2）技术要求。

1）本发电机在海拔 1000m 以下、环境温度 −15～40℃ 的条件下能满载连续运行（发电机按运行环境温度 −20～50℃ 设计）。

2）连续运行时，电网电压与频率波动满足 GB 755—2008《旋转电机　定额和性能》的规定。

3）温升限额。额定运行时，绕组温升限值（电阻法）和集电环温升限值（温度计法）不大于 80K，轴承运行温度不大于 95℃。

4）发电机在热状态下应能承受 150％额定电流不损坏或变形，时间 15s。

5) 发电机在负载情况下应能承受转速提高至额定值的 110%，历时 1.5min 而不发生有害变形。

6) 发电机振动和噪声满足 GB 755—2008《旋转电机 定额和性能》的规定。

7) 发电机有一个圆柱形轴伸，与传动端采用切向键连接。轴伸不允许承受外加的轴向力及联轴器以外的径向力。

8) 发电机带有可靠的接地装置。

3. 试验及检查项目

试验及检查项目为：①绕组对机壳绝缘电阻测定；②绕组在实际冷状态下直流电阻测定；③超速试验；④耐电压试验；⑤输出功率—转速关系曲线测定；⑥效率-输出功率关系曲线测定；⑦转子电压-输出功率关系曲线测定；⑧温升试验；⑨轴电压测量；⑩振动测量；⑪噪声测量。

3.6.1.2 结构设计

1. 总体结构

该发电机为卧式结构，底脚安装，带一个圆柱形轴伸，切向键传动。发电机外带空气冷却器及消除内部冷凝水的电加热带。定子绕组及轴承带测温元件对发电机运行情况进行适时监测。

2. 轴承

发电机采用端盖式轴承，是由一个圆柱轴承和一个球轴承组成的组合轴承。球轴承承受轴向力，圆柱轴承承受径向力，非驱动端为圆柱轴承。为防止漏油，轴承内外端盖设置了密封毛毡。驱动端球轴承设置了轴向弹簧以消除电机振动及噪声。轴承采用低倾点高滴点的 SHELLAVLANAIB R3 润滑脂，轴承可不停机加油。

3. 真空浸漆

定子、转子采用真空浸漆处理，以增强发电机绝缘性及传热性能。

4. 槽型

为降低齿谐波，定子冲片为半开口槽，定子线圈采用了特殊的成型工艺，每一线圈分为两股以满足下线要求。线圈端部设置了非磁性端箍，并用涤纶玻璃丝绳绑扎，以加强由于经常并网、脱网而产生负荷时定子线圈的可靠性。

5. 绝缘结构与防腐

由于陆上风力发电机组一般位于海拔 1000m 以上，安装空间狭小，环境温度高，空气稀薄，对发电机的温升散热非常不利；海上风力发电机组由于空气中盐雾的存在，还要考虑防潮、防腐蚀问题，因此本发电机将采用特殊的绝缘结构，外露金属采取可靠的防腐蚀措施。

6. 临界转速

整个转子轴系的一阶临界转速大于 1.3 倍额定转速。

7. 风路和冷却

合理设计内部风路，满足发电机严格的温升要求，空—空冷却器换热容量预留 10%。

3.6.1.3 电磁设计方案

（1）由于发电机运行环境恶劣、温升要求严格，且散热困难，本发电机在温升计算中留有一定裕度，定子、转子电流密度及线负荷设计均较普通 YRKK 型发电机低，热负荷比 YRKK 型发电机大约低 30%。

（2）为了保证输出电源质量，发电机采取特殊措施降低齿谐波影响。

（3）根据公司已有的成型发电机进行定子、转子槽数选取，在工艺条件允许的情况下，转子尽量选取多槽以降低齿谐波影响，并尽量选取合理的气隙长度。

（4）考虑到转子电源谐波的影响以及电网电压升高时会引起磁路饱和，本发电机磁负荷选取略低于常规发电机。

（5）基本参数。发电机基本参数见表 3-5。

表 3-5　发电机基本参数

定子铁芯外径	950mm	定子电流密度	3.4A/mm²
定子铁芯内径	660mm	转子电流密度	3.8A/mm²
定子铁芯长度	680mm	气隙磁密	0.6837T
气隙	3mm	定子齿/轭磁密	1.4953T/1.4436T
定子/转子槽数	84/72	转子齿/轭磁密	1.4401T/1.4744T

3.6.2　1.5MW 双馈风力发电机的工程应用

1.5MW 双馈风力发电机结构如图 3-27 所示。1.5MW 双馈风力发电机是国内目前功率较大的双馈风力发电机，近年来占据一半市场份额，是一种技术成熟并应用广泛的机型。本节以实际工程应用为例，介绍了国外一款 1.5MW 690V 双馈风力发电机的设计及应用特点，为今后实际工程设计提供一定参考[37]。

图 3-27　1.5MW 双馈风力发电机

3.6.2.1 基本参数

1. 基本参数

1.5MW 双馈风力发电机基本参数见表 3-6。

表 3-6 1.5MW 双馈风力发电机基本参数

额定输出功率（短接转子时）	1300kW	自然功率因数	0.89
额定电压	690V	额定转矩	$-8473N \cdot m$
额定频率	50Hz	启动电流倍数	7.1
额定转速	1510r/min	启动转矩倍数	-0.3
额定电流	1241A	最大转矩倍数	3.3

2. 发电机 Y 形接法时的等效电路参数

发电机 Y 形接法时的等效电路参数见表 3-7。

表 3-7 发电机 Y 形接法时的等效电路参数　　　　　　　　单位：Ω

运行	定子阻抗 R_1(84℃)	0.0015	运行	转子阻抗 R_2(75℃)	0.00221
	定子漏感抗 X_1	0.0217		转子漏感抗 X_2'	0.0267
	磁化感抗 X_m	0.88		铁损电阻 R_{Fe}	50
启动	定子阻抗 R_1(50℃)	0.00142	启动	转子阻抗 R_2'(50℃)	0.00204
	定子漏感抗 X_1	0.0204		转子漏感抗 X_2'	0.0252
断路	定子阻抗 R_1(27℃)	0.00128	断路	转子阻抗 R_2'(27℃)	0.00188

3.6.2.2 实际工作环境要求

1. 我国北方寒冷区

我国北方寒冷区发电机实际工作环境要求见表 3-8。

表 3-8 我国北方寒冷区发电机实际工作环境要求

平均温度低于 -20℃ 天数	20 天	
环境温度范围	$-40 \sim 50℃$	
发电机周围工作环境	$-30 \sim 40℃$（海拔1250m以下）	$-30 \sim 35℃$（海拔 1250~2000m）
地震风险	具有	
最大地震加速度 a_{max}	0.2g	
地震连续时间 T_g	0.4s	
结冰风险	具有	
沙尘风险	具有	
沙尘密度	$10mg/m^3$	
年平均沙尘天数	10 天	
平均湿度	95%	

2. 我国南方常温区

我国南方常温区发电机实际工作环境要求见表 3-9。

表 3－9　我国南方常温区发电机实际工作环境要求

平均温度低于－20℃天数	0 天	结冰风险	不具有
环境温度范围	－20～50℃	沙尘风险	不具有
发电机周围工作环境	－10～40℃	最高海拔	800m
地震风险	具有，等级 V		

表 3－7 中海拔对于电机温升有很大影响。低温环境发电机还需要做特殊设计处理，旋转轴冷却风机须选用低温钢材料，机座端盖需进行淬火处理。内蒙古等地区还要考虑沙尘暴的影响，发电机防护等级和碳粉的排放也都需要考虑。

3.6.2.3　电气及机械参数

1. 电气参数（设计值）

发电机转子绕组连接变频器。变频器瞬间冲击电压很大，且电压冲击频繁，线圈容易老化。发电机实际电气设计参数见表 3－10。

表 3－10　发电机实际电气设计参数

额定输出功率 （定子功率加转子功率）	1560kW	可调功率因数	0.95（感性）～ 0.95（容性）
冷却方式	空—空冷却	转子开路电压	2000×(1±5%)V
工作方式	S1	额定状态下转子电流	约 450A
定子/转子接线方式	△/Y	制造标准	IEC 60034
频率	47.5～51.5Hz	温升	B（额定状态时）
相数	3	绝缘等级	F
定子电压	690V(1±10%) （功率因数滞后 0.95 时）	转子的最大尖峰电压	2kV（相—相，相—地）
定子额定电流	约 1070A	最大 du/dt 尖峰电压时	2kV/μs

2. 机械参数

双馈发电机组中，叶片带动主轴通过三级齿轮箱变速，外加刹车片，最后通过联轴器连接发电机，发电机的机械设计要满足实际传动链的要求，其机械参数见表 3－11。

表 3－11　发电机机械参数

机座中心高	500mm	超速	2600r/min 时 10s； 2400r/min 时 2min
轴伸直径	120mm		
轴伸长度	210mm	冷却方式	IC616
发电机总重	(6500±200)kg	润滑油泵	24V2L（自动润轴）
转子转动惯量	80kg·m²	编码器	2048 脉冲，带电磁屏蔽
额定工作转速	1800r/min（满发）	空间加热器/滑环单元 加热器额定电压	230V
调速范围	1000～2000r/min	二次冷却风机功率	2×1.5kW

3.6.2.4 工作情况

风力发电机组安装 3 个叶片，它们经过多级齿轮箱驱动发电机。发电机为绕线型双馈风力发电机，转子与四象限变频器相连。

双馈风力发电机除了可以在同步转速下运行，还可以在亚同步和超同步转速情况下获得最大的风能利用效率。发电机转子的旋转磁场通过变频器矢量控制方式进行控制，使发电机运行在最佳工作点。超同步运行时，四象限变频器经过整流和逆变最多将风力发电机组额定功率的 30% 馈入电网。亚同步运行时，转子从电网吸收能量。发电机基本运行特性见表 3-12。

表 3-12 发电机基本运行特性（发电机设计需要完全满足电网恶劣工况下能安全运行）

定子电压 /V	工作转速 /(r·min⁻¹)	输出功率 /kW	无功功率 /kvar	定子电流 /A	转子电压 /V	转子电流 /A	轴头转矩 /(N·m)	定子温升	转子温升
759	1800	-1559	-512	1076	443	600	-8130	B	B
690	1800	-1560	-1	1095	389	456	-8205	B	B
621	1800	-1560	-513	1312	366	568	-8497	B	B
656	1800	-1560	-513	1242	385	562	-8351	B	B
690	1800	-1559	-513	1181	404	564	-8238	B	B
725	1800	-1560	-513	1126	423	575	-8177	F	F
759	1800	-1560	-513	1077	442	600	-8159	F	F
759	2000	-1560	-513	983	744	579	-7348	F	F
759	1000	-300	-98	366	753	349	-3221	F	F
759	1000	-30	-11	48	742	290	-407	F	F
759	1000	-30	0	46	742	272	-408	F	F

双馈风力发电机的并网条件是发电机输出电压和电网电压的频率、幅值以及相位一致。其定子直接接到电网，被锁定状态，转子通过变频器连接到电网。其实质是转子根据电网的信息来调节发电机的励磁，以保证定子满足并网要求，并使定子输出恒定电压、恒定电网频率的交流电。

3.6.2.5 设计特点

本发电机的设计基于 IEC 60034。

1. 定子、转子

发电机定子铁芯由高质量硅钢片叠装而成，硅钢片两面绝缘，绕组由固定式铜导条做成，定子绕组绝缘等级为 F 级。真空压力浸渍后，整个定子装入机座。

发电机转子铁芯也由硅钢片叠装而成。绕组由绝缘铜条做成，端部焊接形成三相电路，绕组端部由坚固的支撑环支撑。整个转子也需真空压力浸渍，转子绕组接到一个集电环处，集电环和转子绕组之间由硅绝缘电缆在转轴中连接。

所有的绕组都经过高质量环氧树脂的真空压力浸渍。绕组经过强有力的支撑以抵挡可能存在的机械振动、电磁振动和化学腐蚀。

2. 轴承

轴承为带沟球轴承，轴承绝缘以防止轴电流。此外，轴承带有接地电刷。根据 GB/T 997—2008《旋转电机结构型式及接线盒位置的分类》，发电机安装方式为 M1001，允许发电机在水平 6°范围以内倾斜工作。

3. 冷却器

发电机冷却器为空—空冷却器，位于定子顶部。发电机内部的冷却空气由装在轴上的风扇带动循环。主体防护等级为 IP54，集电环的防护等级为 IP23。考虑到实际转速变化较大，内风扇取消，外加二次强制冷却风机，选用离心式风机，相比轴流式风机，其整体功率更小。

4. 设计难点

（1）发电机工作环境恶劣，工作环境温度最高达到 50℃，最低－30℃，而且电网电能质量一般，发电机定子需要考虑±10％的电压波动。

（2）电网功率因数为 0.95 的感性情况下，发电机的温升也是一个难点。

（3）发电机的中心高要求为 500mm，而一般的同功率电动机中心高都更高一些，这样在保证发电机有效尺寸的基础上，铁芯的长度较长，铁芯压装难度较大。

（4）定子、转子线圈要承受比普通低压电机更高的电压。通过提高电机绝缘性能、改变转子绕组的连接型式可以提高耐压能力。

（5）轴承要考虑轴电流的影响，需要绝缘处理。可采用端盖绝缘环加接地电刷的方式或者采用绝缘轴承方式。

（6）集电环的风路设计需合理，以保证碳粉的正常排出。

（7）发电机总重量应客户要求需小于 7000kg，这也增加了设计难度。

（8）为保证发电机的维护时间 12 个月，在发电机本体上加装自动润油装置。

（9）需根据实际环境选择碳刷型号，以便碳刷匹配实际湿度，延长使用寿命。

3.6.2.6　应用案例

张北二级风电场风力发电机组运行记录见表 3-13，其中叶片直径 70m，统计数据为 2008 年 7 月至 2009 年 7 月整年，数据来源于风电场中运行正常的一台风力发电机组，可以较客观地反映所有风力发电机组的运行情况。风电场年发电量设计值为 320 万 kW，实际发电量偏差在 10％以内。

表 3-13　张北二级风电场风力发电机组运行记录

风　速 /(m·s⁻¹)	运行时间 /h	发电机转速 /(r·min⁻¹)	发电机输出功率 /kW
3	569	1020	5
4	571	1030	47
5	635	1133	128
6	663	1355	244
7	656	1585	407
8	620	1763	622

风　速 /(m·s⁻¹)	运行时间 /h	发电机转速 /(r·min⁻¹)	发电机输出功率 /kW
9	662	1800	887
10	589	1800	1179
11	408	1800	1463
12	326	1800	1560
13～25	1165	1800	1560
总计	6864		
停机	1791		

3.6.3　2.5MW 双馈风力发电机

本节主要介绍东方电机有限公司 2.5MW 双馈绕线型三相异步风力发电机工程样机的研制及主要结构特点，该机型是自主研制的国内首台 2.5MW 双馈绕线型异步风力发电机，为我国大型双馈绕线型异步风力发电机全面国产化做出了贡献[31]。

1. 主要技术参数

该 2.5MW 双馈风力发电机主要技术参数见表 3－14。

表 3－14　2.5MW 双馈风力发电机主要技术参数

型号	SKYF2600－6	绝缘等级	180(H)〔温升按 155（F）考核〕
额定功率	2600kW	防护等级	IP54（集电环部分 IP23）
定子额定电压	690V	定子/转子接法	Y/Y
定子额定电流	1820A	极数	6
转子开路电压	1797V	相数	3
转子额定电压	360V	中心高	630mm
转子额定电流	790A	工作制	S1
额定频率	50Hz	安装型式	IMB3
额定转速	1200r/min	冷却方式	空—水冷却
转速范围	612～1380r/min	额定功率因数	1
转动惯量	350kg·m²	效率	97％

2. 主要结构特点

发电机具体结构如下：

（1）总体结构。发电机为箱式结构，卧式安装，采用端盖滚动三轴承结构。

（2）冷却系统。发电机顶部安装一个强迫通风高效空水冷却器，冷却器两端各带一个强迫通风冷却风机。冷却器设有进、出风测温元件和进、出水测温元件。

（3）定子。发电机定子机座为箱式钢板焊接机座，定子铁芯采用外装压结构，定子铁芯叠片和定子绕组下线完成后再整体套入机座，将铁芯定位筋与机座辐板焊牢。定子绕组采用常规双层圈式线圈,定子铁芯和线圈采用 VPI 真空压力整体浸漆。发电机定子冲片为整圆冲片,定子铁芯设有 20 个宽 5mm 的径向通风沟,加强铁芯和绕组的通风冷却。定子、转子铁芯冲片均采用冷轧无取向低损耗硅钢片。

(4)转子。发电机转子为轴焊筋结构,主轴采用耐低温材料锻钢,焊接筋板也采用低温材料钢板。转子冲片与定子冲片套裁,同样为整圆冲片。转子铁芯由冷轧无取向低损耗硅钢片叠压而成,通过两端转子压圈及弧键把整个转子铁芯在轴焊筋上压紧。转子铁芯内圆通过三对径向、切向组合键固定在轴焊筋上。转子铁芯同样设有 20 个宽 5mm 的径向通风沟,加强铁芯和绕组的通风冷却。转子绕组为双层波绕组,绕组在铁芯部分用槽楔固定,而绕组端部采用无纬带绑扎固定。转子同样采用 VPI 真空压力整体浸漆。

(5)轴承。轴承固定在轴承端盖轴承室内。转子由电机两端端盖滚动轴承支撑,采用三轴承结构,即电机传动端采用单列短圆柱滚子轴承和单列深沟球轴承,非传动端采用单列短圆柱滚子轴承。两端轴承端盖经绝缘处理阻断了轴承之间出现的环流。

(6)集电环、刷架。集电环、刷架布置于发电机非传动端外侧,集电环罩顶部安装一个冷却风机,以加强集电环、刷架冷却。在发电机传动端和非传动端均安装接地电刷,非传动轴端还安装光电编码器,用于监控发电机转速和旋转方向。

(7)防潮、测温元件。发电机机座下部两侧布置有 220V 防潮电加热器,用以停机时加热防潮。发电机定子绕组每相设 2 只,三相共 6 只 PT100 测温元件,用于监测绕组的温升情况,其中 3 只为备用;每个轴承装有 2 只 PT100 测温元件,用于监测轴承温度,其中 1 只为备用。定子、轴承测温元件以及加热器等引线均引至辅助出线盒内,并在出线盒内做相应标记。

(8)定子、转子出线盒。在定子、转子出线盒内各安装 3 根导电铜母排,电机定、转子引出电缆通过接头与其相连接。定子、转子出线盒内导电铜母排再通过屏蔽电缆与电网或变频器连接。

双馈风力发电机结构设计过程充分考虑到电机运行环境极端恶劣:夏天处于极端高温,冬天处于极端低温。应保证冰冻不至于影响设备运行,腐蚀盐雾等对电机结构不至于产生危害,同时还须进行静态、动态、疲劳强度、冲击载荷、波动载荷等计算,使电机的整体结构更加安全可靠。

经过轴承润滑和寿命等计算,证明发电机轴承结构选取正确可靠,样机的轴承结构完全满足发电机在最大负荷、最高转速等情况下长期安全可靠运行的要求,电机实际运行情况也印证了这一点。一方面,要考虑电机制造、安装、维护的简单化和方便性。另一方面,双馈风力发电机防雷技术也是需要关注的另一个重要方面。建筑物越高,受雷击的概率越大,发电机常处于几十米乃至一两百米高空,遭遇雷击的风险很大,因雷击产生的电涌可能导致发电设备停运,造成巨大损失。所以采用安全可靠的防雷击技术,合理选用防雷击和过电压产品是电机稳定运行的必要保障。

第4章 双馈风力发电机的运行与控制

4.1 运 行 方 式

双馈风力发电机运行方式主要有两种：一种是独立运行的供电系统，也称离网运行；另一种是作为常规电网的电源，与电网并联运行。由于风能的随机性，独立运行供电系统中一般要配备储能装置，同时配备为储能装置充电的控制器。而对于并联运行的风力发电系统，只要配上适合的并网控制器，能把风力发电机发出的电送到电网即可。

4.1.1 独立运行的风力发电机组

1. 分类

独立运行发电机组按其运行方式所选用的发电机、储能方式和系统总线方式可以划分为很多类型。目前最常见的是直流总线型和交流总线型两种。

（1）直流总线型独立运行风力发电机组。直流总线型独立运行风力发电机组由风力发电机、充电控制器、塔架、蓄电池组和直流—交流逆变器（如果系统内有交流负载）等主要部件组成。风力发电机发出的交流电经充电控制器一方面向直流负载供电或通过逆变器向交流负载供电，同时将多余的电能储存在蓄电池内，以备无风时使用。所有的发电设备和电控设备都在直流端汇合，成为直流总线。直流总线是一个很大的汇流排，目前大部分离网独立发电站都采用直流总线。

（2）交流总线型独立运行风力发电机组。交流总线型独立运行风力发电机组中所有的部件都通过交流总线汇合。交流总线型独立运行风力发电机组与直流总线型独立运行风力发电机组最大的区别是电控器（充电控制器和逆变器），交流总线型独立运行风力发电机组中最主要的是引入了 AC/DC 双向逆变器。当发电设备发电时，可以通过逆变器向蓄电池充电（AC/DC 转换），而蓄电池向设备充电时，蓄电池中的直流电通过该逆变器向设备提供交流电（DC/AC 转换）。

2. 性能指标

风力发电机组的主要技术性能指标对风力发电机组的选择十分重要。常见的离网型风力发电机组在选择性能指标参数时必须重点考虑以下方面：

（1）切入风速与切出风速。在低风速下，风力发电机虽然可以旋转，但由于发电机转子的转速很低，并不能有效地输出电能，当风速上升到切入风速时，风力发电机才能正常工作。随着风速的不断升高，发电机也不断加大功率，当风速上升到切出风速，风力发电机输出功率超出额定功率，在控制系统的作用下机组停止发电。目前离网型风力发电机组不设定切出风速，而是当发电机输出功率超过额定值时，机组采用限速方式降低机组输出功率。切入风速与切出风速之间的风段为工作风速，工作风速是风力发电机组实际发电的有效风速区间。这个区间越大，风力发电机发电吸收的风能也越多。因此，风力发电机组的切入风速越低、切出风速越高越好。这样的机组在相同的风况条件下可发出更多的电能。

（2）额定风速与定输出功率。风力发电机产生额定输出功率时的最低风速称为额定风速，它是由设计者为机组确定的一个参数。在额定风速下发电机产生的功率称为额定输出功率。仅评价额定风速不能准确反映出不同风力发电机的运行效果，比较不同风力发电机在相同条件下的年发电量更有意义。

（3）最大输出功率与安全风速。最大输出功率是风力发电机组运行在额定风速以上时发电机可能发出的最高功率值，最大功率值高说明风力发电机组的发电容量具有一定的安全系数。值得注意的是，最大输出功率过高，虽然风力发电机组更安全，但设计成本较高；而且在最大风速下，若输出功率增加过大，会给系统带来不必要的负担。安全风速是风力发电机组在保证安全的前提下所能承受的最大风速。安全风速高说明该机组机械强度高，安全性能好。

（4）风能利用系数与整机效率。风能利用系数表示风力发电机将风能转化为电能的转换效率，根据贝茨理论风力发电机的最大风能利用系数为 0.593。风能利用系数越高，说明风力机吸收的风能越大，该风力发电机的空气动力性能越好，但不代表发电机效率高，更不能说明风力发电机组整机效率的水平。风力发电机组将风能转换为电能水平高低的参数是整机效率。整机效率是风力机的风能利用效率、传动效率，发电机的机电转化效率、偏航滞后效率等各值之积。整机效率考虑了风力机的机械损失、发动机的电能损失和机组的其他内部损耗，因此整机效率远远低于风能利用系数，整机效率越高越好。

（5）调速性能与制动性能。调速机构和制动系统与离网型风力发电机组的可靠性密切相关。调速机构的主要作用是限制风力发电机组在高风速下的旋转速度，确保机组运行安全。调速机构应该具备功能可靠、反应灵活、过程平稳、误差小等特点。

在超过安全风速运行或紧急情况时，需要制动机构实现停车。实现制动的方法有很多种，按功能方式分为人力制动、动力制动和伺服制动；按传动方式分为有气压制动、液压制动、电磁制动、机械制动、组合制动等。制动系统要求功能可靠、反应灵活、过程平稳、时限小。

4.1.2　并联运行的风力发电机组

双馈风力发电机在并网前有独立的励磁电源，所以可以在并网前得到与电网电压频率、相位、幅值一致的定子电压，实现变转速条件下并网，并网瞬间定子无冲击电流产生。其理想状态是物理上实现与电网的挂接，但无能量交换，因此称为"柔性并网"，主要有空载并网和负载并网两种方式。

1. 空载并网方式

空载并网时，风力发电机组不带本地负载，适合直接向电网供电的大型风电场并网控制。并网前双馈风力发电机定子侧开路，由转子交流电源进行励磁，当定子电压稳定且与电网电压保持一致后就可以实施并网，其结构如图 4-1 所示，图中 P_{mech} 为风力机向发电机传送的功率，P_r 为转子通过变频器从电源吸收的功率（励磁用）。

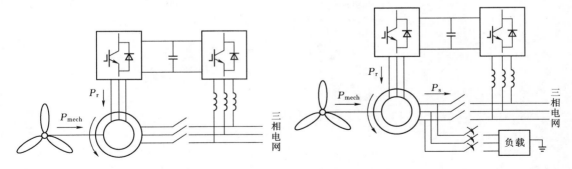

图 4-1 双馈风力发电机空载并网结构图　　图 4-2 双馈风力发电机负载并网结构图

空载并网控制相对简单，在并网过程中几乎没有冲击电流。并网后由于发电机和电网保持柔性连接，定子电流基本为零，不向电网送电。当控制切换到最大功率点跟踪后，能实现双馈风力发电机系统的并网发电。

2. 负载并网方式

负载并网时，风力机定子侧接阻性负载，在负载两端建立与电网频率、相位、幅值一致的电压，然后进行并网，其结构如图 4-2 所示，图中 P_s 为发电机定子输出的功率。

负载并网同样能实现无冲击并网，并网后 DFIG 可以切除负载运行，定子侧功率全部输入电网。若并网时所带电阻为需要继续供电的本地负载，则也可带负载运行，定子侧输出能量先满足本地负载所需，多余的输送至电网，构成分布式发电系统。

4.2 矢量控制与谐振调节器的控制

4.2.1 定子磁场定向矢量控制

4.2.1.1 转子电流控制

在双馈风力发电机定子磁场定向矢量控制策略中，通常将同步旋转坐标系的 d 轴与双馈风力发电机定子磁场重合，逆时针旋转 $90°$ 的方向作为 q 轴方向，即在同步旋转 dq 坐标系中定子磁链可表述为

$$\begin{cases} \psi_{qs}=0 \\ \psi_{ds}=\psi_s \end{cases} \tag{4-1}$$

式中　ψ_s——定子磁链的幅值；

$\quad\quad\psi_{qs}$——定子 q 轴磁链分量；

$\quad\quad\psi_{ds}$——定子 d 轴磁链分量。

由此，在定子磁链定向的情况下，重写双馈风力发电机在同步旋转坐标系中的定子、转子电压方程、磁链方程为

$$\begin{cases} u_{ds} = -R_s i_{ds} + \dfrac{\mathrm{d}}{\mathrm{d}t}\psi_{ds} \\[2mm] u_{qs} = -R_s i_{qs} + \omega_1 \psi_{ds} \\[2mm] u_{dr} = R_r i_{dr} - \omega_s \psi_{qr} + \dfrac{\mathrm{d}}{\mathrm{d}t}\psi_{dr} \\[2mm] u_{qr} = R_r i_{qr} + \omega_s \psi_{dr} + \dfrac{\mathrm{d}}{\mathrm{d}t}\psi_{qr} \end{cases} \qquad (4-2)$$

$$\begin{cases} \psi_s = -L_s i_{ds} + L_m i_{dr} \\[1mm] 0 = -L_s i_{qs} + L_m i_{qr} \\[1mm] \psi_{dr} = -L_m i_{ds} + L_r i_{dr} \\[1mm] \psi_{qr} = -L_m i_{qs} + L_r i_{qr} \end{cases} \qquad (4-3)$$

式中　u_{ds}、u_{qs}——d、q 轴定子电压分量;

$\quad\quad u_{dr}$、u_{qr}——d、q 轴转子电压分量;

$\quad\quad R_s$、R_r——定、转子电阻;

$\quad\quad \omega_1$、ω_s——定、转子电流角频率;

$\quad\quad i_{ds}$、i_{qs}——d、q 轴定子电流分量;

$\quad\quad i_{dr}$、i_{qr}——d、q 轴转子电流分量;

$\quad\quad \psi_{dr}$、ψ_{qr}——d、q 轴转子磁链。

求解后,得

$$\begin{cases} i_{qs} = \dfrac{L_m}{L_s} i_{qr} \\[3mm] i_{ds} = \dfrac{L_m}{L_s}(i_{dr} - i_{ms}) \end{cases} \qquad (4-4)$$

式中　i_{ms}——通用励磁电流,$i_{ms} = \dfrac{\psi_s}{L_m}$;

$\quad\quad L_m$——定、转子互感。

转子磁链为

$$\begin{cases} \psi_{dr} = \dfrac{L_m^2}{L_s} i_{ms} + \left(-\dfrac{L_m^2}{L_s} + L_r\right) i_{dr} \\[3mm] \psi_{qr} = \left(-\dfrac{L_m^2}{L_s} + L_r\right) i_{qr} \end{cases} \qquad (4-5)$$

设漏磁系数 $\sigma = \dfrac{L_s L_r - L_m^2}{L_s}$,则式(4-5)又可表示为

$$\begin{cases} \psi_{dr} = \dfrac{L_m^2}{L_s} i_{ms} + \sigma L_r i_{dr} \\[3mm] \psi_{qr} = \sigma L_r i_{qr} \end{cases} \qquad (4-6)$$

利用式(4-2)计算转子电压为

$$\begin{cases} u_{dr} = r_r i_{dr} - \omega_s \sigma L_r i_{qr} + \sigma L_r \dfrac{\mathrm{d}}{\mathrm{d}t} i_{dr} \\[3mm] u_{qr} = r_r i_{qr} + \omega_s \left(\dfrac{L_m^2}{L_s} i_{ms} + \sigma L_r i_{dr}\right) + \sigma L_r \dfrac{\mathrm{d}}{\mathrm{d}t} i_{qr} \end{cases} \qquad (4-7)$$

式（4-7）即是采用电压源变流器对双馈风力发电机转子电流控制的理论依据。式中，$\omega_{\mathrm{s}}\dfrac{L_{\mathrm{m}}^{2}}{L_{\mathrm{s}}}i_{\mathrm{ms}}$ 为双馈风力发电机反电动势所引起的扰动项，$\omega_{\mathrm{s}}\sigma L_{\mathrm{r}}i_{\mathrm{dr}}$ 与 $-\omega_{\mathrm{s}}\sigma L_{\mathrm{r}}i_{\mathrm{qr}}$ 为旋转电动势所引起的交叉耦合扰动项，扰动项和耦合项会给调节器的设计造成一定的困难。为此可采用前馈补偿控制策略，把反电动势引起的扰动项和旋转电动势引起的交叉耦合项等扰动项前馈解耦后，双馈风力发电机转子 d 轴电流直接由转子侧 d 轴端电压 u_{dr} 控制，转子 q 轴电流直接由转子侧 q 轴端电压 u_{qr} 控制。此时，当双馈风力发电机转子电流采用 PI 调节器，并以 PI 调节器的输出来控制式（4-7）中的转子电流动态项时，转子电压 u_{dr} 和 u_{qr} 的控制方程为

$$\begin{cases} u_{\mathrm{dr}} = \left(K_{\mathrm{irP}} + \dfrac{K_{\mathrm{irI}}}{s}\right)(i_{\mathrm{dr}}^{*} - i_{\mathrm{dr}}) - \omega_{\mathrm{s}}\sigma L_{\mathrm{r}}i_{\mathrm{qr}} \\ u_{\mathrm{qr}} = \left(K_{\mathrm{irP}} + \dfrac{K_{\mathrm{irI}}}{s}\right)(i_{\mathrm{qr}}^{*} - i_{\mathrm{qr}}) + \omega_{\mathrm{s}}\left(\dfrac{L_{\mathrm{m}}^{2}}{L_{\mathrm{s}}}i_{\mathrm{ms}} + \sigma L_{\mathrm{r}}i_{\mathrm{dr}}\right) \end{cases} \quad (4-8)$$

式中　K_{irP}、K_{irI}——转子电流内环比例系数和积分系数；

　　　i_{dr}^{*}、i_{qr}^{*}——转子电流 d 轴、q 轴分量的指令值。

4.2.1.2　转子电流指令

根据电磁转矩方程，以及式（4-1）、式（4-3）和式（4-4）可得在定子磁场定向同步旋转坐标系下双馈电机电磁转矩表达式为

$$T_{\mathrm{e}} = n_{\mathrm{p}}(\psi_{\mathrm{ds}}i_{\mathrm{qs}} - \psi_{\mathrm{qs}}i_{\mathrm{ds}}) = n_{\mathrm{p}}\psi_{\mathrm{ds}}i_{\mathrm{qs}} = n_{\mathrm{p}}L_{\mathrm{m}}i_{\mathrm{ms}}i_{\mathrm{qs}} = n_{\mathrm{p}}\dfrac{L_{\mathrm{m}}^{2}}{L_{\mathrm{s}}}i_{\mathrm{ms}}i_{\mathrm{qr}} \quad (4-9)$$

式中　n_{p}——发电机极对数。

式（4-9）表明，双馈风力发电机在定子磁场不变，即 i_{ms} 恒定的情况下，电磁转矩的大小与转子电流的 q 轴分量成正比。

根据定子有功功率和无功功率方程以及式（4-4），并在忽略定子电阻的情况下，可得

$$\begin{cases} P_{1} = u_{\mathrm{qs}}\dfrac{L_{\mathrm{m}}}{L_{\mathrm{s}}}i_{\mathrm{qr}} \\ Q_{1} = u_{\mathrm{qs}}\dfrac{L_{\mathrm{m}}}{L_{\mathrm{s}}}(i_{\mathrm{dr}} - i_{\mathrm{ms}}) \end{cases} \quad (4-10)$$

式（4-10）表明，在利用转子电流 q 轴分量 i_{qr} 控制双馈风力发电机电机电磁转矩的同时，也控制了其定子侧的有功功率，而定子侧无功功率的调节可通过转子电流的 d 轴分量 i_{dr} 进行控制，而相应的 i_{dr} 的指令值 i_{dr}^{*} 取决于具体的控制要求，如无功功率控制、定子电压控制、功率因数控制等。

当双馈风力发电机采用速度全控型控制策略时，控制器的外环为速度环，而转子 q 轴电流的指令值由速度环决定。由双馈风力发电机的运动方程可知，若速度外环采用 PI 调节器，则双馈风力发电机的电磁转矩的控制方程可表述为

$$T_{\mathrm{e}}^{*} = \left(K_{\mathrm{nP}} + \dfrac{K_{\mathrm{nI}}}{s}\right)(n^{*} - n) \quad (4-11)$$

式中　K_{nP}、K_{nI}——速度外环的比例系数和积分系数；

n^*——双馈风力发电机的转速指令值；

n——双馈风力发电机的实际转速。

或将其表述为电流指令的形式，即

$$i_{qr}^* = \frac{L_s}{n_p L_m^2 i_{ms}} \left(K_{nP} + \frac{K_{nI}}{s} \right) (n^* - n) \tag{4-12}$$

4.2.1.3 定子磁链检测

由于双馈风力发电机的特殊结构，其定子电气量和转子电气量均可以直接检测，所以双馈风力发电机定子磁链有几种不同的检测方法。其中较为典型的有定子电压模型和定转子电流模型两种检测方法。

1. 定子电压模型

对于定子电压模型法，即将检测到的定子电压、定子电流经三相静止到两相静止的 Clark 变换，再运用双馈风力发电机两相静止坐标系下定子电压方程，即可求出两相静止 $\alpha\beta$ 坐标系中定子磁链的 α 分量和 β 分量为

$$\begin{cases} \psi_{\alpha s} = \int (u_{\alpha s} + r_s i_{\alpha s}) dt \\ \psi_{\beta s} = \int (u_{\beta s} + r_s i_{\beta s}) dt \end{cases} \tag{4-13}$$

式中 $\psi_{\alpha s}$、$\psi_{\beta s}$——定子磁链的 α、β 分量；

$u_{\alpha s}$、$u_{\beta s}$——定子电压的 α、β 分量；

$i_{\alpha s}$、$i_{\beta s}$——定子电流的 α、β 分量。

在实际控制中，式（4-13）中的积分运算通常采用 $0.5 \sim 1Hz$ 的带通滤波器获得，以克服其直流偏置的影响。

2. 定转子电流模型

对于定转子电流模型法，即将检测出的定子电流、转子电流经三相静止到两相静止的 Clark 变换，再运用双馈风力发电机的磁链方程求得两相静止 $\alpha\beta$ 坐标系中定子磁链的 α 分量和 β 分量

$$\begin{cases} \psi_{\alpha s} = -L_s i_{\alpha s} + L_m i_{\alpha r} \\ \psi_{\beta s} = -L_s i_{\beta s} + L_m i_{\beta r} \end{cases} \tag{4-14}$$

于是，有

$$\begin{cases} \psi_s = \sqrt{\psi_{\alpha s}^2 + \psi_{\beta s}^2} \\ \theta_s = \arctan\left(\dfrac{\psi_{\alpha s}}{\psi_{\beta s}}\right) \end{cases} \tag{4-15}$$

相对于定子电压模型，定转子电流模型法可以避免积分或准积分运算，但定转子电流模型法也有其自身的缺陷：①观测的准确性受双馈风力发电机参数的影响，而在运行过程中因磁化曲线的非线性（如磁饱和作用）使双馈风力发电机的参数较易发生改变，从而影响观测精度；②由于不能直接与电网同步，不利于软并网策略的实施。因此，定子磁场的观测通常可以采用准积分电压模型进行观测，其准积分模型的表达式为

$$G_{bp}(s) = \frac{s}{s^2 + 3\pi s + 2\pi^2} \tag{4-16}$$

准积分环节对高频交流部分具有与纯积分环节相同的特性，而对于低频部分，尤其是直流环节，准积分滤波器具有滤除直流偏置的作用。另外，纯积分环节含有较大的直流分量，而准积分环节在稳态后没有明显的直流偏置。

4.2.2 定子电压定向矢量控制

1. 控制原理

将普通异步电机的矢量控制策略应用到双馈风力发电机的控制系统中，最直观的方法是将普通异步电机的转子磁场或气隙磁场定向矢量控制对应到双馈风力发电机的定子磁场或气隙磁场定向的矢量控制，从而实现双馈风力发电机的电磁转矩和励磁电流的解耦控制。但是采用磁场定向的矢量控制策略对双馈风力发电机实施控制时，需要注意以下问题：

（1）磁链观测的准确度不高。由式（4-13）和式（4-14）可知，定子磁链的获得受到发电机参数的影响；采用式（4-13）计算时，积分运算可能产生积分漂移（主要来自于积分的起始位置、检测模拟器件的偏差以及积分的数字实施过程等），尽管采用的准积分算法滤除了直流偏置的影响，但其动态响应过程，尤其是在电网电压扰动时的动态响应过程受到限制，在一定程度上会影响系统的动态性能；采用式（4-14）的定转子电流模型对磁链进行观测时发现磁链不仅易受磁饱和的影响，而且需要将转子电流变换到两相定子静止坐标系中，该过程需要精确的转速测量；另外，在利用式（4-15）进行角度计算时也存在正切值可能过大溢出的问题。

（2）双馈风力发电机定子侧有功功率和无功功率之间存在耦合。在定子磁场定向的情况下，由于定子电阻的存在，使得定子电压矢量不垂直于其磁链矢量，即定子电压在定子磁场定向同步旋转坐标系的 d 轴和 q 轴均有分量，其中 d 轴分量通常较小。这将造成双馈风力发电机定子侧有功功率和无功功率与转子电流的 d 轴分量和 q 轴分量均有关系，即无法实现有功功率和无功功率的完全解耦。

（3）较大的转子电流 d 轴分量影响控制系统的稳定性。在基于定子磁链定向的双馈风力发电机矢量控制策略中，较大的转子电流 d 轴分量 i_{dr} 会影响控制系统的稳定性，使双馈风力发电机定子侧无功功率的控制，即双馈风力发电机的无功补偿能力受到限制。

2. 控制策略

鉴于以上原因，双馈风力发电机基于定子电压定向的矢量控制策略就被引入到双馈风力发电机的控制之中。定子电压定向是将同步旋转坐标系的 q 轴与定子的电压矢量重合，顺时针旋转 $90°$ 的方向为 d 轴方向，并且 dq 坐标系与电压矢量以相同的速度旋转，即

$$\begin{cases} u_{ds}=0 \\ u_{qs}=u_s \end{cases} \tag{4-17}$$

由前文分析可知，在忽略定子电阻的情况下，在定子静止坐标系中，定子电压与定子磁链之间的关系为

$$u_s=\frac{\mathrm{d}\psi_s}{\mathrm{d}t} \tag{4-18}$$

式（4-18）在同步旋转坐标系中可描述为

$$\dot{U}_{dqs}=\mathrm{j}\omega_s\psi_{dqs} \tag{4-19}$$

式（4-18）和式（4-19）表明，在忽略定子电阻的情况下，双馈风力发电机的定子电压矢量超前于定子磁链矢量 90°，因此，基于定子电压矢量定向的同步旋转坐标系与基于定子磁链定向的同步旋转坐标系具有统一性。

由此，重写双馈风力发电机在定子电压矢量定向同步旋转坐标系下的定子电压方程为

$$\begin{cases} 0 = -r_s i_{ds} - \omega_1 \psi_{qs} + \dfrac{d}{dt}\psi_{ds} \\ u_s = -r_s i_{qs} + \omega_1 \psi_{ds} + \dfrac{d}{dt}\psi_{qs} \\ u_{dr} = r_r i_{dr} - \omega_s \psi_{qr} + \dfrac{d}{dt}\psi_{dr} \\ u_{qr} = r_r i_{qr} + \omega_s \psi_{dr} + \dfrac{d}{dt}\psi_{qr} \end{cases} \tag{4-20}$$

重写双馈风力发电机的磁链方程为

$$\begin{cases} \psi_{ds} = -L_s i_{ds} + L_m i_{dr} \\ \psi_{qs} = -L_s i_{qs} + L_m i_{qr} \\ \psi_{dr} = -L_m i_{ds} + L_r i_{dr} \\ \psi_{qr} = -L_m i_{qs} + L_r i_{qr} \end{cases} \tag{4-21}$$

可求得

$$\begin{cases} \psi_{dr} = \left(\dfrac{L_s L_r - L_m^2}{L_s}\right) i_{dr} + \dfrac{L_m \psi_{ds}}{L_s} \\ \psi_{qr} = \left(\dfrac{L_s L_r - L_m^2}{L_s}\right) i_{qr} + \dfrac{L_m \psi_{qs}}{L_s} \end{cases} \tag{4-22}$$

将式（4-22）代入式（4-20），推得

$$\begin{cases} u_{dr} = r_r i_{dr} + \sigma L_r \dfrac{d}{dt} i_{dr} + \dfrac{L_m}{L_s}(r_s i_{ds} + \omega_2 \psi_{qs}) - \omega_s \sigma L_r i_{qr} \\ u_{qr} = r_r i_{qr} + \sigma L_r \dfrac{d}{dt} i_{qr} + \dfrac{L_m}{L_s}(u_s + r_s i_{qs} - \omega_2 \psi_{ds}) + \omega_s \sigma L_r i_{dr} \end{cases} \tag{4-23}$$

式中　ω_2——转子电角频率。

双馈风力发电机，尤其是兆瓦级大功率双馈风力发电机，其定子电阻与其感抗相比通常可以忽略。因此，在忽略定子电阻的情况下，式（4-23）可重新表述为

$$\begin{cases} u_{dr} = r_r i_{ds} + \sigma L_r \dfrac{d}{dt} i_{dr} + \dfrac{L_m}{L_s}(\omega_2 \psi_{qs}) - \omega_s \sigma L_r i_{qr} \\ u_{qr} = r_r i_{qr} + \sigma L_r \dfrac{d}{dt} i_{qr} + \dfrac{L_m}{L_s}(u_s - \omega_2 \psi_{ds}) + \omega_s \sigma L_r i_{dr} \end{cases} \tag{4-24}$$

在定子电压矢量定向的情况下，可得双馈风力发电机定子侧有功功率和无功功率为

$$\begin{cases} P_s = u_s i_{qs} \\ Q_s = u_s i_{ds} \end{cases} \tag{4-25}$$

根据磁链方程，式（4-25）又可推导为

$$\begin{cases} P_s = \dfrac{u_s}{L_s}(L_m i_{qr} - \psi_{qs}) \\ Q_s = \dfrac{u_s}{L_s}(L_m i_{dr} - \psi_{ds}) \end{cases} \tag{4-26}$$

式（4-26）表明，在定子电压和定子磁链恒定不变，即稳态运行时，双馈风力发电机定子侧有功功率 P_s 主要由转子电流的 q 轴分量 i_{qr} 决定，而无功功率 Q_s 主要由转子电流的 d 轴分量 i_{dr} 决定。

在忽略定子电阻的情况下，双馈风力发电机的电磁转矩与定子磁链定向情况下的电磁转矩具有同样的表达式，即

$$T_e = n_p (\psi_{ds} i_{qs} - \psi_{qs} i_{ds}) = n_p \psi_{ds} i_{qs} = n_p L_m i_{ms} i_{qs} = n_p \frac{L_m^2}{L_s} i_{ms} i_{qr} \tag{4-27}$$

采用与定子磁链定向双馈风力发电机矢量控制策略类似的方法，将扰动项前馈补偿控制后，采用 PI 调节器对式（4-24）中转子电流动态项进行控制时，双馈风力发电机的转子电压控制方程可以表述为

$$\begin{cases} u_{dr}^* = \left(K_{irP} + \dfrac{K_{irI}}{s} \right)(i_{dr}^* - i_{dr}) + u_{drc} \\ u_{qr}^* = \left(K_{irP} + \dfrac{K_{irI}}{s} \right)(i_{qr}^* - i_{qr}) + u_{qrc} \end{cases} \tag{4-28}$$

其中

$$\begin{cases} u_{drc} = \dfrac{L_m}{L_s}(\omega_2 \psi_{qs}) - \omega_s \sigma L_r i_{qr} \\ u_{qrc} = \dfrac{L_m}{L_s}(u_s + r_s i_{qs} - \omega_2 \psi_{ds}) + \omega_s \sigma L_r i_{dr} \end{cases} \tag{4-29}$$

根据式（4-28）和式（4-29）可对双馈风力发电机转子电流内环的控制系统进行设计，然后根据式（4-27）或式（4-26）进行矢量控制系统的外控制环设计。

4.2.3　基于自适应谐振调节器的控制策略

对于定子磁链（或电压）定向的同步旋转 dq 坐标系中的矢量控制策略，其 PWM 控制通常采用空间矢量脉宽调制（Space Vector Pulse Width Modulation，SVPWM）。SVPWM 控制的显著特点是具有相对较高的电压利用率。然而对变速恒频双馈驱动系统而言，其双馈风力发电机的运行范围通常在同步转速的 ±30% 范围内，在此调速范围内电机转子电动势小于转子开路电动势的 30%。若背靠背变流器的网侧变流器采用 PWM 整流器设计，为使网侧 PWM 整流器正常运行，并且具有较高的电流控制精度，必须提供足够高的直流电压。例如采用三相 690V 电网时，直流电压高达 1100V。因此，针对 1100V 的直流电压，网侧变流器采用具有较高利用率的 SVPWM 控制，而转子侧变流器则适合采用 SPWM。另外，双馈风力发电机常规矢量控制方案通常需要较复杂的坐标变换和逆变换，如需要对检测到的转子电流进行坐标变换、对电流调节器输出的电压进行坐标逆变换等，使控制结构比较复杂。

鉴于常规矢量控制策略的上述不足，本节分析一种基于自适应调节器的双馈风力发电机矢量控制策略。该控制策略不仅直接采用 SVPWM 控制，降低了电流谐波，拓宽了电压调制范围，而且实现了转子侧电流在转子 abc 坐标系中的无静差控制，避免转子电流的坐标变换，简化了控制结构。

1. 控制原理

由式（4-7）可推得

$$\begin{cases} u_{dr} = r_r i_{dr} - \omega_s \sigma L_r i_{qr} + \sigma L_r \dfrac{\mathrm{d}}{\mathrm{d}t} i_{dr} \\[2mm] u_{qr} = r_r i_{qr} + \omega_s \left(\dfrac{L_m^2}{L_s} i_{ms} + \sigma L_r i_{dr} \right) + \sigma L_r \dfrac{\mathrm{d}}{\mathrm{d}t} i_{qr} \end{cases} \Rightarrow$$

$$\begin{bmatrix} i_{\alpha r} \\ i_{\beta r} \end{bmatrix} = \begin{bmatrix} \cos\varphi & -\sin\varphi \\ \sin\varphi & \cos\varphi \end{bmatrix} \begin{bmatrix} i_{dr} \\ i_{qr} \end{bmatrix} \Rightarrow$$

$$\begin{cases} u_{\alpha r} = r_r i_{\alpha r} + \sigma L_r \dfrac{\mathrm{d}}{\mathrm{d}t} (i_{\alpha r}) - \left(\sin\varphi \omega_s \dfrac{L_m^2}{L_s} i_{ms} \right) \\[2mm] u_{\beta r} = r_r i_{\beta r} + \sigma L_r \dfrac{\mathrm{d}}{\mathrm{d}t} (i_{\beta r}) + \left(\cos\varphi \omega_s \dfrac{L_m^2}{L_s} i_{ms} \right) \end{cases} \qquad (4-30)$$

可运用式（4-30）在转子坐标系中进行前馈解耦控制。在基于自适应谐振调节器的控制策略中，为了实现有功功率和无功功率的解耦控制，其外环控制即功率环或者速度环的控制仍然在同步旋转坐标系中进行，双馈风力发电机定子侧有功功率、无功功率以及电磁转矩与第 4.2.1 "定子磁场定向矢量控制"的对应量有相同的表达式。将外环调节器的输出量 i_{dr}^*、i_{qr}^* 经过坐标变换后作为双馈风力发电机转子电流的指令值 $i_{\alpha r}^*$、$i_{\beta r}^*$。假定电流调节器的传递函数为 $G_C(s)$，并用电流调节器的输出量控制式（4-30）中转子电流动态项时，可得转子电流的控制规律为

$$\begin{cases} V_{\alpha r}^* = G_C(s)(i_{\alpha r}^* - i_{\alpha r}) - \left(\sin\varphi \omega_s \dfrac{L_m^2}{L_s} i_{ms} \right) \\[2mm] V_{\beta r}^* = G_C(s)(i_{\beta r}^* - i_{\beta r}) + \left(\cos\varphi \omega_s \dfrac{L_m^2}{L_s} i_{ms} \right) \end{cases} \qquad (4-31)$$

式中　$V_{\alpha r}^*$、$V_{\beta r}^*$——转子电压指令值。

由此可设计基于自适应谐振调节器的双馈风力发电机控制系统结构。

2. 自适应谐振调节器

在双馈风力发电系统中，转子侧变流器为电压型变流器，其通过控制转子侧端电压达到控制转子侧电流的目的。针对 $\alpha\beta$ 坐标系中正弦波电流的控制，常规的 PI 调节器无法实现电流的无静差控制，而二阶谐振调节器对其谐振频率交流量的控制增益为无穷大，因此可以实现 $\alpha\beta$ 坐标系中正弦电流的无静差控制。考虑到转子电流频率的变化，本控制系统采用了自适应谐振调节器设计，使其谐振频率随转子电流频率的变化而变化，从而实现转子电流的无静差控制。

根据式（4-30），在不考虑扰动的情况下，可得电流内环被控对象的传递函数为

$$G_i(s) = \frac{I_r(s)}{V_r(s)} = \frac{1}{\sigma L_r + r_r}$$

谐振调节器的传递函数为

$$G_C(s) = K_C \frac{(s+a)(s+b)}{s^2 + \omega_s^2}$$

式中　a、b——用于配置系统的零点位置的参数；

　　　K_C——调节器系数；

　　　ω_s——调节器的谐振频率。

在确定被控对象的表达式和调节器表达式后，若忽略功率变换单元延迟和采样延迟，可得电流内环的控制结构图。

基于二阶自适应谐振调节器的电流内环传递函数为

$$W_{\text{ic}}(s) = \frac{K_C K_P (s+a)(s+b) G_i(s)}{(s^2 + \omega_s^2) + K_C K_P (s+a)(s+b) G_i(s)} \tag{4-32}$$

令 $s = j\omega_s$，并代入式（4-32）得

$$W_{\text{ic}}(s) = 1 \tag{4-33}$$

式（4-33）表明当谐振调节器的谐振频率等于被控对象的频率时，谐振调节器能够实现对被控对象的无静差控制。

扰动信号 $u_{\text{ra(b)p}}$ 作用下的闭环传递函数为

$$W_P(s) = \frac{(s^2 + \omega_s^2) G_i(s)}{(s^2 + \omega_s^2) + K_C K_P (s+a)(s+b)} \tag{4-34}$$

由于扰动量与被控量具有相同的频率，因此，令 $s = j\omega_s$，并代入式（4-34）得

$$W_P(s) = 0 \tag{4-35}$$

式（4-35）表明基于二阶谐振调节器的电流内环完全抑制同频率的正弦扰动。

4.3 模 糊 控 制

为了取得风力发电机组在额定风速以下运行时的最大功率，采用三个模糊控制器来实现双馈风力发电机组的变速恒频控制：模糊控制器 A 用于跟踪不同风速下发电机的最佳转速；模糊控制器 B 在低负载时调节发电机转子气隙磁通；模糊控制器 C 抵抗干扰，保证控制系统的鲁棒性[41]。

根据风轮的空气动力学特性和双馈风力发电机的控制理论，在电机转速低于额定风速时，应用最优模糊逻辑系统通过整流器及逆变器控制发电机的电磁转矩，使电机转速跟随风速的变化获得最大风能利用系数 C_{pmax}，实现对风力机的转速控制。该方法无需测量风速，避免了风速测量的不精确性；在电机转速高于风速时，通过模糊控制器控制桨距角限制风力机捕获的功率；同时利用风力机转速的变化将部分能量存储或释放，以提高功率传输链的柔性，使机组输出功率更加平稳。

4.3.1 交流励磁变速恒频发电的机理

1. 交流励磁变速恒频发电基本原理

变速恒频风力发电机组结构图如图 4-3 所示。发电机向电网输出的功率由两部分组成，即直接从定子输出的功率和通过变频器从转子输出的功率（此功率可正可负）。

双馈风力发电机建立在交流励磁基础上，在异步发电机转子中施加三相低频交流电流实现励磁，调节励磁电流的幅值、频率和相

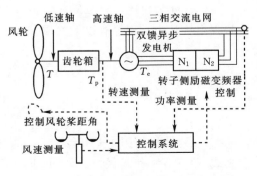

图 4-3 变速恒频风力发电机组结构图

序，保证发电机输出恒频恒压；同时采用矢量变换控制技术，实现发电机有功和无功功率的解耦并可独立调节。

当风速变化引起发电机转速 n 变化时，应控制转子电流频率 f_2，使定子输出频率 f_1 恒定，f_1 与 f_2 的关系为

$$f_1 = p f_m \pm f_2 \tag{4-36}$$

式中　p——电机极对数；

f_m——电机同步转速对应的比例系数，$f_m = n_1/60$。

当发电机转速 n 低于气隙旋转磁场的同步转速 n_1 时，发电机处于亚同步速运行，此时转子侧励磁变频器向发电机转子提供正相序励磁，式（4-36）取正号，转子侧励磁变频器向转子输入电功率；当发电机转速 n 高于气隙旋转磁场的同步转速 n_1 时，发电机处于超同步速运行，此时转子侧励磁变频器向发电机转子提供负相序励磁，式（4-36）取负号，转子侧励磁变频器向转子输出电功率，转子能量回馈给电网；当发电机转速 n 等于气隙旋转磁场的同步转速 n_1 时，发电机处于同步速运行，此时转子侧励磁变频器向发电机转子提供直流励磁，$f_2 = 0$。

2. 风力机的功率和转矩

风力发电机组的输出功率主要受可利用的风能、发电机的功率曲线和发电机对变化风速的响应能力三个因素的影响。风力机从风能中捕获的功率和转矩为

$$P_r = \frac{1}{2} C_p(\beta, \lambda) \rho \pi R^2 v_w^3 \tag{4-37}$$

$$T_m = \frac{1}{2} C_T(\beta, \lambda) \rho \pi R^3 v_w^2 \tag{4-38}$$

式中　P_r——风力机吸收功率，W；

　　T_m——风力机转矩，N·m；

　　ρ——空气密度，kg/m³；

　　C_p——风能利用系数，最大值是贝兹极限 59.3%，$C_p(\beta, \lambda) = \lambda C_T(\beta, \lambda)$；

　　C_T——气动转矩系数；

　　β——桨距角，(°)；

　　R——叶片半径，m；

　　v_w——上风向风速，m/s；

　　λ——叶尖速比，$\lambda = \omega R / v_w$。

根据空气动力学理论有以下关系

$$C_p(\beta, \lambda) = 0.22 \left(\frac{116}{\lambda} - 0.4\beta - 5 \right) e^{-\frac{12.5}{\lambda}} \tag{4-39}$$

$$\frac{1}{\lambda} = \frac{1}{\lambda + 0.08\beta} - \frac{0.035}{\beta^3 + 1} \tag{4-40}$$

$C_p(\beta, \lambda)$ 曲线如图 4-4 所示。

由式（4-37）和式（4-38）可知，在风速给定的情况下，风力机获得的功率取决于风能利用系数 C_p。如果在任何风速下风力机都能在 C_{pmax} 点运行，就可以增加其输出功率。

根据图 4 - 4 可知，在任何风速下，只要 $\lambda = \lambda_{opt}$，就可维持风力机在 C_{pmax} 下运行，即稳态运行时，对于固定的桨距角 β，存在最优叶尖速比 λ_{opt} 和最大风能利用系数 C_{pmax}。因此，风力发电机转速必须随风速变化而变化，从而保持 λ_{opt} 不变。

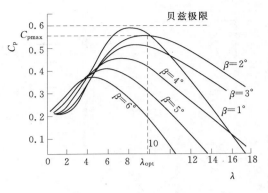

图 4 - 4 $C_p (\beta, \lambda)$ 曲线

4.3.2 模糊控制方案的实现

由上述分析可知，在变速恒频双馈风力发电机中，由于风能的不稳定性和捕获最大风能的要求，发电机转速在不断变化，而且经常在同步速上、下波动，这就要求转子交流励磁电源不仅要有良好的变频输入、输出特性，还要有能量双向流动的能力。为此采用三个模糊控制器来实现双馈风力发电机的变速恒频：模糊控制器 A 用于跟踪不同风速下发电机的最佳转速；模糊控制器 B 在低负载时调节发电机转子气隙磁通；模糊控制器 C 抵抗干扰，保证控制系统的鲁棒性。

1. 模糊控制器 A

捕获最大功率的过程首先是一个转速控制过程。模糊控制器 A 通过调整风力发电机转速 n 使之与通过风力机的风速 v 相适应，从而获得最大能量转换效率，其工作过程如图 4 - 5 所示。当转速为 n_1、风速为 v_1 时，发电机的工作点为 A；这时控制器需要对转速进行调整，当转速从 n_1 调整到 n_2 时，发电机的工作点将从 A 点调整到 B 点，从而获得该风速下的最大功率输出；如果风速继续增大到 v_3，输出功率将跳跃到 D 点（由于发电机的转速不能突变），随后控制器将调整转速使工作点到达 E 点；如果风速降到 v_2，这时工作点变成 G，控制器将调整转速使工作点达到最大点 H。

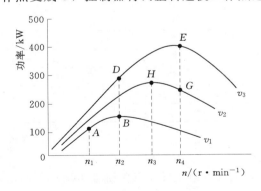

图 4 - 5 最大功率追踪过程

由于作用在风轮叶片上的风速除叶片自身以外是无法感知的，因此把风力发电机组作为风速仪，即通过测量风力机的输出功率来估算风速。模糊控制以功率测量值为依据，逐步改变发电机转速：如果输出功率的增量 ΔP_0 为正，且发电机转速的增量 Δn_0 也为正，则新的转速增量 Δn_r 继续保持在同一方向（为正）；当发电机转速的增量 Δn_0 为正，而输出功率的增量 ΔP_0 为负，这时新的转速增量 Δn_r 则为负，即模糊控制器搜索的方向相反。模糊控制器 A 框图如图 4 - 6 所示。

建立输入变量 ΔP_0 和 Δn_0 及输出变量 Δn_r 的模糊隶属函数，通过模糊规则矩阵来确定转速控制变量，模糊控制器 A 的隶属函数如图 4 - 7 所示。

选取 ΔP_0 的语言变量词集为 {NVB, NB, NM, NS, ZE, PS, PM, PB, PVB}，选取 Δn_0 的语言变量词集为 {N, ZE, P}，选取 Δn_r 的语言变量词集为 {NVB, NB,

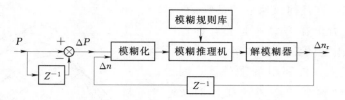

图 4-6 模糊控制器 A 框图

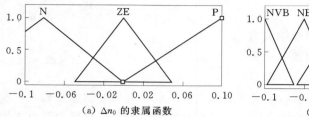

(a) Δn_0 的隶属函数   (b) ΔP_0 和 Δn_r 的隶属函数

图 4-7 模糊控制器 A 的隶属函数

NM，NS，ZE，PS，PM，PB，PVB}。

ΔP_0 和 Δn_r 隶属函数的设置不均匀，当变量接近 0 时，隶属函数的敏感性增加，以便在搜索逼近最佳点时及时调整搜索步长。风力发电机的控制规则见表 4-1。

表 4-1　风力发电机的控制规则表

Δn_r		Δn_0		
		P	ZE	N
ΔP_0	NVB	NVB	NVB	PVB
	NB	NB	NVB	PB
	NM	NM	NB	PM
	NS	NS	NM	PS
	ZE	ZE	ZE	ZE
	PS	PS	PM	NS
	PM	PM	PB	NM
	PB	PB	PVB	NB
	PVB	PVB	PVB	NVB

注：如 ΔP_0 为 PM，且 Δn_0 为 P，则 Δn_r 为 PM。其他依此类推。

2. 模糊控制器 B

风力发电机大部分时间运行在额定负载以下，因此发电机转子气隙磁通可减小到额定值以下，以减少发电机损耗，提高发电机工作效率。

转速趋于稳定状态条件下（Δn_0 小于设定值一定时间）的最佳转速由模糊控制器 A 建立后，发电机工作在额定磁通下。为进一步提高发电机效率，可以通过减小定子电流 i_{ds} 的磁化分量来减小发电机气隙磁通。但这样会导致发电机定子电压降低而降低转矩，为此设置模糊控制器 B 增加转矩电流 i_{qs}。当磁通逐步减小时，发电机的铁耗也相应减小；而由于转矩电流的增加，发电机的铜耗和变频器损耗将逐步增加，系统总的损耗逐步下

94

降，经过最低点后又开始上升，这一结果可以在变频器直流耦合功率 P_d 上得到反映。图4-8是发电机效率优化过程的控制框图。

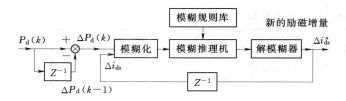

图4-8 模糊控制器B框图

控制器对发电机输入直流功率 P_D 进行采样，并与前次采样值进行比较，以确定增量 ΔP_d，同时检测励磁电流增量 Δi_{ds}。当直流功率增量 ΔP_d 为负，励磁电流增量 Δi_{ds} 为负，表示可进一步减小励磁电流 i_{ds}，则在同一方向继续搜索；如 ΔP_d 为正，Δi_{ds} 为负，表示损耗已开始偏离最低点，控制器即开始反向搜索，同时调整搜索步长。建立输入变量 ΔP_d 和 Δi_{ds} 及输出变量（新的励磁增量）$\Delta \overleftarrow{i}_{ds}$ 的模糊隶属函数，通过模糊规则矩阵来确定转速控制变量，模糊控制器B的隶属函数如图4-9所示。选取 ΔP_d 的语言变量词集为 {NB，NM，NS，ZE，PS，PM，PB}，选取 Δi_{ds} 的语言变量词集为 {N，P}，选取 $\Delta \overleftarrow{i}_{ds}$ 的语言变量词集为 {NB，NM，NS，ZE，PS，PM，PB}。

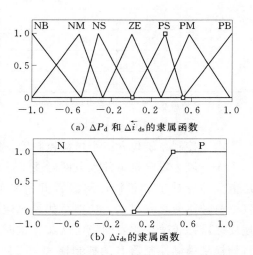

(a) ΔP_d 和 $\Delta \overleftarrow{i}_{ds}$ 的隶属函数

(b) Δi_{ds} 的隶属函数

图4-9 模糊控制器B的隶属函数

建立模糊控制规则，确定新的励磁电流增量，模糊控制器B的控制规则见表4-2。

表4-2 模糊控制器B的控制规则表

$\Delta \overleftarrow{i}_{ds}$		Δi_{ds}	
		P	N
ΔP_d	NB	NB	PB
	NM	NM	PM
	NS	NS	PS
	ZE	ZE	ZE
	PS	PS	NS
	PM	PS	NS
	PB	PM	NM

注：如 ΔP_d 为NM，且 Δi_{ds} 为N，则 $\Delta \overleftarrow{i}_{ds}$ 为PM。其他依此类推。

3. 模糊控制器C

模糊控制器C是速度调节器，用于提高转速控制的鲁棒性。基本过程是通过对扰动转矩设置反向阻转矩来抵消模糊控制器 B 引起的转矩突变，从而为转速控制过程提供无振荡型响应。在此仅给出模糊控制器 C 的控制规则，见表 4 - 3。

表 4 - 3　模糊控制器 C 的控制规则表

新的转矩增量 $\Delta\overrightarrow{T}_m$		发电机转矩增量 ΔT_m						
		NB	NM	NS	ZE	PS	PM	PB
转速偏差 Δn	NB	0	0	0	NB	NM	NS	ZE
	NM	0	0	NB	NM	NS	ZE	PS
	NS	0	NB	NM	NS	ZE	PS	PM
	ZE	NB	NM	NS	ZE	PS	PM	PB
	PS	NM	NS	ZE	PS	PM	PB	0
	PM	NS	ZE	PS	PM	PB	0	0
	PB	ZE	PS	PM	PB	0	0	0

注：如转速偏差 Δn 为 PS，且发电机转矩增量 ΔT_m 为 PM，则发电机新的转矩增量 $\Delta\overrightarrow{T}_m$ 为 PB。其他依此类推。

4．模糊控制系统的协调

由于控制系统包含三个模糊控制器，控制过程必须遵循各自的启动与关闭条件才能协调工作。风力发电机组并入电网后逐步进入运行稳定状态，即：$|\Delta P_0|<E$（允许误差设定值）并延时 T_s，模糊控制器 A 开始工作。在给定风速条件下，模糊控制器 A 通过调节发电机转速使之获得最大功率。如果风速继续缓慢变化，模糊控制器 A 将控制发电机转速使之跟踪风速变化直到稳定状态，这时转速在最佳功率点附近波动，$|\Delta n_0|<E$，控制将切换到模糊控制器 B 的控制模式。模糊控制器 B 通过调节发电机气隙磁通使发电机工作在最大效率点，这时定子电流 i_{ds} 在最佳功率点附近波动，$|\Delta i_{ds}|<E$。如果风速发生大的变化，使功率 $|\Delta P_0|>E$ 并延时 T_s，控制系统立即退出模糊状态，并重新建立发电机额定磁通。当风速在非模糊控制状态下趋于稳定，即 $|\Delta P_0|<E$ 并延时 T_s，模糊控制系统又按上述程序投入工作。

4.3.3　仿真与模拟研究

为了评估模糊控制系统的性能，将上述控制器用于实际运行的风力发电机组，风力发电机组参数见表 4 - 4。

表 4 - 4　风力发电机主要参数

参　　数	参数值	参　　数	参数值
额定功率/kW	450	功率调节方法	失速
最大功率/kW	450	切入风速/(m·s⁻¹)	4
叶片直径/m	35	额定风速/(m·s⁻¹)	18
额定转速/(r·min⁻¹)	35	切出风速/(m·s⁻¹)	25
轮毂高度/m	36		

给定风速如图 4-10 所示。

仿真结果如图 4-11、图 4-12 所示。模糊控制的优点很明显，在进行实时搜索的过程中不需要风速信号，而且可忽略系统参数的变化，对噪声和扰动干扰不敏感。

图 4-11 表示 3 种不同的风况，图 4-12 是 3 种不同风况下发电机的输出功率。从模拟结果可以看出，模糊控制器在系统中表现出良好的动态特性：在低速、常速和高速条

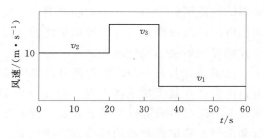

图 4-10 输入的风速

件下都可以观测到同样的动态特性；特别是在高速风况下，模糊控制器可以有效抑制系统的扰动，兼顾最大功率系数的跟踪和良好的发电质量。

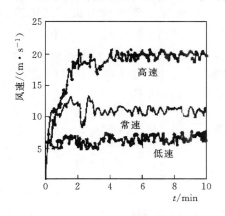

图 4-11 模拟分析的 3 种风速

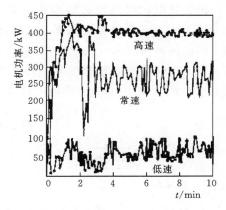

图 4-12 对应 3 种风速的功率输出

4.4 无功功率特性及其调节

电力系统中一般按照"分级补偿，就地平衡"的原则进行无功补偿，因此风电场无功功率的控制应在风电场内部完成。风电场无功补偿分为投入其他装置进行补偿和发掘风力发电机组无功补偿能力进行补偿两种方式。传统风电场的无功控制系统一般为：风力发电机组单位功率因数运行，通过投切电容器组对风电场进行无功控制，在电网较弱的情况下，系统运行特性受风速影响较大，电容器组的投切不能够动态补偿无功从而无法及时跟踪风速对电网的影响，而加入其他电力电子无功补偿装置将增加补偿成本。随着风力发电机组单机容量和风电场规模的增大，风电场对电网的影响越来越大，充分发掘风力发电机组自身无功调节能力并制定相应的无功控制策略具有重要意义。在外部无功补偿设备补偿无功功率后，若电网还有无功需求，可以充分利用 DFIG 机组的无功能力动态补偿无功，风电场机组越多，机组的无功补偿能力越强。

此外，随着风电装机比例的不断提高，并网导则将日益苛刻，其目的是希望风力发电机组能像常规机组一样参与系统调节，承担更多的责任。为满足这些需求，未来的风力发

电机组必须具备三方面的并网运行性能，即强大的无功调节能力、坚强的故障运行能力和必要的辅助调频能力。其中无功调节对于提高系统电压稳定性及机组的低电压穿越能力，加快电网的故障恢复及保障发电机组的优质、高效运行起着至关重要的作用，是大规模风电并网必须解决的关键问题之一。

文献［42］对 DFIG 无功调节机制以及定、转子无功特性进行了研究。从 DFIG 等效电路出发推导其无功平衡方程，进而分析 DFIG 定、转子无功折算关系及无功调节机制，研究 DFIG 在不同运行工况下的定、转子无功特性和影响因素，最后采用数字仿真定量分析和动模实验定性分析的综合方法进行验证。

4.4.1　双馈式变速恒频风力发电系统功率关系

图 4 - 13 为双馈式变速恒频（Doubly Fed Variable Speed Constant Frequency，DFVSCF）风力发电机组系统的结构和功率潮流。系统主要由风力机、齿轮箱、DFIG、变换器和变压器构成，可以实现风能—机械能—电能的转换。图 4 - 13 中，P_e 为由风力机传输给 DFIG 的机械功率；P_1、Q_1 为 DFIG 定子输出有功功率、无功功率；P_2、Q_2 为变换器输入到 DFIG 转子的有功功率、无功功率；P_c、Q_c 为变换器从电网输入的有功功率、无功功率；P_g、Q_g 为系统总的输出有功功率、无功功率。

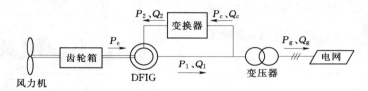

图 4 - 13　双馈变速恒频风力发电系统

忽略各种有功损耗，系统有功转换关系为

$$\begin{cases} P_2 = P_c \\ P_e + P_2 = P_1 \\ P_1 - P_c = P_g \end{cases} \qquad (4-41)$$

式（4 - 41）可简化为 $P_g = P_e$，表示 DFVSCF 风力发电系统将机械功率 P_e 变换为电功率 P_g 并馈入电网。

忽略变压器无功损耗时的无功潮流关系为

$$Q_g = Q_1 - Q_c \qquad (4-42)$$

当网侧变换器单位功率因数运行时，$Q_g = Q_1$，DFIG 定子无功输出构成机组总的无功输出。

式（4 - 42）表示的无功关系是非常粗略的，既没有反映 Q_1、Q_2 的关系和 Q_c、Q_2 的关系，更没有揭示 DFIG 无功的内部调节机制和外部输出特性。由于变换器具备直流环节和四象限运行能力，Q_c 与 Q_2 是解耦的。下面将主要对 DFIG 内部无功调节机制和外部定子、转子无功特性进行研究。

4.4.2　DFIG 的无功功率机制与特性分析

1. DFIG 等效电路和无功平衡方程

图 4-14 为采用发电机惯例的 DFIG 等效电路。根据等效电路，可列方程（忽略 r_{m}）为

$$\begin{cases} \dot{E}_1 = \dot{I}_{\mathrm{m}} \cdot \mathrm{j}X_{\mathrm{m}} \\ \dot{U}_1 = \dot{E}_1 - \dot{I}_1(r_1 + \mathrm{j}X_{1\sigma}) \\ \dfrac{\dot{U}_2}{s} = \dot{E}_1 + \dot{I}_2\left(\dfrac{r_2}{s} + \mathrm{j}X_{2\sigma}\right) \\ \dot{I}_2 = \dot{I}_1 + \dot{I}_{\mathrm{m}} \end{cases} \quad (4-43)$$

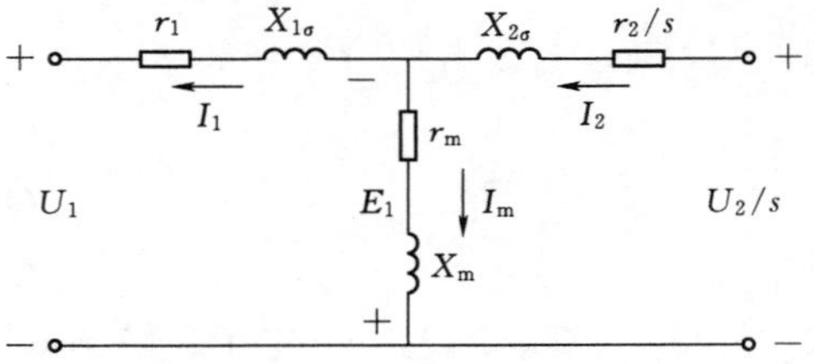

图 4-14　双馈型异步发电机等效电路

式中　$\dot{U}_1$、$\dot{U}_2$——定、转子电压相量；

　　　　$\dot{E}_1$——气隙磁场感应电动势相量；

$\dot{I}_1$、$\dot{I}_2$、$\dot{I}_{\mathrm{m}}$——定子、转子电流和励磁电流相量；

　　r_1、r_2——定子、转子电阻；

$X_{1\sigma}$、$X_{2\sigma}$、X_{m}——定子、转子漏抗和互抗，记 $X_1 = X_{1\sigma} + X_{\mathrm{m}}$，$X_2 = X_{2\sigma} + X_{\mathrm{m}}$，转子各量均已折算到定子侧；

　　　　　s——DFIG 转差率。

为方便，将定子电压、电流相量写为

$$\begin{cases} \dot{U}_1 = U_1 \angle 0° = U_1 + \mathrm{j}0 \\ \dot{I}_1 = I_{1\mathrm{x}} + \mathrm{j}I_{1\mathrm{i}} \end{cases} \quad (4-44)$$

式中　$\dot{U}_1$——基准相量；

　　　　U_1——$\dot{U}_1$ 的有效值；

$I_{1\mathrm{x}}$、$I_{1\mathrm{i}}$——定子电流的有功分量和无功分量。

将式（4-44）代入式（4-43）中可得

$$\dot{E}_1 = (r_1 I_{1\mathrm{x}} - X_{1\sigma}I_{1\mathrm{i}} + U_1) + \mathrm{j}(X_{1\sigma}I_{1\mathrm{x}} + r_1 I_{1\mathrm{i}} + U_1) \quad (4-45)$$

$$\dot{I}_2 = \frac{1}{X_{\mathrm{m}}}(X_1 I_{1\mathrm{x}} + r_1 I_{1\mathrm{i}}) - \mathrm{j}\frac{1}{X_{\mathrm{m}}}(r_1 I_{1\mathrm{x}} - X_1 I_{1\mathrm{i}} + U_1) \quad (4-46)$$

转子电流的有效值为

$$I_2 = \frac{1}{X_{\mathrm{m}}}\left[(r_1^2 + X_1^2)I_1^2 + U_1^2 + 2U_1(r_1 I_{1\mathrm{x}} - X_1 I_{1\mathrm{i}})\right]^{1/2} \quad (4-47)$$

DFIG 定子、转子无功功率分别为

$$\begin{cases} Q_1 = 3\mathrm{Im}(\dot{U}_1 \dot{I}_1^*) = -3U_1 I_{1\mathrm{i}} \\ Q_2 = 3\mathrm{Im}(\dot{U}_2 \dot{I}_2^*) \end{cases} \quad (4-48)$$

式中　Q_1——定子无功功率；

　　　　Q_2——转子无功功率。

根据图 4-16 的电流方向，式（4-48）中无功符号定义为：$Q_1>0(<0)$ 表示定子输出（输入）感性无功功率；$Q_2>0(<0)$ 表示转子输入（输出）感性无功功率。

由式（4-43）中的第 3 式可得

$$U_2 I_2^* = (r_2+\mathrm{j}sX_{2\sigma})I_2^2 + sE_1 I_2^* \tag{4-49}$$

由式（4-45）～式（4-49）可推得

$$Q_2 = 3sX_{2\sigma}I_2^2 + 3sX_m I_m^2 + s(3X_{1\sigma}I_1^2 + Q_1) \tag{4-50}$$

即

$$\begin{cases} Q_{x1\sigma} = 3X_{1\sigma}I_1^2 \\ Q_{x2\sigma} = 3X_{2\sigma}I_2^2 \\ Q_m = 3X_m I_m^2 \end{cases} \tag{4-51}$$

式中　$Q_{x1\sigma}$、$Q_{x2\sigma}$、Q_m——定子、转子漏感消耗的无功功率和气隙励磁功率。

则式（4-50）可写为

$$Q_2 = Q_{x2\sigma} + s(Q_m + Q_{x1\sigma} + Q_1) \tag{4-52}$$

记

$$\begin{cases} Q_{m1} = Q_1 + Q_{x1\sigma} \\ Q_{m2} = Q_2 - Q_{x2\sigma} \end{cases} \tag{4-53}$$

式中　Q_{m1}、Q_{m2}——定、转子励磁功率。

则有

$$Q_{m2} = s(Q_m + Q_{m1}) \tag{4-54}$$

式（4-52）、式（4-53）为 DFIG 的无功关系方程，方程中存在"s 因子"，定子、转子无功功率不满足守恒定律，其根本原因是定子、转子侧频率不相同。

2. 定子、转子的无功折算及调节机制

相对于 DFIG 的有功功率，其无功功率的影响因素较多，特性更为复杂。定子、转子频率差异导致定子、转子无功功率不能直接等效（即不满足守恒定律），而 DFIG 具有独特而灵活的无功调节能力。分析不同频率下的定子、转子无功折算关系和无功调节机制是深入研究 DFIG 无功特性的前提和基础。

有功（电阻）与频率无关，而无功（电抗）与频率有关，不同频率定子、转子回路的无功功率必须经过折算才能满足守恒定律，式（4-52）、式（4-54）中的转差率 s 体现了这个特点。设 Q_2、Q_{m2}、$Q_{x2\sigma}$ 折算到定子侧后分别为 Q_2'、Q_{m2}'、$Q_{x2\sigma}'$，则有

$$\begin{cases} Q_2' = Q_2/s \\ Q_{m2}' = Q_{m2}/s \\ Q_{x2\sigma}' = Q_{x2\sigma}/s = 3X_{2\sigma}I_2^2 \end{cases} \tag{4-55}$$

由式（4-55）可知，由于 DFIG 定、转子侧的频率分别为 f_1（工频）和 sf_1，转子无功折算到定子侧将被放大 $1/s$ 倍。根据本节无功定义，Q_1 为定子输出（感性）无功功率，Q_2 为转子输入（感性）无功功率，二者分别为 DFIG 定子、转子侧的实际物理量。但定子、转子不同频率使 Q_1、Q_2 不能直接等效。类似于电机学中转子阻抗向定子侧的频率折算，Q_2 也需通过频率折算等效到定子侧。其折算值 Q' 是一虚拟量，物理意义为工频 50Hz 下的等效转子无功当量。

同一转子无功功率在亚同步（$s>0$）和超同步（$s<0$）情况下被等效到定子侧后将呈现不同的性质（感性或容性）。相反，当要求定子无功输出恒定时，变换器向转子输出无功功率的大小和性质（感性或容性）将随着转速而变化。以小额转子无功功率等效大额定子无功功率，这是 DFIG 灵活、强大无功调节能力的内在机制。

计及折算关系后，根据式（4-52）、式（4-54）可得到频率折算后的 DFIG 无功平衡方程为

$$Q_2' = Q_{x2\sigma}' + Q_m + Q_{x1\sigma} + Q_1 \qquad (4-56)$$

$$Q_{m2}' = Q_m + Q_{m1} \qquad (4-57)$$

式（4-56）和式（4-57）中不再有"s因子"，表明折算后的转子无功功率与定子无功功率满足常规的守恒定律。

3. DFIG 无功特性分析

基于定子、转子无功折算关系和调节机制可进一步分析 DFIG 的无功特性，即不同转速下的定子、转子无功关系（包括内部无功潮流）。通过辨证分析转差率、定子无功功率、转子无功功率之间的相互影响规律总结不同运行工况下的 DFIG 无功特性，如图 4-15 所示。

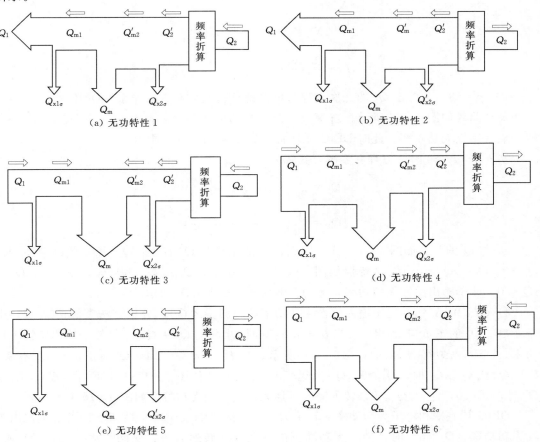

图 4-15 DFIG 的无功功率

（1）转差率和定子无功功率对转子无功的影响规律。根据 DFIG 的转速和定子无功功率的不同性质，分下述 4 种情况讨论转子无功特性。由前面讨论可知 $Q_{x1\sigma}$、$Q'_{x2\sigma}$、Q_m 恒大（等）于零，均为（消耗的）感性无功功率。

1）$Q_1>0$，$s>0$（定子输出感性无功，亚同步运行）。当 $s>0$、$Q_1>0$ 时，由式（4-56）可知，$Q'_2>0$，由式（4-55）得 $Q_2=sQ'_2>0$。根据本书无功符号规定，DFIG 亚同步运行且定子输出感性无功功率时，转子输入感性无功功率，此时 DFIG 无功特性如图 4-15（a）所示。

2）$Q_1>0$，$s<0$（定子输出感性无功功率，超同步运行，类似于 1），此时 $Q'_2>0$，$Q_2=sQ'_2<0$，即超同步运行且定子输出感性无功功率时，转子输出感性无功功率。此时 DFIG 无功特性如图 4-15（b）所示。

3）$Q_1<0$，$s>0$（定子输入感性无功功率，亚同步运行）。当 $Q_1<0$ 时，Q'_2 的正负不能简单确定，需要进一步分析。将式（4-56）展为关于 Q_1 的函数

$$Q'_2=aQ_1^2+bQ_1+c \tag{4-58}$$

其中，系数 a、b、c 为

$$\begin{cases} a=\dfrac{1}{3X_m 2U_1^2}(r_1^2 X_2+X_{1\sigma}X_1 X_m+X_1^2 X_{2\sigma}) \\[2mm] b=\dfrac{1}{X_m^2}(2X_{1\sigma}X_m+2X_1 X_{2\sigma}+X_m^2) \\[2mm] c=aP_1^2+\dfrac{2r_1 X_2}{X_m^2}P_1+\dfrac{3X_2}{X_m^2}U_1^2 \end{cases} \tag{4-59}$$

式（4-58）为关于 Q_1 的二次方程，可据此分析 Q_1 与 Q'_2 的关系。DFIG 定子、转子无功关系曲线如图 4-16 所示。当 $b^2-4ac<0$ 时方程无零解，此时 $Q'_2>0$，$Q_2=sQ'_2>0$，转子输入感性无功功率。此时 DFIG 无功特性如图 4-15（c）所示。

当 $b^2-4ac\geqslant0$ 时，方程有零解，其解为

$$\begin{cases} Q_{1a}=\dfrac{1}{2a}(-b+\sqrt{b^2-4ac}) \\[2mm] Q_{1b}=\dfrac{1}{2a}(-b-\sqrt{b^2-4ac}) \end{cases} \tag{4-60}$$

Q_1 与 Q'_2 的关系如图 4-16（b）所示，Q'_2 的正负与 Q_1 有关：$Q_1\leqslant Q_{1b}$ 或 $Q_1\geqslant Q_{1a}$ 时，$Q'_2\geqslant0$，$Q_2=sQ'_2\geqslant0$，无功特性如图 4-15（c）所示；$Q_{1b}<Q_1<Q_{1a}$ 时，$Q'_2<0$，$Q_2=sQ'_2<0$，转子输出感性无功功率，无功特性如图 4-15（d）所示。

4）$Q_1<0$，$s<0$（定子输入感性无功功率，超同步运行）。分析方法类似情况 3），由于 $s<0$，Q_2 的正负与 Q'_2 相反。当 $b^2-4ac<0$ 时 $Q'_2>0$，$Q_2=sQ'_2<0$，转子输出感性无功功率，DFIG 无功特性如图 4-15（e）所示。当 $b^2-4ac\geqslant0$ 时，Q'_2 的正负与 Q_1 有关：$Q_1\leqslant Q_{1b}$ 或 $Q_1\geqslant Q_{1a}$ 时，$Q'_2\geqslant0$，$Q_2=sQ'_2\leqslant0$，无功特性如图 4-15（e）所示；$Q_{1b}<Q_1<Q_{1a}$ 时，$Q'_2<0$，$Q_2=sQ'_2>0$，转子输入感性无功功率，无功特性如图 4-15（f）所示。

DFIG 转差率和定子无功功率对转子无功功率的影响规律可总结如下：当定子输出感性无功功率（$Q_1>0$）时，转子无功功率的性质仅与转速有关：亚同步运行（$s>0$）时，转子输入感性无功功率；超同步运行（$s<0$）时，转子输出感性无功功率。当定子输入感

性无功功率（$Q_1 < 0$）时，转子无功特性较复杂，与 s 与 Q_1 均有关系。

（2）转差率和转子无功对定子无功功率的影响规律。由式（4-56）可以得到

$$Q_1 = Q_2' - Q_{x2\sigma}' - Q_{x1\sigma} - Q_m \qquad (4-61)$$

将式（4-51）、式（4-55）代入式（4-61）得到

$$Q_1 = Q_2/s - Q_\Sigma \qquad (4-62)$$

其中 $\qquad\qquad Q_\Sigma = 3(X_{1\sigma}I_1^2 + X_{2\sigma}I_2^2 + X_m I_m^2) \geqslant 0$

根据式（4-62）可分析不同工况下定子无功特性。

1）$Q_2 > 0$，$s > 0$（转子输入感性无功功率，亚同步运行）。当 $Q_2 > sQ_\Sigma$ 时，$Q_1 > 0$，定子输出感性无功功率，此时 DFIG 无功特性如图 4-15（a）所示；当 $0 < Q_2 < sQ_\Sigma$ 时，$Q_1 < 0$，定子输入感性无功功率，此时 DFIG 无功特性如图 4-15（c）所示。

2）$Q_2 > 0$，$s < 0$（转子输入感性无功功率，超同步运行）。此时恒有 $Q_1 < 0$ 成立，定子输入感性无功功率，此时 DFIG 无功特性如图 4-15（f）所示。

3）$Q_2 < 0$，$s > 0$（转子输出感性无功功率，亚同步运行）。此时恒有 $Q_1 < 0$ 成立，定子输入感性无功功率，此时 DFIG 无功特性如图 4-15（d）所示。

4）$Q_2 < 0$，$s < 0$（转子输出感性无功功率，超同步运行）。当 $Q_2 < sQ_\Sigma$ 时，$Q_1 > 0$，定子输出感性无功功率，此时 DFIG 无功特性如图 4-15（b）所示；当 $sQ_\Sigma < Q_2 < 0$ 时，$Q_1 < 0$，定子输入感性无功功率，此时 DFIG 无功特性如图 4-15（e）所示。

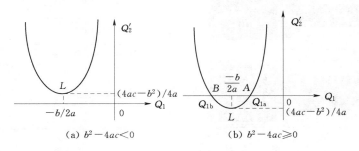

图 4-16　DFIG 定子、转子无功关系曲线

DFIG 转差率和转子无功功率对定子无功功率的影响规律可总结如下：当转子输入感性无功功率（$Q_2 > 0$）且发电机超同步运行（$s < 0$）时，或者转子输出感性无功功率（$Q_2 < 0$）且发电机亚同步运行（$s > 0$）时，定子输入感性无功功率；其他情况下定子无功特性稍复杂，与 s 和 Q_2 均有关系。

本部分所分析的运行工况对转子无功功率的影响和对定子无功功率的影响是相互辨证且本质统一的，是 DFIG 无功特性在不同角度的体现。综合两方面的分析可得到图 4-15 所示的 DFIG 6 种无功特性。

4.4.3　仿真算例

1. 仿真参数与过程

针对 1.5MW 机组，采用 Matlab/Simulink 进行仿真算例验证，见表 4-5。仿真时间为 20s，包括并网及最大功率点追踪（Maximum Power Point Tracing，MPPT）。发电机

0.5s 并网，并网后风速为 6m/s，10s 时风速跃变为 9m/s。

表 4-5　仿真风力发电机参数

设备组成	参　　数	数　　值	设备组成	参　　数	数　　值
DFIG	极对数	2	DFIG	额定功率	1.5MW
	额定电压	690V/50Hz		变流器额定功率	400kW
	定子电阻和漏感	$r_1=0.007\Omega$，$L_{1\sigma}=0.198$mH		转子电阻和漏感	$r_2=0.0083\Omega$，$L_{2\sigma}=0.117$mH
	互感	$L_m=4.728$mH		转动惯量	$J=90$kg·m^2
风力机	叶片半径	35m	风力机	切入风速	3m/s
	额定风速	12m/s		齿轮箱变比	1∶70

图 4-17 为发电机定子电流 i_1 和转子电流 i_2 仿真波形，图 4-18 为发电机转速 n 和定子有功功率 P_1 仿真波形。并网后发电机先后对 2 种风速进行 MPPT，实现了从亚同步到超同步的全过程仿真，基于此可分析转差率对 DFIG 无功特性的影响。为了便于研究，本书根据两种风速下稳态 MPPT（亚同步稳态和超同步稳态）时段的仿真数据进行定量分析。两种风速下稳态 MPPT 时段的基本数据见表 4-6。

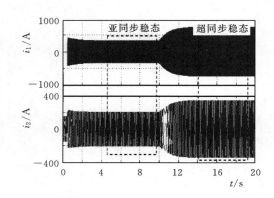

图 4-17　发电机定子电流 i_1 和
转子电流 i_2 仿真波形

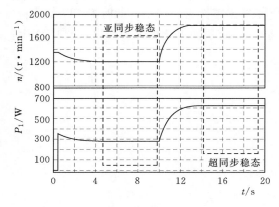

图 4-18　发电机转速 n 和定子
输出有功功率 P_1 仿真波形

表 4-6　不同风速下的稳态 MPPT 结果

$v/(\mathrm{m\cdot s^{-1}})$	$n/(\mathrm{r\cdot min^{-1}})$	s	P_1/kW
6	1200	0.2	278.5
9	1800	-0.2	622.8

2. 仿真算例分析

除了考虑转差率影响因素外，为同时分析定子无功功率输出对转子无功功率的影响，分别设定 4 种定子无功指令 Q_1^*：①0var；②600kvar；③-200kvar；④-600kvar。图 4-19～图 4-22 分别为 4 种情况下定、转子无功功率仿真结果。由于实现了功率解耦，各情况下的 n 和 P_1 变化规律均如图 4-18 所示。

图 4-19 可用于分析 DFIG 定、转子无功折算关系和调节机制。由电机参数仿真算得

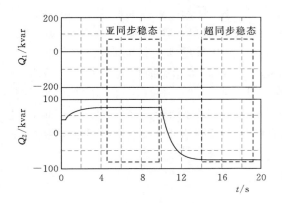

图 4-19 定子无功功率 Q_1 和转子
无功功率 Q_2（$Q_1^* = 0$kvar）

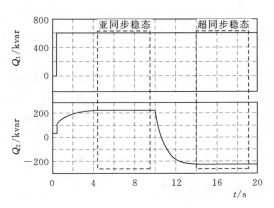

图 4-20 定子无功功率 Q_1 和转子
无功功率 Q_2（$Q_1^* = 600$kvar）

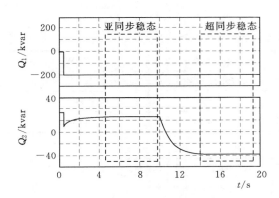

图 4-21 定子无功功率 Q_1 和转子
无功功率 Q_2（$Q_1^* = -200$kvar）

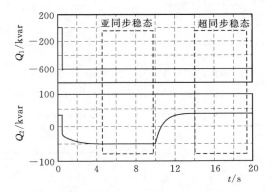

图 4-22 定子无功功率 Q_1 和转子
无功功率 Q_2（$Q_1^* = -600$kvar）

其额定励磁功率 $Q_m \approx 360$kvar，如果 Q_m 全部由定子侧提供，DFIG 需要从电网输入无功功率 $Q_1 \approx 360$kvar。由于 $Q_1^* = 0$，Q_m 全部由转子无功功率 Q_2 提供，即 Q_2 与定子无功功率 $Q_1 = 360$kvar 具有相同效能。即虽然图 4-19 中 Q_2 与转速有关，但 Q_2 按式（4-55）折算后应该与 360kvar 相等。由表 4-6 和图 4-19 可知，亚同步稳态时段和超同步稳态时段的 s 分别为 0.2 和 -0.2，Q_2 分别为 72.6kvar 和 -73kvar，折算后分别为 363kvar 和 365kvar，与 360kvar 非常接近。存在少量误差的原因是没有计及漏感消耗的无功功率。通过算例可知，DFIG 以小额转子无功功率（72.6kvar 和 73kvar）满足了励磁无功功率需求（360kvar），与定子侧输入 360kvar 的无功功率是等效的。验证了 4.4.2 中关于 DFIG 定子、转子无功折算关系及调节机制分析的正确性。

图 4-20～图 4-22 反映了转差率和定子无功对转子无功的影响规律。

图 4-20 中，$Q_1^* = 600$kvar>0。亚同步稳态时段 $s = 0.2 > 0$，$Q_2 = 220$kvar>0；超同步稳态时段 $s = -0.2 < 0$，$Q_2 = -220$kvar<0。即定子输出感性无功时，Q_2 仅与 s 有关，验证了 4.4.2 中 DFIG 无功特性分析部分结论的正确性。

图 4-21、图 4-22 为 $Q_1^* < 0$ 的情况。由 4.4.2 中 DFIG 无功特性分析之（3）中 3）、

4）部分可知，此时 Q_2 不但与 s 有关，还与定子无功 Q_1 有关，现以亚同步稳态时段为例进行验证。由表 4-6 知该时段 $P_1=278.5\text{kW}$，由式（4-60）解得 $Q_{1a}=-327\text{kvar}$，$Q_{1b}=-5139\text{kvar}$。图 4-21 中 $Q_1^*=-200\text{kvar}>Q_{1a}$，由图可知，亚同步稳态时段 $Q_2=23\text{kvar}>0$。图 4-22 中 $Q_{1b}<Q_1^*=-600\text{kvar}<Q_{1a}$，亚同步稳态时段时段 $Q_2=-52\text{kvar}<0$。图 4-21、图 4-22 亚同步稳态时段仿真结果表明，当 $s>0$ 时，除 s 外 Q_2 还取决于 Q_1，验证了 4.4.2 中 DFIG 无功特性分析之（3）中 3）部分结论的正确性。类似地，利用图 4-21、图 4-22 中超同步稳态时段的仿真结果也可证明 4.4.2 中 DFIG 无功特性分析之（3）中 4）部分结论的正确性。

4.4.4　动模实验

基于 15kW 实验平台进行了相关实验研究，参数见表 4-7，图 4-23～图 4-25 为实验结果。与仿真结果相比，实际电机参数和测量结果难免会存在误差，因此本实验只对实验结果做定性分析。

表 4-7　DFIG 动模实验参数

极对数	3	额定功率	15kW
额定电压	380V/50Hz	定子电阻和漏感	$r_1=0.379\Omega$，$L_{1\sigma}=1.1\text{mH}$
转子电阻和漏感	$r_2=0.314\Omega$，$L_{2\sigma}=2.2\text{mH}$	互感	$L_m=44.9\text{mH}$
转动惯量	$J=3.9\text{kg}\cdot\text{m}^2$	变流器额定功率	5kW

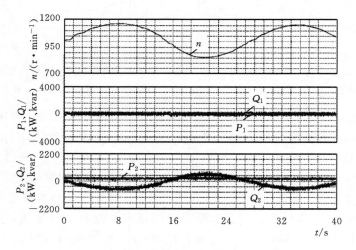

图 4-23　DFIG 定子、转子功率（变速运行）

图 4-23 为 DFIG 转速 n 在同步转速（1000r/min）上下一定范围内变速运行，且定子有功、无功功率（P_1、Q_1）均为零时的转子有功、无功功率（P_2、Q_2）实验波形。从图中可以看出，虽然 Q_2 随着 s 的改变而变化（$s<0$ 时 $Q_2<0$，$s>0$ 时 $Q_2>0$），但其折算值 $Q_2'=Q_2/s$ 保持不变（提供励磁功率），这与 4.4.2 中仿真算例分析以及相应的仿真结果相吻合。

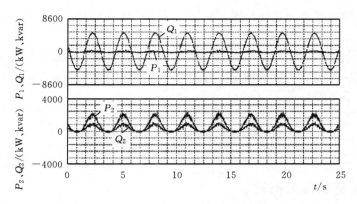

图 4-24　DFIG 定子、转子功率（$n=850$r/min）

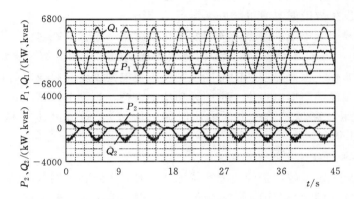

图 4-25　DFIG 定子、转子功率（$n=1150$r/min）

图 4-24、图 4-25 为 $P_1=0$ 且 Q_1 在 ±5000var 间以正弦规律变化时的 P_2 和 Q_2 实验波形，两图分别对应亚同步运行（$n=850$r/min）和超同步运行（$n=1150$r/min）情况。从图 4-24 看出，亚同步（$s>0$）情况下，当 $Q_1>0$ 时 $Q_2>0$，而当 $Q_1<0$ 时，Q_2 的正负与 Q_1 有关。从图 4-25 看出，超同步（$s<0$）情况下，当 $Q_1>0$ 时，$Q_2<0$，而当 $Q_1<0$ 时，Q_2 的正负与 Q_1 有关。图 4-24 和图 4-25 结果与本文 4.4.2 结论以及相应的仿真结果相吻合。

综上分析，DFIG 的无功调节机制和无功特性如下：

（1）无功调节机制。转子无功功率可被"放大"到定子侧，放大系数为转差率的倒数。在亚同步、超同步 2 种情况下，被"放大"到定子侧的转子无功功率呈现不同的性质（感性或容性）。以小额定转子无功功率等效于大额定子无功功率，这是 DFIG 具有灵活、强大的无功调节能力的根源。

（2）转子无功特性。当定子输出感性无功功率时，转子无功功率的性质仅与 DFIG 转速有关：亚同步运行时，转子输入感性无功功率；超同步运行时，转子输出感性无功功率。当定子输入感性无功功率时，转子无功特性较复杂，不但与转差率有关，而且还与定子无功功率有关。

（3）定子无功特性。当转子输入感性无功功率且发电机超同步运行时，或者转子输出感性无功功率且发电机亚同步运行时，定子恒输入感性无功功率；其他情况下定子无功特性与转差率和转子无功功率均有关系。

　　DFIG 无功机制和特性研究可为机组设计、无功功率合理分配、控制策略优化、发电机无功输出能力挖掘提供一定的理论基础，对于增强 DFIG 无功调节能力，应对日益严厉的并网导则具有重要的意义。

4.5　低电压穿越技术

4.5.1　低电压穿越技术概述

　　随着风力发电在电网中所占比例的增加，电网公司要求风力发电系统需像传统发电系统一样，在电网发生故障时具有继续并网运行的能力。

　　电网发生故障引起电压跌落会给风力发电机组带来一系列暂态过程（如转速升高、过电压和过电流等），当风力发电在电网中占有较大比例时，机组的解列会增加系统恢复难度，甚至使故障恶化。因此目前新的电网规则要求当电网发生短路故障时风力发电机组能够保持并网，甚至能够向电网提供一定的无功功率支持，直到电网恢复正常，这个过程被称为风力发电机组"穿越"了这个低电压时间（区域），即低电压穿越（Low Voltage Ride Through，LVRT）。

　　1. 风力发电机组故障穿越并网要求

　　各国相继提出了越来越严格的故障穿越标准，要求机组在电网故障情况下能够按照标准规定的时间继续并网运行。图 4-26 为德国、英国、美国和丹麦 4 国故障穿越标准中电网电压跌落程度与风电机组需持续并网运行的时间的规定。

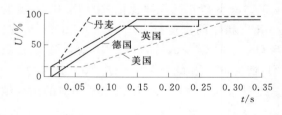

图 4-26　各国故障穿越标准

　　各国制定的故障穿越标准中，除包含图 4-26 所示的并网时间要求外，一般都包含以下 4 个方面的规定：

　　（1）公共耦合点的电网电压有效值的跌落程度与要求机组继续并网运行时间长短的关系。

　　（2）电网线电压有效值的跌落程度与输出无功功率的关系。

　　（3）故障切除后，有功功率的恢复速率。

　　（4）频率的波动与输出有功功率的关系。

　　我国国家电网公司制定了风力发电机组低电压穿越标准。标准规定：风电场内的风电机组具有在并网点电压跌至 20% 额定电压时能保持并网运行 625ms 的低电压穿越能力，如图 4-27 所示。风电场并网点电压在发生跌落 2s 内能够恢复到额定电压 90% 时，风电场内的风电机组能够保持不脱网运行。

　　2. 关于双馈风力发电机的低电压穿越的特殊性

　　与其他机型相比，双馈异步风力发电机在电压跌落期间面临的威胁最大。电压跌落出

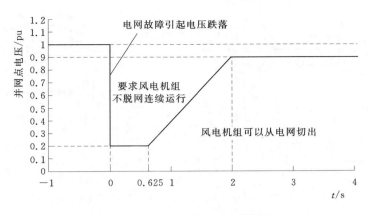

图 4 - 27　中国的低电压穿越标准

现的暂态转子过电流、过电压会损坏电力电子器件，而电磁转矩的衰减也会导致转速的上升。

　　另外，由于 DFIG 定子绕组直接与电网连接，变频器容量较小，故而对电网故障非常敏感，仅靠自身难以实现低电压穿越。当电网发生故障时，电网电压跌落将直接导致定子电压的跌落，而定子磁链不能跟随定子电压一起突变，所以在定子侧会出现暂态磁链的直流分量，引起定子电流的大幅增加；而定子绕组与转子绕组在磁场上存在强耦合关系，此直流分量切割转子绕组，在转子侧也必然会感应出较大的过电流和过电压。转子侧突然增加的大量能量一部分会流经转子侧变换器和网侧变换器传递到电网，可能对变流器造成损害；另一部分会对直流母线电容充电，使直流母线电压大幅升高威胁电容的安全。因此要想实现双馈风力发电机的低电压穿越，必须在电网发生电压跌落故障时对定子、转子过电流进行抑制。

4.5.2　电网电压骤降时 DFIG 的瞬态特性

　　图 4 - 28 为变速恒频 DFIG 风力发电系统原理图。由图 4 - 28 可见，DFIG 的定子通过定子并网开关和功率开关连接到电网上，其中并网开关实现 DFIG 正常运行情况下的并网和脱网操作，功率开关实现电网故障下 DFIG 的紧急切除。转子侧快速短接保护装置（Crowbar）用作旁路转子侧变换器（Rotor Side Converter，RSC），为电网电压故障引发的转子过电流提供释放通路。

　　由于故障瞬间磁链不能突变，定子磁链中将感应出直流分量，而大型 DFIG 的定子、转子漏感一般很小（约 0.1pu），使得建立一定大小定子直流磁链的定子、转子短路电流很大（约 5~10 倍额定电流），对定子、转子绕组和励磁变频器产生极大的危害。

　　此外，从能量守恒的角度考虑，电网电压骤降会使 DFIG 产生的电能不能全部送出，而风力机吸收的风能又不会明显变化，因此这部分未能输出的能量将消耗在机组内部。首先，定子电压骤降将引起定子电流增大，由于定子、转子之间的强耦合，使得转子侧也感应出过电流和过电压。再考虑到大电流会导致电机铁芯饱和、电抗减小，使定子、转子电流进一步增大。而且，定子、转子电流的大幅波动会造成 DFIG 电磁转矩的剧烈变化，对

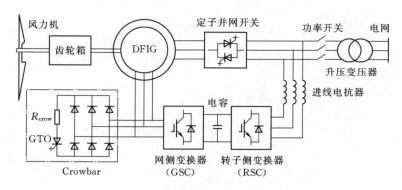

图 4-28 变速恒频 DFIG 风力发电系统示意图

风力发电机组机械系统产生很大的扭切应力冲击。转子能量流经 RSC 之后，一部分被网侧变换器（Grid Side Converter，GSC）传递到电网，剩下的给直流电容充电，导致直流母线电压的快速升高。如果不及时采取保护措施，仅靠定子、转子绕组自身漏阻抗不足以抑制浪涌电流，过大的电流和电压将导致励磁变频器、定子和转子绕组绝缘以及直流母线电容的损坏。

根据上述电网电压骤降故障对 DFIG 风力发电系统影响的分析以及对相关电网规范的要求，可将 DFIG 低电压穿越运行的控制目标归结为：

（1）保持电网故障期间不脱网运行，以防发电机从电网解列引发弱电网更大的后继故障。

（2）连续、稳定地提供无功功率以协助电网电压恢复，减小电网电压崩溃的可能。

（3）释放剩余能量，抑制故障电流，保护励磁变频器和直流母线电容的安全。

（4）保持电磁转矩瞬态幅值在转轴和齿轮可承受范围之内（约 2~2.5 倍额定转矩）。

（5）延缓 DFIG 转速上升，防止飞车。

当今电网规范要求风力发电系统的低电压穿越能力不能低于被它取代的传统发电方式，所以各国的风电设备生产商以及相关科研机构都对风电设备的故障运行进行了大量研究，并提出了各种 LVRT 技术。

4.5.3 现有低电压穿越技术分析

1. 改进的矢量控制和鲁棒控制

在 DFIG 运行控制中，传统的基于定子磁场定向或定子电压定向的矢量控制方法得到了广泛的应用。在这种控制方式下一般采用 PI 调节器实现有功功率、无功功率独立调节，并具有一定的抗干扰能力。但是当电网电压出现较大幅度的跌落时，PI 调节器容易出现输出饱和，难以回到有效调节状态，使电压下降和恢复之后的一段时间 DFIG 实际上处于非闭环的失控状态。为了克服传统矢量控制的缺点，国内外学者提出了大量的改进控制策略，其中具有代表性的为以下两种：

（1）改进的矢量控制策略。矢量控制图如图 4-29 所示，改进的矢量控制策略针对对称及不对称故障下 DFIG 内部电磁变量的暂态特点，适当控制励磁电压，使之产生出与定子磁链暂态直流和负序分量相反的转子电流空间矢量及相应的漏磁场分量，通过所建立的转子漏磁场抵消定子磁链中的暂态直流和负序分量。如果将转子瞬态电流幅值控制在 2.0pu 以内，该方法能够实现电压骤降至 30% 的故障下 DFIG 不脱网运行，而且故障运行期间 DFIG 可基本不从电网吸收无功功率。该方法的优点是适用于各种类型的对称和不对称电网故障，缺点是 RSC 的全部容量都用来产生与定子磁链暂态分量相反的转子电流，控制效果受到变频器容量的限制。

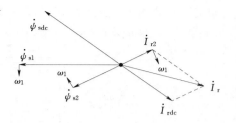

图 4 - 29　低电压穿越控制空间矢量图

（2）基于 H_∞ 技术和 μ 分析方法设计的新型鲁棒控制器。基于 H_∞ 技术和 μ 分析方法设计的新型鲁棒控制器如图 4 - 30 所示。其中 GSC 检测直流母线电压和定子侧端电压幅值的变化，并产生相应的电流指令对它们进行补偿；RSC 检测定子输出的有功功率和无功功率的变化，并通过转子电流指令的变化对它们进行补偿。这种鲁棒控制器的优点是降低了对系统参数变化的敏感性，即使在外部干扰和参数有误差的情况下仍能保持良好的控制效果。

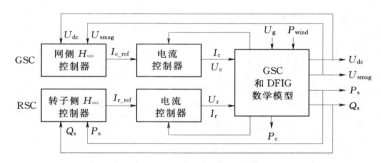

图 4 - 30　H_∞ 控制器框图

虽然改进的矢量控制和鲁棒控制无需增加任何硬件设备，而是通过 GSC 和 RSC 控制策略的改进使 DFIG 实现 LVRT，但其控制效果往往受到励磁变频器容量的限制，因而在一些严重故障下无法实现 LVRT 运行，存在可行性区域的限制。

2. 定子侧低电压穿越方案

在采用硬件保护协助 DFIG 低电压穿越的技术中，定子侧开关方法的基本思想是在电网电压下降期间采用定子并网开关（图 4 - 28）将 DFIG 定子从电网中暂时切除，直到电网电压恢复到一定程度时再重新并网。在定子切除期间，励磁变频器一直保持与电网连接，可利用 GSC 向电网提供无功功率。这种方法的优点是可以避免电网电压的骤降和骤升对 DFIG 的冲击，但是它并非真正意义上的不脱网运行，实际上由于 GSC 的容量较小，对电网恢复的作用非常有限。

加拿大 Janos Rajda 等人提出另一种风力发电机组 LVRT 装置及其控制方法[46]，该装置由一系列与双向交流开关并联的电阻阵列构成，连接在 DFIG 定子与电网传输线之间，如图 4 - 31 所示。当电网电压正常时，所有交流开关导通；一旦检测到电网电压下降，则通过控制交流开关的触发角来调节整个装置的等效阻抗，DFIG 输出的电流流过该阻抗后将提高 DFIG 定子端电压，从而保证 DFIG 端电压在一定的数值之上。这种方法的优点是可以在电网电压跌落的情况下保持 DFIG 与电网的连接，缺点是需要使用大量大功率晶闸管，硬件成本较高，且电阻损耗大。

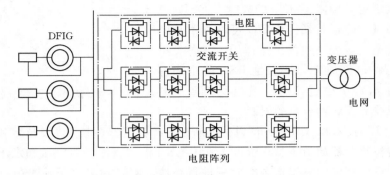

图 4-31　低电压穿越用定子侧电阻阵列

C. Zhan 和 P. S. Flannery 等人提出使用一个额外的电网侧串联变换器来提高 DFIG 机组的 LVRT 能力，如图 4-32 所示[47,48]。这种电网侧串联变换器具有以下几个功能：

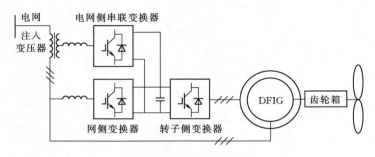

图 4-32　具有电网侧串联变换器的 DFIG 系统

（1）对故障电压进行补偿，保证 DFIG 定子电压的稳定，相当于一台动态电压恢复器。

（2）调节 DFIG 定子磁链并使之保持稳定，从而减小甚至消除定子电压突变引起的一系列暂态电磁现象，如电磁转矩和定子、转子电流以及有功功率、无功功率的振荡。

（3）将 DFIG 未能及时输出的能量通过直流母线环节输送到电网，防止直流母线电压过高。这种结构能实现零电压穿越，具有优良的 LVRT 能力，是一种先进的 LVRT 技术，但也存在成本高、控制复杂等问题。

3. 转子侧低电压穿越方案

电网电压骤降时，为了保护励磁变频器，一种常用的办法是通过电阻短接转子绕组以及旁路 RSC，为转子侧的浪涌电流提供一条通路，即 Crowbar 电路。适合于 DFIG 的 Crowbar 有多种拓扑结构，除了图 4-28 中最常见的二极管桥加可控器件结构外，图 4-33 中还给出了两种典型结构。其中图 4-33（a）表示双向晶闸管型 Crowbar 电路，这种结构最为简单，但其不对称结构易引起转子电流出现很大的直流分量，不实用。图 4-33（b）表示双向晶闸管并带旁路电阻的 Crowbar 电路，除电路对称外，更可利用其电阻消耗转子侧多余的能量，加快定子、转子故障电流的衰减。

各种转子侧 Crowbar 电路的控制方式基本相似，即当转子侧电流或直流母线电压增大到预定的阈值时触发导通开关元件，同时关断 RSC 中所有开关器件，使得转子故障电流流过 Crowbar 和旁路 RSC。Crowbar 中电阻 R_{crow} 的选取有一定的原则，即 R_{crow} 越大，转子电流衰减越快，电流、转矩振荡幅值也越小，但 R_{crow} 过大会导致 RSC 中功率开关器件和转子绕组上产生过电压，并使直流母线电压 U_{dc} 振荡幅值增大。使用 Crowbar 的优点是可以确保励磁变频器的安全，加快故障电流的衰减，缺点是 Crowbar 动作期间将短接DFIG 转子绕组，使 DFIG 变为并网笼型异步发电机，需从电网吸收大量无功功率以作励磁，这将不利于电网故障的迅速恢复，而且增加了硬件设备，使得控制更加复杂。此外Crowbar 的投入和切除时刻选择也十分重要，选择不当将一方面引起 Crowbar 多次动作，另一方面可能引起大电流冲击，这也是 Crowbar 技术将要深入研究的内容。

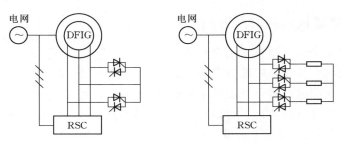

（a）双向晶闸管型 Crowbar 电路　（b）双向晶闸管并带旁路电阻的 Crowbar 电路

图 4-33　两种典型的 Crowbar 电路

西班牙 GAMESA 公司提出一种包含无源压敏元件的钳位单元，用于电网故障时为转子绕组提供钳位电压，并旁路 RSC 以保护励磁变频器，如图 4-34 所示。这种钳位单元的原理与上述转子 Crowbar 相似，其优点是可以在转子绕组上提供适当的钳位电压，将转子绕组端电压限制在一定范围内，避免过电压问题。

4. 变桨距技术

变桨距可使叶片的节距角（气流方向与叶片横截面的弦的夹角）在 0°～90° 的范围内变化，以使风力机捕获的风能相对稳定，并保持在发电机容量允许的范围以内。DFIG 的转速取决于风力机输入功率和 DFIG 输出功率之差。电网电压骤降之后，若风

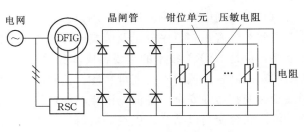

图 4-34　钳位单元

力机的输入功率不变，由于 DFIG 输送至电网功率的减小，不平衡功率将导致 DFIG 转速快速升高，此时应及时增大叶片节距角以减小风力机的输入功率，从而阻止机组转速上升，即实行变桨距控制。典型的变桨距控制方法如图 4-35 所示。图 4-35 中，v_{wind} 为风速，θ 为桨距角，U_{grid} 为电网电压，c_p 为风能利用系数。电网在正常情况下，根据风速调节桨距角 θ，使 DFIG 在一定转速范围内实现最大风能追踪的变速恒频发电；一旦检测到电网电压骤降，则马上启用桨距角紧急控制，根据故障时给定的风力机极限功率来计算风

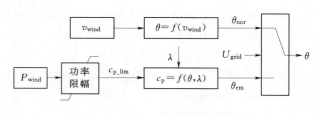

图4-35　变桨距控制框图

能利用系数 $c_{\mathrm{p\_lim}}$，然后查表得出桨距角参考值，通过减小风力发电机组的输入功率来适应电网故障下输出电能的减小。该方法的优点是可以防止电网故障时 DFIG 的转速突升事故，缺点是要增加一套变桨距调节机构，增大了控制复杂性和故障发生的几率，特别是对于电伺服的桨距调节系统隐患更大。电网正常时变桨距机构可由电网提供电力工作，电压跌落后则需要采用备用电源供电，进一步增加了成本和复杂程度。

4.5.4　低电压穿越技术的发展方向

通过以上对变速恒频双馈异步风力发电系统低电压穿越技术的分析，并结合我国风力发电技术的发展现状，预计今后该技术将围绕以下方面展开研究：

（1）建立适合我国电网实际情况的 LVRT 技术标准，使风电设备生产商和风电场开发商有据可依。在较强电网地区，可以适当放宽 LVRT 要求，从而降低工程成本；在弱电网地区则需执行严格的 LVRT 标准，确保电网与机组的安全。

（2）由于 DFIG 风力发电系统的运行控制本质上是对励磁变频器的控制，所以针对各种电网故障情况的 DFIG 改进控制策略将是未来低电压穿越技术研究的重点。特别是在不太严重的电网故障情况下，可优先采用不增加硬件的改进控制方法。

（3）现有的 DFIG 及励磁变频器的瞬态数学模型尚不够精确，未能真实反应 DFIG 机组在各种电压故障条件下的电磁响应，影响到控制策略和保护装置设计的准确性。所以构建包含保护装置（如 Crowbar）在内的 DFIG 系统的瞬态数学模型将成为 LVRT 技术研究的重要内容。

（4）对电网电压故障的快速检测以及对故障类型的准确鉴别是 LVRT 运行控制的基础，因此对含有正、负序分量及谐波成分的复杂电网条件下的快速锁相检测技术的研究至关重要，也是 LVRT 技术的重要组成部分。

（5）研制各种低成本、高可靠性、控制简单的保护装置，以确保严重故障下 DFIG 特别是励磁变频器的安全，是低电压穿越成功与否的关键。以上提及的各种保护装置各有利弊，可以联合使用以结合其优点，从而满足当地电网的 LVRT 技术规范。

（6）研究电网故障下的快速无功补偿策略和相关的电力电子稳压装置，减小电压骤降对 DFIG 机组的冲击，并利用 DFIG 帮助稳定及恢复故障电网电压，是一种先进可行的控制思想。

4.6　不对称电网电压下的控制方法

双馈风力发电系统优势明显，因而获得广泛应用，然而，定子和电网直接连接的结构使得双馈风力发电系统对电网电压故障非常敏感。最初，电网发生故障时，双馈风力发电系统立即与电网解列以保护其自身硬件，但随着风电比重不断增加，电网对风力发电系统的运行制定了更严格的标准。紧急电网运行规程要求风力发电机组在电网故障时不得与系统解列，需承受暂态最大 5%，稳态最大 2% 的电网不对称电压。同时，风能资源丰富的区域多集中于偏远地区，那里处于电网末端，电网网架结构薄弱，电网电压容易出现波动、不对称等异常情况，因此，双馈风力发电系统不对称电网下的运行控制成为了一个非常突出的问题。

根据对称分量理论，不对称的电网电压将在双馈风力发电机（DFIG）中引入负序扰动分量，从而造成转子过流、功率脉动、电磁转矩脉动等一系列问题，带来电气和机械冲击。目前普遍采用的解决方案是正、负序双 dq 域矢量控制，这种方法以传统矢量控制为基础，能够有效地对正序和负序分量进行控制，但双 PI 环控制影响了系统的动态性能，负序控制器的加入增加了控制系统的复杂性，在工程应用中还存在控制器矫正参数较多的问题。为此，文献 [49] 提出一种采用多频点比例积分谐振（MFPIR）控制器控制转子电流内环的方法，省去了负序 dq 域控制器，但仍然采用双环结构。

文献 [50] 提出一种基于 MFPIR 的矢量控制方法，这种方法在正序同步坐标系中对定子侧功率进行单闭环控制，不需要负序 dq 域控制器和转子电流内环，控制器结构简单，只需对算法中一个简单参数（$\lambda \in [0, 2]$）进行调整，即可以以统一的控制结构实现不对称电网电压下双馈风力发电系统的多目标控制，该方法也适用于双馈系统不对称低电压穿越的控制。下面给出采用多频点比例积分谐振（MFPIR）进行双馈系统不对称低电压穿越的控制的仿真结果，详细内容请读者参考文献 [45]、[47]。

基于 MATLAB/Simulink 环境，搭建 1.5MW 双馈风力发电系统的仿真平台，其中 DFIG 系统及仿真相关参数见表 4-8。变换器开关频率 2kHz 在不同电网电压和 λ 取值条件下（$\lambda \in [0, 2]$），系统的仿真结果如图 4-36～图 4-38 所示。注意，采用不对称度（AF）来表征电网电压或电流的不对称程度，其定义为负序分量占正序分量的比例。

表 4-8　DFIG 系统仿真参数

参　　数	数　　值	参　　数	数　　值
额定功率/MW	1.5	转子电阻/Ω	0.0063
额定电压/V	690	定子漏感/mH	0.3
额定电流/A	1050	转子漏感/mH	0.5
极对数	2	定转子互感/mH	4.6
定子电阻/Ω	0.0056	定转子匝数比	0.4829

图 4-36 为不对称电网电压下双馈风力发电系统各种控制目标相互切换的动态过程。可见，通过简单地修改 λ 参数，系统能够在多个控制目标间实现实时切换，满足不同工况、不同用户的要求，且切换过程平滑、动态响应迅速。

图 4-37 为各种不对称电压条件下，λ 参数设定与系统稳态特性的关系图。由图 4-37 可知，当控制目标分别被设置为有功和无功功率稳定（$\lambda = 0$）、定子电流正弦且对称（$\lambda = 1$）、电磁转矩和无功功率稳定（$\lambda = 2$）时，控制目标量中的脉动被有效抑制，其控制

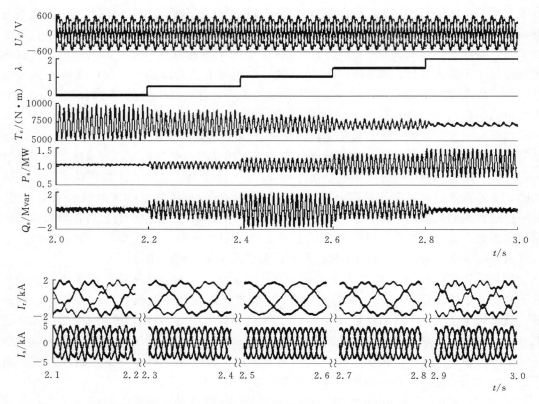

图 4-36　多目标控制的动态特性（电网电压不对称度 15%）

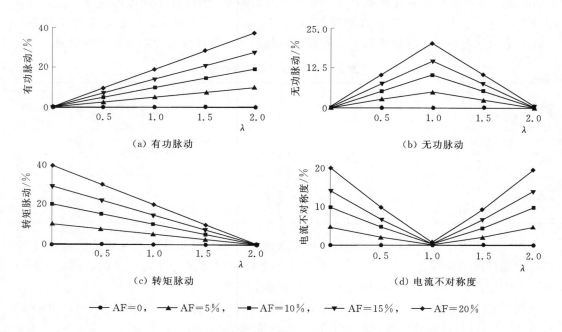

（a）有功脉动

（b）无功脉动

（c）转矩脉动

（d）电流不对称度

——●—— AF=0，　——▲—— AF=5%，　——■—— AF=10%，　——▼—— AF=15%，　——◆—— AF=20%

图 4-37　系统在各种工况和 λ 参数下的稳态特性

效果和理想电网条件下近乎一致，而此时，非控制目标量的脉动将会较大。由图中还可看

出，控制目标Ⅰ&Ⅱ和Ⅲ彼此相互排斥，有功脉动较小时，转矩脉动较大，两者折中时无功脉动却较大，因此三者脉动都较小的情况不可同时获得，但是通过调节 λ 的数值，可在不同控制目标之间取得一种折中，即控制目标Ⅳ。

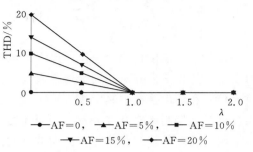

图 4-38 定子电流谐波分析

图 4-38 为定子电流的谐波分析。可以看到，当 λ≤1 时，各种不同工况下，定子电流的谐波畸变率（THD）随 λ 增加而减小，即定子电流波形愈发趋向正弦波；当 λ>1 时，定子电流的 THD 都较低，且和理想电网条件下定子电流的控制效果非常接近，这表明此时定子电流的正弦度已经非常高，但随着 λ 的取值增加，定子电流的三相不对称度逐渐增加（图 4-36 和图 4-37）。由此可知，电流的负序分量在时域波形上表现在两个方面，即波形的正弦度和波形的对称度，且当 λ=1 时，定子电流负序分量最低，波形质量达到最优。

上述方法能够用于 DFIG 的不对称低电压穿越控制，图 4-39 为电网电压发生 500ms 不对称电压跌落（AF=20%）时的低电压穿越过程。由图 4-39 可见，在电网电压故障发生 75ms 后，有功功率降额输出、并向电网注入无功功率 400kvar 以支撑电网；在电网电压恢复 75ms 后系统恢复有功功率输出，并实现单位功率因数。整个低电压过程中，双馈风力发电系统与电网保持连接，并为电网提供无功支撑，有效实现低电压穿越。

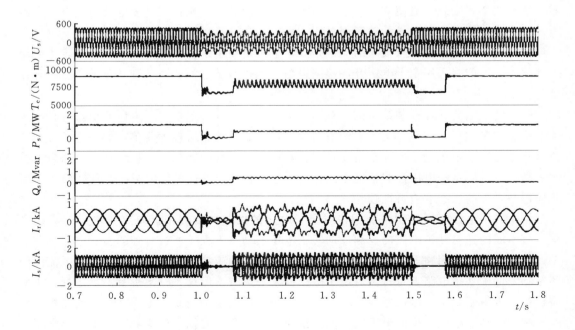

图 4-39 不对称低电压穿越控制的仿真结果（电网电压不对称度 20%，λ=0）

4.7　并网发电投切控制

在基于双馈电机的变速恒频风力发电系统中，尤其是在兆瓦级大功率的场合，双馈风力发电机的投切控制对其安全运行起到至关重要的作用。双馈风力发电机的投切控制包括投入控制和切出控制，其中投入控制包括双馈风力发电机的空载运行过程，这一过程与并网发电时的控制策略有较大差异。而在切出控制过程中，由于双馈风力发电机的定子仍然与电网相连，其控制策略与并网发电时的控制基本一致。

4.7.1　投切控制的要求

双馈风力发电机的投切控制要求在较小的电流甚至零电流的情况下使双馈风力发电机投入或切出电网，从而减小风力发电系统的投切过程对电网的冲击，使系统安全可靠地运行，同时也有效地延长发电系统的寿命，降低其运行和维护成本。就投入控制而言，基于双馈风力发电机的变速恒频风力发电机的投入控制与其他变速及定速风力发电机的投入控制有所不同，在基于双馈电机的变速恒频风力发电机中，双馈电机与电网之间为柔性连接，即在转子励磁变流器容量允许的范围内，双馈风力发电机定子电压的频率和幅值大小不依赖于其转子转速。正是这一特性使双馈风力发电机在其转速到达变流器容许的调速范围后，可以根据电网电压的需要实时改变转子励磁电流的频率、相位、相序等，从而使双馈风力发电机的定子电压跟随电网电压实现软投入的目的。而双馈风力发电机的切出过程是一个使其定子电流逐渐减小到零的过程，该过程中首先将转子电流中的转矩分量减小到零，然后调整其励磁电流使其定子电流为零，从而使双馈电机在定子零电流情况下从电网脱开，完成双馈风力发电机的软解列过程。

实现双馈风力发电机软投入的关键是双馈电机空载定子电压的控制，就空载定子电压控制而言，目前多采用定子电压开环控制策略，包括转子电流开环控制和转子电流闭环控制等。

（1）转子电流开环控制策略依据双馈电机的稳态方程，包括定子电压的稳态方程和转子电压的稳态方程，这一方案无需调节器设计，控制系统相对较为简单，但是这一方案的突出问题为：①定子电压的控制精度不仅受双馈电机参数的影响，而且受功率电路自身特性的影响，致使定子电压控制精度不高；②双馈电机转子回路的欠阻尼特性使得转子电流开环控制系统的动态响应特性较差。

（2）转子电流闭环控制系统中，对定子电压的控制的依据依然是定子电压的稳态方程，所不同的是对转子电流的控制依据转子电压的动态方程，通过合理的转子电流调节器设计起到改善转子回路振荡特性，进而改善系统动态响应特性的功能，而且转子电流的闭环控制降低了功率电路自身特性对定子电压控制的影响。但这一方案也有不足之处，主要表现在：①由于定子电压依然为开环控制，定子电压的稳态控制精度同样受双馈电机参数的影响；②转子电流中可能出现的直流偏量使得定子电压的幅值产生低频脉动，即定子电压中含有转速频率相关的谐波成分。

4.7.2 投入控制

双馈电机并网发电的投入过程包括空载控制过程、并网控制过程和功率追踪过程，如图4-40所示。

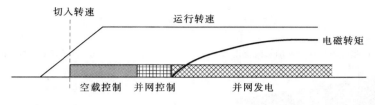

图4-40 双馈电机并网发电的投入过程

在空载控制过程中，控制的主要目的是使双馈电机的空载定子电压较好地跟随电网电压，以实现软并网。并网控制是在检测到双馈电机的定子电压满足并网条件的情况下，吸合双馈电机的定子接触器将其直接并入电网，双馈电机并入电网后通常需要保持一段时间，使双馈电机进入稳态。因为：一方面，由于双馈电机的并网模型中具有两个欠阻尼极点，且其振荡频率在电网频率附近，双馈电机空载定子电压波形与电网电压波形之间的任何不同都将会在双馈电机种产生一个电磁振荡过程；另一方面，双馈电机并网前后其转子电流控制环的被控对象将发生变化。基于这两方面的考虑，在双馈电机投入电网后通常需要稳定一段时间。

在双馈电机进入新的稳定状态后，需要将其发电功率或电磁转矩逐渐增加为所需要的量。采用逐渐增加的方式主要有两方面的考虑：①为减小对电网的冲击，发电机在并入电网后其有功功率以每秒钟10%额定功率的速度逐渐增大；②为减小对风力发电机齿轮箱、转轴等机械部件所受到的冲击，维持风力发电机的安全运行和确保其有效使用寿命。

4.7.3 切出控制

双馈电机的切出过程是投入过程的逆过程。投入过程的关键是对双馈电机的空载定子电压进行控制，而切出过程的关键是对双馈电机的定子电流进行控制。与投入过程类似，切出过程也可通过对定子电流进行闭环控制，使其逐渐减小为0，从而在零电流的情况下将双馈电机从电网切出，即完成双馈电机的软解列过程。

但因在某些情况下，切出控制的情况较为紧急，如电网故障需要紧急脱网，甚至某些情况下变流器已经失去了对双馈电机进行正常控制的能力，并且在双馈电机切出后通常不需要再维持其正常工作状态，甚至在切出后需要强迫电机去磁，以使其恢复到零电压状态，因此切出过程通常仅需要通过定子电流开环控制。首先将转子电流的转矩分量减小至0［图4-41（b）］，再通过转子电流励磁分量的调整［图4-41（b）］使定子电流减小为0［图4-41（c）、（d）］。

双馈电机的软切出过程如图4-41所示。图中软切出前双馈电机运行在1800r/min，额定转矩在$t=0.8s$时刻开始切出过程，到$t=1.8s$时定子电流减小为0，在$t=1.9s$时脱离电网。

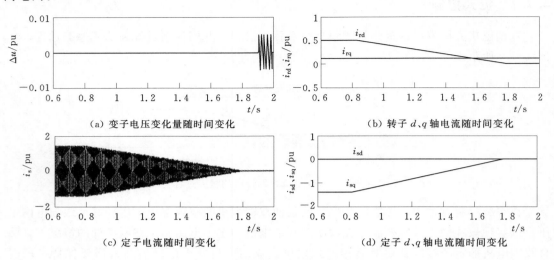

（a）变子电压变化量随时间变化

（b）转子 d、q 轴电流随时间变化

（c）定子电流随时间变化

（d）定子 d、q 轴电流随时间变化

图 4 - 41   双馈电机的软切出过程

第 5 章　无刷双馈异步风力发电机及其控制

双馈异步风力发电机是目前在风力发电系统中应用非常广泛的发电机型，比较适用于变速恒频风力发电系统。当风速变化引起转速变化时，通过控制转子电流的频率可实现变速恒频控制。由于流过变频器的功率只是由转速运行范围所决定的转差功率，所需双向变频器容量较小，因此整个系统的成本大大降低，此外还可方便地实现有功功率、无功功率的灵活控制。

但这种发电机的转子结构具有电刷、滑环，使系统的可靠性降低，导致大型风力发电系统的维修不方便。为了克服传统风力发电机的上述缺点，近年来出现了一种无刷双馈变速恒频风力发电系统。所用的发电机为新型无刷双馈风力发电机（Brushless Doubly-fed Generator，BDFG），其结构和运行机理与常规电机有较大不同。

无刷双馈电机最初源于串级感应电机，即将两台绕线式异步电机同轴连接，转子绕组反相序相接，通过调节第 2 台电机定子绕组所串联的电阻来调速。这种特殊结构使电机以较低速度运行，并且可以实现一定范围的平滑调速。后来有学者将这种电机结构不断进行改进，实现真正的无刷化。

无刷双馈发电机的定子上有两套极对数不同的绕组，分别为功率绕组和控制绕组，功率绕组（极对数多者）用于发电，直接接电网；控制绕组（极对数少者）用于交流励磁，可以通过变频器（一般为双向流通变频器）接电网。无刷双馈电机作为发电机运行时原理与交流励磁发电机类似，当原动机的转速发生变化时，调节控制绕组侧励磁电流的频率即可实现变速恒频发电，通过改变励磁电流的幅值和相位还可以实现有功功率和无功功率的调节。BDFG 的这种特性将传统同步发电机系统恒速运行的刚性连接变为柔性连接，可以很大程度上提高发电系统的可靠性。特别是在低转速风力和水力发电系统中，发电机的变速运行可以使发电系统运行在最优工况，最大程度利用风能和水能，提高整个发电系统的效率。

综上所述，无刷双馈风力发电机具有如下突出优点：

（1）无刷双馈风力发电机可以在转子转速发生变化的情况下，通过调节控制绕组的励磁电流频率来保持功率绕组的输出频率不变，从而实现变速恒频发电。

（2）由于变频器的功率仅占发电机总功率的一小部分，可大大降低变频器容量，从而降低变频系统的成本。

（3）取消了电刷和滑环，提高了系统运行的可靠性，适用于风力发电的某些恶劣工作环境。

（4）能量可以双向流动，提供了调节有功功率和无功功率的可能性。

（5）即使在变频器发生故障的情况下，发电机仍可以运行于普通感应电机的工作状态下。

（6）采用无刷双馈发电机的控制方案除了可实现发电机变速恒频控制，降低变频器的容量外，还可在矢量控制策略下实现有功功率、无功功率的灵活控制，对并网电网可起到无功补偿的作用。

5.1　无刷双馈电机的结构与基本原理

5.1.1　无刷双馈电机的基本结构

无刷双馈电机实际上是一类交流励磁异步化同步电机，是从两台绕线转子感应电机同轴串级连接演变而来的。这种由两台绕线转子感应电机同轴串级连接的结构首先由美国的 Steinmetz 和德国的 Gorges 分别于 1893 年和 1894 年独立提出的，其结构示意图如图 5-1 所示。后来，Hunt、Broadway 等人对这种结构进行了较大改进，进而将两台电机合二为一。

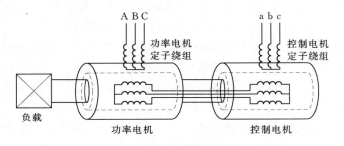

图 5-1　两台绕线转子异步电机同轴串级连接

图 5-2 为变速恒频无刷双馈风力发电系统的结构示意图，该系统主要包括风力机、齿轮增速箱和无刷双馈发电机（BDFG）。

这种发电机的转子所起的作用与传统的交流发电机不同，由于定子上的功率绕组和控制绕组的极数不同，而它们都是通过 BDFG 的转子来实现电耦合，因此 BDFG 的转子起到"极数转换器"的作用，这就要求 BDFG 的转子具有确定的极数。

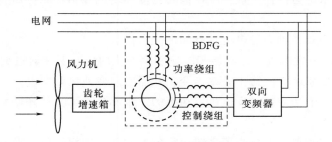

图 5-2　变速恒频无刷双馈风力发电系统的结构示意图

1. 定子结构

无刷双馈发电机的定子上有两套极数不同的绕组：①通常将用以承担主要功率传输的定子绕组称为功率绕组（Power Winding）或主绕组（Main Winding），它直接接入工频电网，用作电能输出；②用以控制发电机运行方式的定子绕组［称为控制绕组（Control Winding）或副绕组（Auxiliary Winding）］通过双向变频器与电网连接，用作交流励磁。一般功率绕组极数较多，控制绕组极数较少，这样作为电动机调速或作为发电机运行都能够降低变频器的容量。定子在设计时既要考虑在空间产生两种不同极对数磁场又要保证无刷双馈电机的定子功率绕组和控制绕组两套绕组不能有直接的电磁耦合。这就要求当某套组绕组通过电流时，其在另一套组绕组的出线端产生的合成感应电动势为零或出线端之间的线感应电动势为零，反之亦然。这样可以避免功率绕组和控制绕组端口通电时引起附加电流。此外定子绕组在选择线圈节距和线圈组排列时，需要同时考虑如何尽可能消除两种极对数下的有害谐波。

无刷双馈电机定子绕组有两种常用方案：

（1）两套定子绕组方案。在定子铁芯上分别安排两套两种不同极对数的绕组。

（2）单套绕组方案。无刷双馈电机的两套绕组共用一套绕组，通过合理排布使得电机定转子气隙中产生两种不同极数的旋转磁场。

两套定子绕组方案是无刷双馈电机在定子绕组设计中最为简单的一种方法，当定子功率绕组和控制绕组采用两套独立的绕组时，由于每套绕组各自线圈节距或排列方式均按照单套绕组设计原则，可以采用各自的分布和短距绕组，在设计时可以尽可能采取各自较高的绕组系数，以消除某些谐波的影响。这样的绕组设计具有较大的选择空间，两套绕组的设计方式具有较好的灵活性。但是，采用两套绕组方案时为了能够放置两套极对数绕组，有些槽中需要放置4层绕组，有些槽放置2层绕组。这样槽的利用率低，从而导致电机的有效材料利用率降低。

采用单套绕组方案时，虽然可以大大提高电机槽的利用率，从而提高电机铁芯材料的有效利用率，但是单套绕组方案要兼顾功率绕组和控制绕组各自的性能，不易兼顾到两套绕组的最优绕组系数。另外要求单套绕组在排布后功率绕组和控制绕组要满足正交性，从而限制了绕组设计的灵活性，往往需要对比多个方案，折中选择最优。另外，绕组节距的选取也要受到限制。

单绕组方案已在单绕组多速电机中得到了成功的应用，即采用同一套绕组经不同的出线端供电以产生出不同极对数磁场的方案。通常为使一套定子绕组采用两套电源供电时能够产生两种不同极对数的磁场并能保持两磁场激励源互相独立，需要对定子绕组的构成做出特殊的安排。对于采用单套绕组无刷双馈电机来说，一般一套定子绕组应有6个出线端，分别为功率绕组（接电网）和控制绕组（接变频器）端口。当两个端口同时供电时，会产生两个独立的、不同极对数的旋转磁场。在设计时需要保证两套供电电源互相之间不产生干扰。

无刷双馈电机在运行时，一般将多数极作为功率绕组，以降低控制绕组的电流，这样功率绕组的节距较小而控制绕组的节距较大，为嵌线方便，一般将控制绕组置于槽底，将功率绕组置于槽顶，但是这样会对散热产生不利影响。

2. 转子结构

无刷双馈电机的转子是最重要的部分，它耦合极对数不同的定子功率绕组和控制绕组，直接影响电机的功率密度和运行性能，也就是说极对数不同的定子主、副绕组通过转子绕组来实现电磁能量传递。目前转子结构磁场调制机理有：①笼型或绕线型转子的磁势谐波调制；②磁阻型转子的磁导谐波调制。不同转子结构的无刷双馈电机在性能上有很大差别，这里介绍目前普通的无刷双馈电机转子结构。

转子的结构形式很多，比较有代表性的有如下 4 种：

（1）磁阻式结构。磁阻式结构分为普通凸极磁阻转子、带磁障的磁阻转子和各向异性轴向叠片（ALA）磁阻转子，如图 5-3 所示。

　　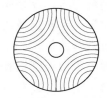

（a）普通凸极磁阻转子　　　　（b）带磁障的磁阻转子　　　　（c）轴向叠片（ALA）磁阻转子

图 5-3　常用磁阻型转子结构示意图

磁阻式结构转子具有较明显凸极转子个数，一共形成 p_r 个凸极磁阻磁极，即

$$p_r = p_p \pm p_c \tag{5-1}$$

式中　p_p——无刷双馈电机定子功率绕组的极对数；

　　　p_c——无刷双馈电机定子控制绕组的极对数。

磁阻式结构中的凸极磁阻转子，其定子、转子之间气隙不均匀。尤其以轴向叠片各向异性（简称 ALA）转子的耦合作用最强。

（2）笼型绕组结构。笼型绕组结构与鼠笼型异步电机转子类似，如图 5-4 所示，定子、转子之间气隙均匀，但其笼条之间连接为 p_r 组同心圈结构（$p_r = p_p + p_c$），笼条端部连接可以采用各回路独立的连接形式，也可以采用公共导条的连接形式。

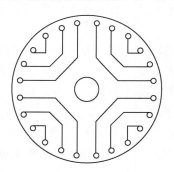　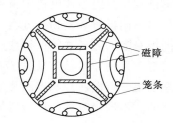

图 5-4　特殊笼型绕组转子　　　图 5-5　混合型转子结构示意图
　　　结构示意图

（3）笼型和磁阻转子的混合结构。笼型转子易于制造但运行性能不够理想，ALA 磁阻转子运行性能好但转子难以制造，混合转子在笼型转子结构上设置适当磁障，工艺上复杂程度增加不多，但提高了笼型转子的磁场调制功能，兼具笼型和磁阻转子特点，如图 5-5 所示。

（4）绕线型转子结构。这种新型绕线型转子结构设计灵活，是目前最有研究价值和应用前景的转子结构。上述3种结构转子无刷双馈电机中，磁阻型由于依靠转子气隙磁导调制，其电机容量不易做大，应用前景有限。笼型绕组存在谐波含量大，运行性能不理想问题，目前也达不到工业应用水平。绕线型转子的设计均能设计出较好的转子结构，其中变极法和齿谐波法尤为特殊，不仅设计灵活，而且能有效降低转子中的无用谐波，提高导体利用率，使电机的效率提高、体积减小、容量增大。

前3种类型转子结构中转子极对数的选择与定子绕组的极对数有关。电机转子极对数由式（5-1）计算。

当转子极对数 $p_r = p_p + p_c$ 时称为"和调制"；$p_r = p_p - p_c$ 时称为"差调制"。一般 $p_p > p_c$。采用"差调制"的等效极对数较少，电机自然同步转速较高，两种极对数的定子绕组电流产生的电磁转矩方向相反，电机的启动转矩较小，整个电机的电磁功率为定子两种极对数绕组提供的电磁功率之差；采用"和调制"时，等效极对数较多，电机自然同步速转速较低，整个电机的电磁功率为定子两种极对数绕组提供的电磁功率之和。由于"和调制"下的电机具有较好的特性，比较适合低速风力或水力发电，所以通常采用"和调制"方式。

采用绕线型结构转子仍采用三相绕组，其特殊排布使转子绕组具有两种不同极对数，分别与定子绕组 p_p 对极和 p_c 对极相耦合。可以把转子绕组看成两套反相序相接的绕组，因此不存在转子单一极对数概念。

5.1.2 无刷双馈电机的运行原理

无刷双馈电机源于感应电机的串级连接，从运行特点上来说，无刷双馈电机不仅可以有效降低变频装置的容量和电压等级，而且可以方便地实现异步、同步、双馈和变速恒频发电等多种运行方式。

无刷双馈电机是由串级异步电动机组发展而来。所谓两台电机级联，就是将两台绕线型电机的同轴互相连接，这种级联系统的结构如图5-6所示。从结构简图可以看出，这种串级异步电机系统从第一台电机的定子方输入电功率，通过转子传递给第二台电机的原边，第二台电机的副边绕组（即其定子绕组）通过外接电阻短接。这样就省去了滑环，该系统通过改变外接电阻大小就可以改变电机转速。下面详细分析原型的运行原理。

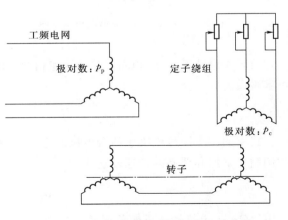

图 5-6 无刷双馈电机的原型电机示意图

在分析中，忽略两台电机的损耗，如果第一台电机的定子输入的电功率是 P_1，当运行于某一转速时两台电机的转差率分别是 s_p 和 s_c，可以得到第一台电机的机械功率为

$$P_{wp} = (1 - s_p) P_1 \qquad (5-2)$$

忽略电机的其他损耗，$s_p P_1$ 就成为第一台电机通过转子传给第二台电机的电功率，由于第二台电机的功率来源于它的转子，第二台电机的转子按变压器原理为原边，而第二台电机的定子为副边。第二台电机轴上产生的机械功率为

$$P_{wc} = (1 - s_c) s_p P_1 \tag{5-3}$$

整个级联系统轴上的输出机械功率为

$$P = P_{wp} + P_{wc} = (1 - s_p s_c) P_1 \tag{5-4}$$

式（5-4）的 $s_p s_c P_1$ 就是第二台电机定子外接电阻上消耗的电功率。如果改变第二台电机副边电阻的阻值，则消耗在其上的功率 $s_p s_c P_1$ 将发生变化。在 P_1 一定的前提下，$s_p s_c$ 将发生变化，即等效滑差率 $s = s_p s_c$ 发生变化，相应的第二台电机的副边电流频率也会随之变化。因此，如果能够改变第二台电机副边的电流频率，就可以反过来改变电机的转速。无刷双馈电机即用变频器来替代原理电机中的外接电阻，通过对第二台副变电流频率的调节来改变整个等效滑差率，如图 5-7 所示。

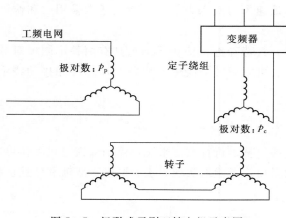

图 5-7　级联式无刷双馈电机示意图

下面仍以无刷双馈电机电动运行为例，分析这种电机怎样通过调节变频器的频率来达到调速的目的。

假定转子电流频率为 f_r，第一台电机的定子电流频率是 f_p，第二台电机的定子电流频率是 f_c，则电机的转速为

$$n_p = \frac{60(f_p \pm f_r)}{p_p} \tag{5-5}$$

第二台电机的转子转速为

$$n_c = \frac{60(f_c \pm f_r)}{p_c} \tag{5-6}$$

因为两台电机机械同轴，电路相连，故转子电流频率 f_r 相同，转子转速相同。即 $n_r = n_p = n_c$。由式（5-5）式（5-6）可求得转速为

$$n_r = \frac{60(f_p \pm f_c)}{p_p \pm p_c} \tag{5-7}$$

式中的"±"号取决于两台电机的定子、转子相对相序。一般采用反相序接法，称为和调制。采用和调制的转速表达式为

$$\Omega = \frac{\omega_p + \omega_c}{p_p + p_c} \tag{5-8}$$

式中　Ω——电机转子机械角速度；

　　　ω_p——定子功率绕组旋转磁场角速度；

　　　ω_c——定子控制绕组旋转磁场角速度。

无刷双馈发电机运行如图 5-8 所示。原动机拖动无刷双馈发电机转子以转速 n_r 旋转。两套定子绕组功率绕组和控制绕组之间没有直接电磁耦合，转子经特殊设计实现两套定子绕组之间能量传递的中介作用。

无刷双馈电机作为发电机运行时，原动机提供机械功率输入，当转速较低时可以由控制绕组端提供一部分能量，保证功率绕组端电压恒定。原动机转速较高时，可由功率绕组端和控制绕组端同时向电网馈能，这种特性特别适合风力发电等场合。

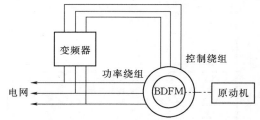

图 5-8 无刷双馈发电机系统示意图

5.1.3 无刷双馈电机的运行方式

无刷双馈电机的运行情况相当于一台 $p_p + p_c$ 对极绕线转子感应电机，其功率绕组和控制绕组分别相当于绕线型感应电机的定子绕组和转子绕组。这种电机具有自启动能力，可实现异步运行、同步运行和双馈调速等多种运行方式；当作为发电机运行时，可实现变速恒频恒压发电。

1. 异步运行方式

无刷双馈电机异步运行时，功率绕组接工频电源，控制绕组接三相对称电阻，调节电阻的大小就可以在一定的范围内调节电机的转矩—转速特性。BDFM 与传统绕线式电机相比没有电刷，可维护性大大提高，适用范围进一步扩大。在负载转矩一定时，可通过改变串接电阻的大小来实现串电阻调速，接线图如图 5-9 所示。

2. 同步运行方式

在同步运行方式下，定子侧功率绕组直接接工频电源，而控制绕组短接或串接电阻，电机将进行异步自启动。当电机转速接近同步转速时，将 Y 接的控制绕组改为两并一串的型式接于直流电源，电机就从异步运行方式过渡到同步运行方式，稳定地运行于同步转速。

通过改变控制绕组中直流电流，就可以改变功率绕组的无功功率，从而改善电机的功率因数。励磁绕组放在定子上从而实现无刷励磁，接线图如图 5-10 所示。

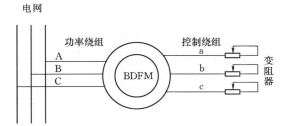

图 5-9 异步运行方式接线图

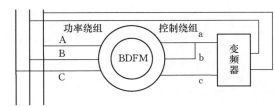

图 5-10 同步运行方式接线图

3. 双馈运行方式

无刷双馈电机双馈运行时，功率绕组接工频电源，控制绕组接变频器，通过改变变频器的输出频率 f_c 即可调节转速。改变控制绕组通电相序可以实现电机的亚同步和超同步运行，接线图如图 5-11 所示。

4. 发电运行方式

当无刷双馈电机作发电机运行时，控制绕组通常作为励磁绕组，定子侧功率绕组作为

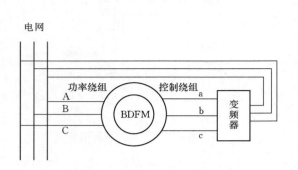

图 5-11　双馈运行方式接线图

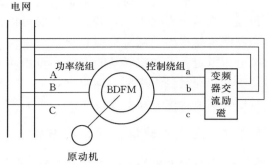

图 5-12　发电运行方式示意图

发电绕组。图 5-12 为发电运行方式的示意图。由于励磁绕组放置在定子上，其变速恒频恒压控制是在无刷情况下完成，所以相比交流励磁双馈发电机（有刷），其运行更加可靠。另外采用和调制后，转子转速较低，适合低速的风力发电场合。

在发电运行方式下，功率绕组频率为

$$f_p = \frac{n_r(p_p + p_c)}{60} \pm f_c \qquad (5-9)$$

由式（5-9）可知，对风力发电系统，当风速发生变化，导致原动机转速 n 发生变化时，控制变频器频率 f_c 即可使功率绕组输出频率 f_p 保持不变，从而实现变速恒频发电。

当控制绕组侧电流频率 $f_c = 0$ 时，由式（5-9）整理可得

$$n_r = \frac{60 f_p}{p_p + p_c} = n_0 \qquad (5-10)$$

将此时的转速 n_r 称为 BDFG 的同步转速 n_0。

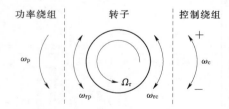

图 5-13　无刷双馈发电机
内部旋转磁场之间的关系

当发电机的实际转速 n_r 高于同步转速 n_0 时，式（5-9）中的等号右端取负号，发电机为超同步运行方式，此时控制绕组励磁电流相序与发电机转向相反；反之，当发电机的实际转速 n_r 低于同步转速 n_0 时，式（5-9）中的等号右端取正号，发电机为亚同步运行方式，此时控制绕组励磁电流相序与发电机转向相同。图 5-13 给出了各旋转磁场之间的作用关系（图中假设逆时针旋转方向为正向）。

图中，Ω_r 为发电机转子旋转角速度，ω_p 为功率绕组频率对应的角速度，ω_c 为控制绕组频率对应的角速度，ω_{rp} 为功率绕组相对于转子绕组的角速度，ω_{rc} 为控制绕组相对于转子绕组的角速度。

由式（5-9）可知，当发电机转速 n_r 发生变化时，由于控制绕组的存在，只需要适当调整控制绕组的输入励磁电流频率，即可使发电机的输出频率保持恒定，从而实现变速恒频发电，这正是 BDFG 用于变速恒频风力发电的优势所在。

5.2 无刷双馈电机的运行区域分析及能量传递关系

5.2.1 3个同步转速与3个转差率

无刷双馈电机具有 3 个同步转速，即功率绕组电流产生的旋转磁场同步转速 n_p、控制绕组电流产生的旋转磁场同步转速 n_c 以及转子同步转速 n_0。由此再根据普通感应发电机的转差率定义可得到 BDFG 的 3 个转差率。

（1）转子绕组相对于功率绕组旋转磁场的转差率 s_p。

$$s_p = \frac{n_p - n_r}{n_p} = \frac{p_c f_p \pm p_p f_c}{f_p(p_p + p_c)} \qquad (5-11)$$

（2）转子绕组相对于控制绕组旋转磁场的转差率 s_c。

$$s_c = \frac{n_c - n_r}{n_c} = \frac{p_c f_c \pm p_p f_c}{f_c(p_p + p_c)} \qquad (5-12)$$

（3）控制绕组旋转磁场相对于功率绕组旋转磁场的转差率 s。

该转差率也是 BDFG 的整体等效转差率，沿用普通感应发电机转差率的定义，BDFG 的等效转差率为发电机转速相对于同步转速的转差率，即

$$s = \frac{n_0 - n_r}{n_0} = \frac{s_p}{s_c} = \pm \frac{f_c}{f_p} = \pm \frac{\omega_c}{\omega_p} \qquad (5-13)$$

式（5-11）~式（5-13）中，当 BDFG 为亚同步运行方式时，式中等号右端取正号；为超同步运行方式时，式中等号右端取负号。

5.2.2 电压方程与等效电路

为了推导无刷双馈电机运行能量传递关系，无刷双馈电机在 dq 坐标系下的等效电路如图 5-12 所示。在图 5-14 中，采用频率折合数据，转子侧参数；定子侧控制绕组参数均折算为与功率绕组相同频率电流时的参数。

电压方程以复数形式表示为

$$
\begin{cases}
\dot{U}_p = (r_p + jX_p)\dot{I}_p + jX_{pr}\dot{I}_r \\
\dfrac{\dot{U}_c}{s} = \left(\dfrac{r_c}{s} + jX_c\right)\dot{I}_c - jX_{cr}\dot{I}_r \\
0 = jX_{pr}\dot{I}_p - jX_{cr}\dot{I}_c + \left(\dfrac{r'_r}{s_p} + jX_r\right)\dot{I}_r
\end{cases}
$$

$$(5-14)$$

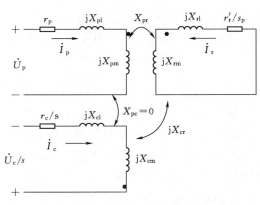

图 5-14 无刷双馈电机在 dq 坐标系下的等效电路

其中
$$X_p = X_{pl} + X_{pm}$$
$$X_c = X_{cl} + X_{cm}$$
$$X_r = X_{rl} + X_{rm}$$

$$r'_r = \frac{p_r}{3} r_r$$

5.2.3　功率关系

BDFG 的功率绕组和控制绕组提供的转差功率分别表示为 P_{sp} 和 P_{sc}，根据功率平衡关系以及转差功率和电磁功率之间的关系，可得 BDFG 功率绕组和控制绕组提供的电磁功率 P_{ep} 和 P_{ec} 分别为

$$\begin{cases} P_{ep} = \dfrac{P_{sp}}{s_p} \\ P_{ec} = \dfrac{P_{sc}}{s_c} = -\dfrac{P_{sp}}{s_c} = -\dfrac{s_p}{s_c} P_{ep} \end{cases} \tag{5-15}$$

根据电磁功率和机械功率之间的关系，可得 BDFG 功率绕组和控制绕组产生的机械功率 P_{mp} 和 P_{mc} 分别为

$$\begin{cases} P_{mp} = (1-s_p) P_{ep} \\ P_{mc} = (1-s_c) P_{ec} = \left(1 - \dfrac{1}{s_c}\right) s_p P_{ep} \end{cases} \tag{5-16}$$

综上所述，若均以功率绕组提供的电磁功率 P_{ep} 来表示各个功率关系，则功率绕组侧的功率表达式为

$$\begin{cases} P_{sp} = s_p P_{ep} \\ P_{mp} = (1-s_p) P_{ep} \end{cases} \tag{5-17}$$

控制绕组侧的功率表达式为

$$\begin{cases} P_{ec} = -\dfrac{s_p}{s_c} P_{ep} \\ P_{sc} = -s_p P_{ep} \\ P_{mc} = \left(1 - \dfrac{1}{s_c}\right) s_p P_{ep} \end{cases} \tag{5-18}$$

5.2.4　BDFG 在不同运行区域内的能量传递关系

当 BDFG 亚同步运行时，$0 < n_r < n_0$，此时控制绕组的磁场旋转方向与功率绕组相同，即 $n_c < 0$；当 BDFG 超同步运行时，$n_r > n_0$，此时控制绕组的磁场旋转方向与功率绕组相反，即 $n_c > 0$。显然，当 BDFG 运行于同步转速时，$n_r = n_0$ 是发电机运行的一个临界点。

由式（5-10）可得

$$n_0 = \frac{60 f_p}{p_p + p_c} = \frac{p_p n_p}{p_p + p_c} \tag{5-19}$$

由式（5-19）可以看出 $n_p > n_0$。当 $n_r = n_p$ 时，功率绕组的磁场无法在转子上产生感应电动势，即无法实现能量转换，因此该点也是发电机运行的一个临界点。

根据这两个临界点可将 BDFG 的运行区域分为以下四个区间，具体分析 BDFG 在不同运行区域内的能量传递关系如下，其功率流向示意图如图 5-15 所示。

1. BDFG 运行于亚同步转速（$0 < n_r < n_0$，$n_c < 0$）

根据 3 个转差率的定义可得，$0 < s_p < 1$，$s_c > 1$，$1 < s < 1$。再由功率绕组侧和控制绕组侧的功率关系可得，当 BDFG 运行于亚同步发电状态时，有

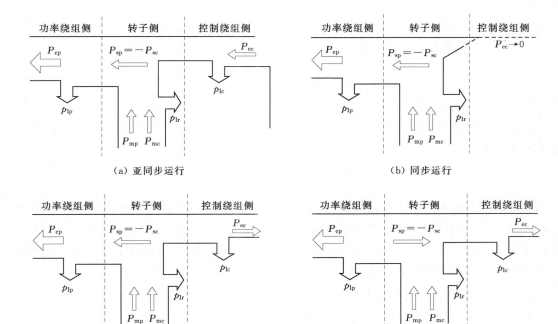

图 5-15 无刷双馈电机在发电机状态下的功率流向示意图

$$P_{ep}<0, \qquad P_{sp}<0, \qquad P_{mp}<0$$
$$P_{ec}>0, \qquad P_{sc}>0, \qquad P_{mc}<0$$

由此可以看出，BDFG 的功率绕组和控制绕组吸收的机械功率 P_{mp} 和 P_{mc} 以及控制绕组通过变频器从电网吸收的电磁功率 P_{ec} 除去各种损耗后，都转化为功率绕组侧的电磁功率 P_{ep} 输送给电网，其功率流向如图 5-15（a）所示。其中，p_{1p} 为功率绕组侧铜损耗与铁损耗之和，p_{1c} 为控制绕组侧铜损耗与铁损耗之和，p_{1r} 为转子侧铜损耗、铁损耗、机械损耗以及附加损耗之和。

2. BDFG 运行于同步转速（$n_r=n_0$，$n_c=0$）

根据 3 个转差率的定义可得，$0<s_p<1$，$s_c\rightarrow-\infty$，$s=0$。再由功率绕组侧和控制绕组侧的功率关系可得，当 BDFG 运行于同步发电状态时，有

$$P_{ep}<0, \qquad P_{sp}<0, \qquad P_{mp}<0$$
$$P_{ec}\rightarrow0, \qquad P_{sc}>0, \qquad P_{mc}<0$$

此时，只有功率绕组和控制绕组吸收的机械功率 P_{mp} 和 P_{mc} 除去各种损耗后转化为功率绕组侧的电磁功率 P_{ep} 输送给电网，而控制绕组通过变频器从电网吸收的电磁功率 P_{ec} 基本为零，其功率流向如图 5-15（b）所示。

3. BDFG 运行于超同步转速（$n_r>n_0$，$n_c>0$），且 $n_r<n_p$

根据转差率 s_p 和 s 的定义可得，$0<s_p<1$，$s<0$。

整理可得

$$n_c = \frac{(p_p + p_c)n_r - p_p n_p}{p_c} \qquad (5-20)$$

由式（5-20）可进一步得到

$$n_c - n_r = \frac{p_p(n_r - n_p)}{p_c} \qquad (5-21)$$

显然，当 $n_r < n_p$ 时，$n_c - n_r < 0$，即 $n_c < n_r$，则有 $s_c < 0$。

再由功率绕组侧和控制绕组侧的功率关系可得，当 BDFG 运行于超同步发电状态且 $n_r < n_p$ 时，有

$$P_{ep} < 0, \qquad P_{sp} < 0, \qquad P_{mp} < 0$$
$$P_{ec} < 0, \qquad P_{sc} > 0, \qquad P_{mc} < 0$$

可以看出，功率绕组吸收的机械功率 P_{mp} 除去相关损耗后转化为功率绕组侧的电磁功率输送给电网，而控制绕组吸收的机械功率 P_{mc} 除去相关损耗后，一部分转化为功率绕组侧的电磁功率输送给电网，另一部分则转化为控制绕组侧的电磁功率 P_{ec} 通过变频器向电网回馈电能，其功率流向如图 5-15（c）所示。

4. BDFG 运行于超同步转速（$n_r > n_0$，$n_c > 0$），且 $n_r > n_p$

根据转差率 s_p 和 s 的定义可得，$s_p < 0$，$s < 0$。

由式（5-21）可知，当 $n_r > n_p$ 时，$n_c - n_r > 0$，即 $n_c > n_r$，则有 $0 < s_c < 1$。

再由功率绕组侧和控制绕组侧的功率关系可得，当 BDFG 运行于超同步发电状态且 $n_r > n_p$ 时，有

$$P_{ep} < 0, \qquad P_{sp} > 0, \qquad P_{mp} < 0$$
$$P_{ec} < 0, \qquad P_{sc} < 0, \qquad P_{mc} < 0$$

显然，功率绕组吸收的机械功率 P_{mp} 除去相关损耗后，一部分转化成为功率绕组侧的电磁功率 P_{ep} 输送给电网，而另一部分则与控制绕组吸收的机械功率 P_{mc} 除去相关损耗后都转化为控制绕组侧的电磁功率 P_{ec} 通过变频器向电网回馈电能，其功率流向如图 5-15（d）所示。

由上面的分析可以看出：无刷双馈电机运行在低速区发电状态时，控制绕组通过变频器从电源吸收能量，合并转轴机械功率一并由功率绕组端输出；运行在中速区和高速区电动状态时，转轴机械功率通过功率绕组和控制绕组同时向电网馈电。

5.3　无刷双馈发电机的控制

无刷双馈电机具有很多应用上的优点，但由于其复杂的定转子磁场关系，其作为电动机或发电机的控制策略的难度也要远远高于普通异步电机。目前对无刷双馈电机控制的研究大多集中在电动机调速控制策略方面，另外对无刷双馈发电机并网发电的控制策略也有一定研究。20 世纪 80 年代末到 90 年代初，Alan K、Wallace Rene Spee、Ruqi Li 等人推导出笼型无刷双馈电机动态数学模型和两轴数学模型，为 BDFM 的动态仿真和控制性能的优化提供了坚实的基础。随后各种方法如标量控制、磁场定向控制、直接转矩控制、模型参数自适应控制等都被广泛应用于无刷双馈电机控制。

5.3.1 作为发电机运行时的控制策略

BDFM 作为发电机运行其控制策略与电动机运行有一定差别，由于无刷双馈电机应用于风力、小水力变速恒频发电的优越性能，使得 BDFM 发电运行控制策略也是目前的研究热点。

关于无刷双馈风力发电机的控制技术，国内外学者所研究的热点问题之一是如何实现最大功率跟踪，以实现最大风能捕获、提高发电效率。为达到这一目标，目前主要采用磁场定向的矢量变换控制技术对无刷双馈发电机的有功功率和无功功率进行解耦，通过独立控制有功功率和无功功率来实现最大功率跟踪。文献［51］基于无刷双馈发电机的转子速模型，采用矢量变换控制技术设计了一套新型功率控制方案，将功率绕组的有功功率 P 和无功功率 Q 作为控制目标，通过解耦可实现对有功功率和无功功率的独立控制。文献［52］则基于无刷双馈发电机的双同步坐标模型对这种功率控制方法进行了研究。但这种基于矢量控制的方法需要进行坐标变换，计算量大，且易受发电机参数变化的影响，大大降低了系统的鲁棒性。

在风力发电领域中，直接转矩控制技术及其变频器产品主要应用于永磁同步发电机系统和有刷双馈发电机系统。文献［53］采用直接转矩控制方法对有刷双馈风力感应发电机的转矩和无功功率进行独立控制，并利用参考值和反馈量的差值直接计算出作用于转子绕组上的电压。文献［54］则针对风力发电系统有刷双馈感应发电机，采用直接转矩控制方法控制发电机的有功功率和无功功率，从而实现最大功率跟踪。文献［55］将改进后的直接转矩控制应用于 1.7MW 有刷双馈风力感应发电机转子侧变频器的控制中。ABB 公司已针对有刷双馈风力发电机推出了基于直接转矩控制的变频器产品。在此基础上，近年来一些学者正尝试将直接转矩控制技术运用于变速恒频无刷双馈风力发电机的控制中，文献［56］等即采用直接转矩控制方法来实现无刷双馈风力发电机的最大功率跟踪控制。这些文献的控制思路基本一致，下面对此作一简要介绍。

无刷双馈发电机的电磁转矩方程可表示为

$$T_e = \frac{3(p_p + p_c)L_p}{2(L_p L_c - M_{pc}^2)} |\psi_p| |\psi_c| \sin\theta \tag{5-22}$$

式中 p_p、p_c——功率绕组和控制绕组的极对数；

  L_p、L_c——功率绕组和控制绕组的自感；

  ψ_p、ψ_c——功率绕组和控制绕组的磁链矢量；

  M_{pc}——两套定子绕组之间的互感；

  θ——磁链矢量 ψ_p 和 ψ_c 之间的夹角。

功率绕组的磁链方程为

$$\psi_p = \int (u_p - R_p i_p) \mathrm{d}t \tag{5-23}$$

式中 u_p——功率绕组的电压矢量；

  i_p——功率绕组的电流矢量；

  R_p——功率绕组的电阻。

由于功率绕组电阻压降 $R_p i_p$ 对功率绕组电压的影响很小，可忽略不计，而功率绕组作为电能输出端，要求其输出为恒频恒压，即电压 u_p 的幅值和频率保持不变，因此可以认为功率绕组磁链 ψ_p 的幅值和旋转速度基本恒定。由式（5-22）可知，基于直接转矩控制思想，可保持控制绕组磁链的幅值不变，通过控制施加于控制绕组的电压矢量 $\dot{U}_{ck}$（k 为矢量个数，$k=1, 2, \cdots, 6$）来控制 ψ_c 的旋转速度和方向，以改变两套定子绕组的磁链矢量夹角 θ，从而达到控制转矩的目的。

近期，还有学者针对无刷双馈电机提出了一种类似于直接转矩控制的直接功率控制方法。该方法根据功率绕组有功功率和无功功率的误差信号以及控制绕组磁链所在扇区的信息来重新制作开关电压矢量选择表，从而达到独立控制无刷双馈电机有功功率和无功功率的目的。这也是实现无刷双馈风力发电机最大功率跟踪控制的一种方法。

本书将重点介绍无刷双馈发电机的标量控制和矢量解耦控制。

5.3.2　单机发电运行数学模型

无刷双馈发电机带负载时的模型如图 5-16 所示。运行时，假定三相负载对称，负载阻抗 $Z_L=R_L+jX_L$，其中 $X_L=2\pi f_p L_L$，按照发电机惯例，图中所表示均为电压和电流正方向。

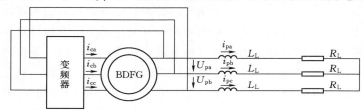

图 5-16　无刷双馈发电机带负载时的模型

1. 电压源模型

如果控制绕组侧变频器是电压源型逆变器，则可控量为变频器输出交流电电压和频率。采用坐标交换，无刷双馈发电机在转子速 $dq0$ 坐标系上电压方程变为

$$
\begin{bmatrix} u_{qp} \\ u_{dp} \\ u_{qc} \\ u_{dc} \\ u_{qr} \\ u_{dr} \end{bmatrix} = \begin{bmatrix} -r_p-r_L+pL'_{sp} & p_p\omega_r L'_{sp} & 0 & 0 & pM_{pr} & p_p\omega_r M_{pr} \\ -p_p\omega_r L'_{sp} & -r_L-r_p+pL'_{sp} & 0 & 0 & -p_p\omega_r M_{pr} & pM_{pr} \\ 0 & 0 & r_c+pL_{sc} & p_c\omega_r L_{sc} & -pM_{cr} & p_c\omega_r M_{cr} \\ 0 & 0 & -p_c\omega_r L_{sc} & r_c+pL_{sc} & p_c\omega_r M_{cr} & pM_{cr} \\ pM_p & 0 & -pM_c & 0 & r_r+pL_r & 0 \\ 0 & pM_p & 0 & pM_{cr} & 0 & r_r+pL_r \end{bmatrix} \begin{bmatrix} i_{qp} \\ i_{dp} \\ i_{qc} \\ i_{dc} \\ i_{qr} \\ i_{dr} \end{bmatrix}
$$

$$(5-24)$$

式中　　p_p、r_p、L_{sp}、M_{pr}——功率绕组的极对数、电阻、自感和功率绕组与转子的互感，L'_{sp} 为折算后的量；

　　　　p_c、r_c、L_{sc}、M_{cr}——控制绕组的极对数、电阻、自感和控制绕组与转子的互感；

　　　　r_r、L_r、ω_r——转子电阻、自感、机械角速度；

u_{qp}、u_{dp}、u_{qc}、u_{dc}、u_{qr}、u_{dr}——各绕组电压的 dq 轴瞬时分量，下标 s、r 表示定子侧和转子侧，$u_{qp}=u_{dp}=u_{qr}=u_{dr}=0$；

i_{qp}、i_{dp}、i_{qc}、i_{dc}、i_{qr}、i_{dr}——各绕组电流的 dq 轴瞬时分量；

p——微分算子。

式（5-24）是在已知负载阻抗大小情况下推导无刷双馈发电机模型，该模型适合仿真运算推导无刷双馈发电机运行规律。

2. 电流源模型

如果控制绕组侧变频器是电流源型逆变器，则可控量为变频器输出交流电电流和频率。电流源控制模型相比电压源模型更为简单，其控制动态响应更快。如果已知控制绕组电流可控，去掉控制绕组电压方程，转子 dq 坐标系下电压方程变为

$$\begin{bmatrix} u_{qp} \\ u_{dp} \\ M_{cr}pi_{qc} \\ -M_{cr}pi_{dc} \end{bmatrix} = \begin{bmatrix} -r_p+pL_{sp} & p_p\omega_rL_{sp} & pM_{pr} & p_p\omega_rM_{pr} \\ -p_p\omega_rL_{sp} & -r_p+pL_{sp} & -p_p\omega_rM_{pr} & pM_{pr} \\ pM_{pr} & 0 & r_r+pL_r & 0 \\ 0 & pM_{pr} & 0 & r_r+pL_r \end{bmatrix} \begin{bmatrix} i_{qp} \\ i_{dp} \\ i_{qr} \\ i_{dr} \end{bmatrix} \tag{5-25}$$

相比式（5-24），方程组得到进一步简化。在该式中关键要求控制绕组电流的微分项，在仿真模型中可以直接利用 Simulink 的微分计算，在实际控制系统中可以求解控制绕组电流增量。

5.3.3 标量控制

无刷双馈电机由于其本身的特殊性存在两套定子绕组，转子绕组与两套定子绕组均有磁场耦合，其电机结构、磁场耦合关系复杂，控制方法也复杂。无论是做发电机还是做电动机运行，由于只有控制绕组可控，而功率绕组不可控，导致其控制策略和方法与传统的感应电动机的控制策略和方法有所不同。另外无刷双馈电机的参数，特别是定、转子绕组互感与普通异步电机相比不易准确估算。目前，针对无刷双馈电机参数估算的方法主要有理论计算方法和基于实验和理论计算结合的方法，这些方法都只能是近似计算，且给电机控制带来很多不利影响。

借鉴目前 BDFM 作为电动机运行的一些控制策略，结合无刷双馈电机单机发电模型以及无刷双馈单机发电的各种闭环控制方法，提出了一种基于转子电流测量的控制模型。

1. 标量控制策略

当无刷双馈电机工作在发电模式时，控制对象不再是电机转速，而是功率绕组端发电电压和频率。在发电运行方式下，电机由原动机拖动（如风力机构），系统转速给定可测。根据无刷双馈电机运行规律，通过改变控制绕组励磁电流的幅值和频率 f_c 即可实现对功率绕组发电电压幅值、频率的控制。对于所测定的速度，由给定的电机转速 n_r 和频率换算关系式 $f_r = \dfrac{f_p \pm f_c}{p_p+p_c}$ 即可以得到控制绕组的电压频率

$$f_c = \frac{f_p-(p_p+p_c)n_r}{60} \tag{5-26}$$

图 5-17 是一种采用商用交—直—交变频器的单机发电标量控制策略。该系统运行时主要扰动量为负载波动，为保证调节的快速性，采用电流源型逆变器，电压和电流双环调节。图中 U_{pm}^* 和 U_{pm} 为功率绕组电压给定值和实际值，ΔI_c^* 为通过 U_{pm} 计算出的输入 PI 控制器的控制绕组电流给定值，I_c^* 为输入变频器的控制绕组电流给定值。

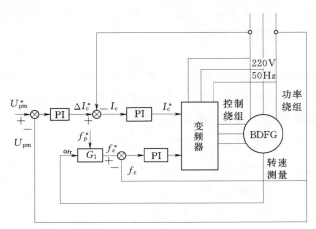

图 5-17 无刷双馈发电机功率绕组幅值和频率闭环标量控制框图

功率绕组电压调节方法可以从无刷双馈电机折算后的等效电路图得到理论支持。图 5-18 是频率折算后无刷双馈电机等效电路图。当闭环控制系统检测到功率绕组发电电压低于设定值时，可以提高控制绕组给定电流，反之亦然。从图中可以看出，当控制绕组电流 I_c' 变大时，控制绕组与转子磁链产生的感应电动势增大，在其他情况不变时转子回路电流 I_r' 增大，由于励磁电流一般不超过主电流的 10%，可以认为 I_{cm}'、I_{pm}' 不变，这样功率绕组侧电流 I_p' 会随之增大，进而提高功率绕组侧输出电压。

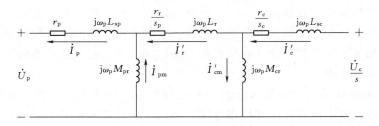

图 5-18 无刷双馈电机折算后的等效电路图

图 5-19 是 8/4 极绕线型转子样机在不同情况下控制绕组电压与功率绕组电压的实验数据图。从图中可以看出功率绕组发电电压与控制绕组电压之间满足一定线性关系。

变频器输出频率可由转速检测值 ω_r 和功率绕组频率给定值 f_p^* 计算得出，考虑到商用变频器频率给定是模拟信号，在频率值较大时误差较大，在转速较高时会有一定频率的漂移，因此采用频率闭环来消除这种影响。

标量控制采用静态等效电路，算法比较简单，容易在较低价格的微处理器上实现，可以在一定程度上提高 BDFG 的动态性能，适用于对动态性能要求不高的变速恒频发电场合。

2. 标量控制运行仿真

根据前面推导的转子转速 dq 轴模型，分别基于电压源模型和电流源模型用 Matlab 的 S 函数编制无刷双馈电机发电模型。

BDFM 发电运行电机仿真模型 S 函数采用 Matlab 提供的 S 函数模板，该模型包含 7 个状态变量 x_1、x_2、$\cdots$、x_7 分别对应式（5-24）和式（5-25）方程中的 i_{qp}、i_{dp}、i_{qc}、i_{dc}、i_{qr}、i_{dr}、U_{pm}，输入量为功率绕组端发电给定频率 f_{pg} 和电压幅值 U_{pmg}、转速 n 和负载阻抗大小 $Z_L = R_L + jX_L = R_L + j2\pi f_p L_L$。输出变量为 i_{qp}、i_{dp}、i_{qc}、i_{dc}、i_{qr}、i_{dr}、U_{pm}。

电机采用 8/4 绕线型转子无刷双馈电机，仿真参数为：$p_p = 4$，$p_c = 2$，$J = 0.03$，$r_p = 0.075\Omega$，$r_c = 0.11\Omega$，$r_r = 0.931\Omega$，$l_{sp} = 0.04205H$，$l_{sc} = 0.16188H$，$l_r = 1.0775H$，$M_{pr} = 0.11745H$，$M_{cr} = 0.33585H$。

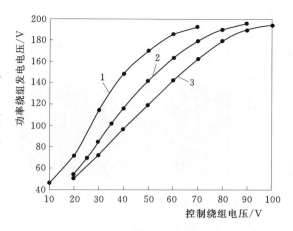

图 5-19 8/4 极样机功率绕组电压与控制绕组
电压关系实验数据

曲线 1—转子转速 225r/min，变频器频率 5Hz；曲线
2—转子转速 300r/min，变频器频率 10Hz；曲线
3—转子转速 290r/min，变频器频率 8Hz

详细的仿真模型读者可参考文献［50］，仅给出以下两种仿真结果。

（1）基于电压源控制的仿真结果。

图 5-20～图 5-22 分别是稳态转速由 495r/min 突变到 600r/min 时功率绕组发电电压幅值、转矩、电压瞬时值仿真波形。控制绕组仿真采用理想电压源变频器，变频器频率由转速和功率绕组发电给定频率决定，变频器输出电压大小由 PID 闭环控制器输出决定。

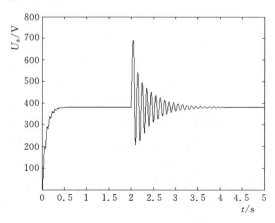

图 5-20 转速突变功率绕组电压幅值波形

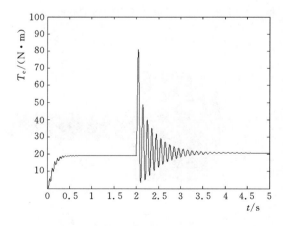

图 5-21 转速突变转矩变化波形

图 5-23～图 5-26 分别是稳态负载 $Z = 10 + j0.1$ 变化为 $Z = 40 + j0.1$ 时功率绕组发电电压幅值、转矩、电压瞬时值、电流瞬时值波形。仿真结果与实验结果有较好的一致性。

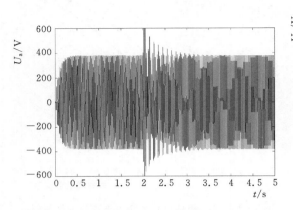

图 5-22　转速突变功率绕组电压瞬时值波形

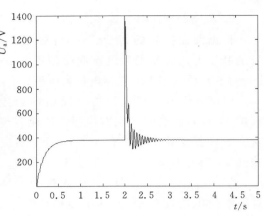

图 5-23　发电负载突变功率绕组电压幅值波形

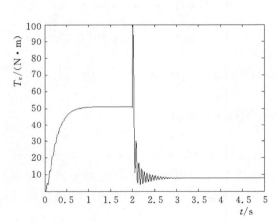

图 5-24　发电负载突变转矩波形

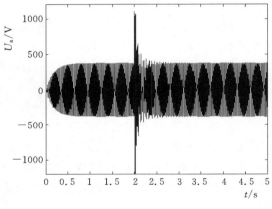

图 5-25　发电负载突变功率绕组电压瞬时值波形

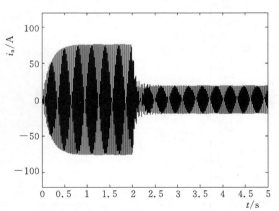

图 5-26　发电负载突变功率绕组电流瞬时值波形

（2）基于电流源控制的仿真结果。

图 5-27～图 5-29 分别是稳态转速由 495r/min 突变到 600r/min 时功率绕组发电电压幅值、转矩、电压瞬时值仿真波形。控制绕组仿真采用理想电流源变频器，变频器频率由转速和功率绕组发电给定频率决定，变频器输出电压大小由 PID 闭环控制器输出决定。

图 5-30～图 5-32 分别是稳态负载 $Z=10+j0.1$ 变化为 $Z=40+j0.1$ 时功率绕组发电电压幅值、转矩、电压瞬时值波形。

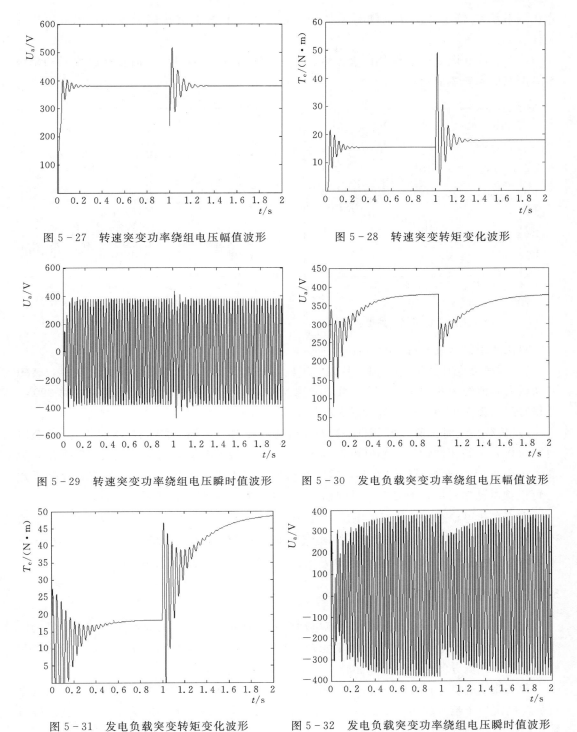

图 5-27 转速突变功率绕组电压幅值波形　　　图 5-28 转速突变转矩变化波形

图 5-29 转速突变功率绕组电压瞬时值波形　　图 5-30 发电负载突变功率绕组电压幅值波形

图 5-31 发电负载突变转矩变化波形　　图 5-32 发电负载突变功率绕组电压瞬时值波形

标量控制采用偏差 PID 控制，在 PID 参数整定时需要综合考虑系统的快速性和稳定性。上述仿真波形图 5-20～图 5-26 采用 PID 参数 $P=0.1$，$I=20$，$D=0$，一般来说，

当比例系数 k_p 较小，积分系数 k_I 较大时，稳态性能较好但抗扰能力较差，调节快速性欠佳。

图 5 - 33 和图 5 - 34 是 PID 参数整定为 $P=0.3$，$I=20$，$D=0$ 时转速突变时功率绕组发电幅值和转矩变化波形。

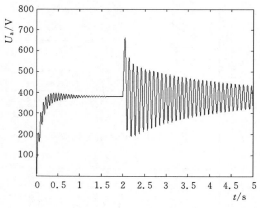

图 5 - 33　转速突变功率绕组发电幅值波形

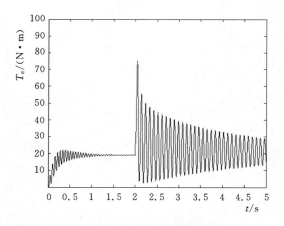

图 5 - 34　转速突变转矩变化波形

对比两组仿真波形可以看出：

1）转速突变时。前一组 PID 参数电压幅值最大波动 320V，调整时间约为 2s，转矩波动最大幅值约为 65N・m，后一组 PID 参数对应转速突变时电压幅值最大波动 290V，调整时间约为大于 2s，转矩波动最大幅值约为 55N・m。

2）负载突变时。前一组 PID 参数对应转速突变时电压幅值最大波动 1000V，调整时间约为 0.7s，转矩波动最大幅值约为 50N・m，后一组 PID 参数对应转速突变时电压幅值最大波动 300V，调整时间约为 1s，转矩波动最大幅值约为 25N・m。可见增大比例系数 k_p 可以抑制动态过压，但其调整时间加长，可能会带来振荡，造成系统不稳定。

为了在获得稳态性能较好的电压幅值波形的同时保证调整的快速性，需要采用智能型 PID 调节器，它可以在电压波动超过一定范围时采用较大比例系数 k_p，在进入基本稳定时采用较小比例系数 k_p 和较大积分系数 k_I。具体参数需要在实际系统中调配。

5.3.4　矢量解耦控制

磁场定向控制的出发点是模拟直流电动机的控制原理，通过磁场定向的方式，借助于坐标变换，将异步电动机的三相动态方程变换为旋转坐标下的两相正交模型，从而将控制变量的定子电流分解为励磁分量和转矩分量，实现磁通和转矩的独立控制。

无刷双馈电机运行时，气隙磁场中存在不同转速的同步旋转磁场，无法像普通交流电机那样确定一个唯一的同步坐标系。若采用转子旋转坐标系，那么由于定子两套绕组极对数不同，转换到旋转坐标系后，各电压量、电流量、磁链量仍为交流量，无法达到普通异步电机的控制效果。为了解决这个矛盾，必须寻找一种新的旋转坐标系统，当电机内各量转换到该旋转坐标系后都能变成易于控制的直流量。

1. 矢量控制策略

无刷双馈电机应用于单机发电场合时，其矢量控制策略与电动机运行不同。其给定量是功率绕组电压 U_{pm}^* 和频率 f_p^*。假定磁场定向控制后在功率绕组子系统同步坐标系上令功率绕组磁链与 d 轴重合，则功率绕组磁链为

$$\begin{bmatrix} \psi_{qp}^{pr} \\ \psi_{dp}^{pr} \end{bmatrix} = \begin{bmatrix} 0 \\ \psi_p^{pr} \end{bmatrix} \tag{5-27}$$

忽略定子功率绕组的内阻，并保持功率绕组磁链不变，则

$$\begin{bmatrix} u_{qp}^{pr} \\ u_{dp}^{pr} \end{bmatrix} = \begin{bmatrix} 0 \\ \sqrt{\dfrac{3}{2}} U_{pm} \end{bmatrix} \tag{5-28}$$

$$\begin{bmatrix} \psi_{qp}^{pr} \\ \psi_{dp}^{pr} \end{bmatrix} = \begin{bmatrix} 0 \\ \sqrt{\dfrac{3}{2}}\dfrac{U_{pm}}{\omega_p} \end{bmatrix} \tag{5-29}$$

式中　U_{pm}——实测功率绕组电压幅值。

将式（5-29）代入功率绕组同步坐标系下的磁链方程得

$$M_{pr}\begin{bmatrix} i_{qrp}^{pr} \\ i_{drp}^{pr} \end{bmatrix} + M_{pr}\begin{bmatrix} i_{drc}^{cr} \\ i_{qrc}^{cr} \end{bmatrix} = \begin{bmatrix} 0 \\ \sqrt{\dfrac{3}{2}}\dfrac{U_{pm}}{\omega_p} \end{bmatrix} - L_{sp}\begin{bmatrix} i_{qp}^{pr} \\ i_{dp}^{pr} \end{bmatrix} \tag{5-30}$$

由于功率绕组电压 U_{pm}、功率绕组电流可以实时检测，因此式（5-30）等号右边是已知项。再由转子状态方程，考虑到 pr 同步坐标系各量均为直流量，数值计算和实际控制时如果实时周期很短，在一个步长或一个控制周期内微分量为零。

忽略转子内阻 r_r，可得

$$\begin{bmatrix} i_{drc}^{cr} \\ i_{qrc}^{cr} \end{bmatrix} = \frac{1}{M_{pr}}\begin{bmatrix} 0 \\ \sqrt{\dfrac{3}{2}} U_{pm} \end{bmatrix} - \frac{L_{sp}}{M_{pr}}\begin{bmatrix} i_{qp}^{pr} \\ i_{dp}^{pr} \end{bmatrix} + \frac{M_{pr}}{L_{sp}\left(L_r - \dfrac{M_{pr}^2}{L_{sp}}\right)}\begin{bmatrix} 0 \\ \sqrt{\dfrac{3}{2}}\dfrac{U_{pm}}{\omega_p} \end{bmatrix} \tag{5-31}$$

再根据转子状态方程在 cr 同步坐标系表达式，同样忽略直流量的微分项，可得到 cr 同步坐标系下控制绕组电流与转子功率绕组电流分量的关系

$$\begin{bmatrix} i_{dc}^{cr} \\ i_{qc}^{cr} \end{bmatrix} = \frac{\left[r_r + \omega_{sc}\left(L_r - \dfrac{M_{pr}^2}{L_{sp}}\right) \right]}{\omega_{sc} M_{cr}}\begin{bmatrix} i_{drc}^{cr} \\ i_{qrc}^{cr} \end{bmatrix} \tag{5-32}$$

式（5-27）～式（5-32）构成无刷双馈电机发电磁场定向控制的依据（下标 qp、dp 分别表示功率绕组 q、d 轴分量；qc、dc 表示控制绕组 q、d 轴分量；上标 pr、cr 分别表示功率绕组同步坐标系、控制绕组同步坐标系）。其控制原理框图如图 5-35 所示。

无刷双馈电机发电磁场定向控制的方法如下：根据功率绕组幅值 U_{pm}^* 和频率 f_p^* 可以

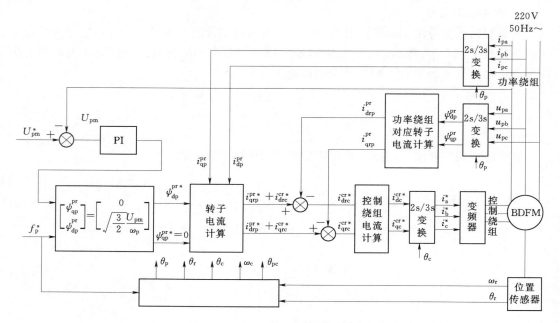

图 5-35　无刷双馈发电运行矢量解耦控制原理图

得到 pr 同步坐标系功率绕组磁链给定量［由式（5-29）得到］$\psi_{\mathrm{dp}}^{\mathrm{pr}*}$ 和 $\psi_{\mathrm{qp}}^{\mathrm{pr}*}$，磁场定向后 $\psi_{\mathrm{qp}}^{\mathrm{pr}*}=0$。根据式（5-30）可以求解出转子电流与 $\psi_{\mathrm{dp}}^{\mathrm{pr}*}$ 和 $\psi_{\mathrm{qp}}^{\mathrm{pr}*}$ 的关系（通过功率绕组实际电流测量获得 $i_{\mathrm{qp}}^{\mathrm{pr}}$、$i_{\mathrm{dp}}^{\mathrm{pr}}$ 实际大小），得到 $i_{\mathrm{qrp}}^{\mathrm{pr}*}+i_{\mathrm{drc}}^{\mathrm{cr}*}$ 和 $i_{\mathrm{drp}}^{\mathrm{pr}*}+i_{\mathrm{qrc}}^{\mathrm{cr}*}$ 大小。功率绕组在转子中产生电流分量 $i_{\mathrm{drp}}^{\mathrm{pr}}$、$i_{\mathrm{qrp}}^{\mathrm{pr}}$ 可以通过检测功率绕组实际电压值求得。这样就可以求得控制绕组在转子中产生电流分量的给定值 $i_{\mathrm{drc}}^{\mathrm{cr}*}$、$i_{\mathrm{qrc}}^{\mathrm{cr}*}$，再由式（5-32）求得控制绕组电流分量（$cr$ 同步坐标系）。这样控制绕组和功率绕组就完全解耦了。转子转速通过编码器测得，控制绕组频率 $f_{\mathrm{c}}=f_{\mathrm{p}}^{*}-(p_{\mathrm{p}}+p_{\mathrm{c}})n_{\mathrm{r}}/60$，分别计算出 θ_{p}、θ_{r}、θ_{c}、θ_{pr}、θ_{cr}。

2. 矢量控制仿真与分析

图 5-36 为无刷双馈发电机的矢量解耦控制模型，BDFM 的模型采用 S 函数编制电流模型，仿真模型中输入的参量 $u_1\sim u_{10}$ 依次为：转子转速 ω_{r}，功率绕组频率给定 ω_{p}^{*}，功率绕组电压幅值给定值 U_{pm}^{*}，负载电阻值 R_{L}，负载电感值 L_{L}，控制绕组电流给定值 i_{ca}^{*}、i_{cb}^{*}、i_{cc}^{*} 和控制绕组电流转子 dqO 坐标系下微分值 $\dfrac{\mathrm{d}}{\mathrm{d}t}i_{\mathrm{qp}}$、$\dfrac{\mathrm{d}}{\mathrm{d}t}i_{\mathrm{dp}}$。

图 5-36 中，下标 a、b、c 表示 a、b、c 三相，下标 d、q 表示 d、q 分量，下标最后一位 p、c 分别表示功率绕组、控制绕组，下标 s、r 分别表示定子侧和转子侧；最前面的 p 表示微分算子。所以，i_{qp}、i_{dp}、i_{qc}、i_{dc}、i_{qr}、i_{dr} 分别表示功率绕组、控制绕组、转子绕组电流的 q、d 分量；i_{ac}、i_{bc}、i_{cc} 分别表示控制绕组的 a、b、c 相电流，而图中左下方的 $\dfrac{\mathrm{d}}{\mathrm{d}t}i_{\mathrm{qc}}$、$\dfrac{\mathrm{d}}{\mathrm{d}t}i_{\mathrm{dc}}$ 分别表示电流 i_{qc}、i_{dc} 对时间的微分。

图 5-37～图 5-40 分别是稳态转速由 495r/min 突变到 600r/min 时功率绕组发电电压幅值、转矩、电压瞬时值、突变 0.4s 内电压瞬时值仿真波形。控制绕组仿真采用理想

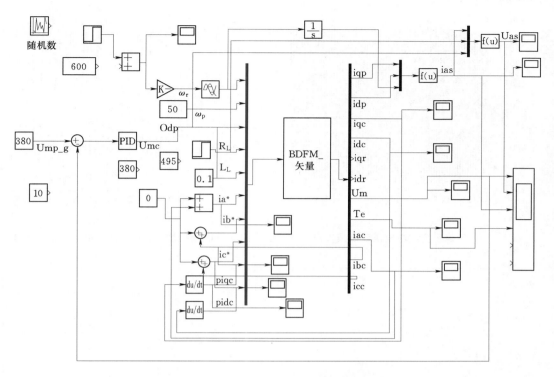

图 5-36　无刷双馈发电机矢量解耦控制仿真结构图

电流源变频器，变频器三相电流波形由矢量控制器运算后获得，采用电流滞环跟踪比较 SPWM 调制方法，变频和变压是自动实现的。

图 5-41～图 5-43 分别是稳态负载 $Z=10+j0.1$ 变化为 $Z=5+j0.1$ 时功率绕组发电电压幅值、转矩、电压瞬时值波形。对比标量控制，可以发现矢量解耦控制的动态响应性能要明显优于标量控制。

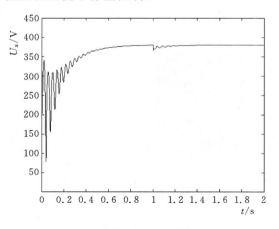

图 5-37　转速突变发电电压幅值波形

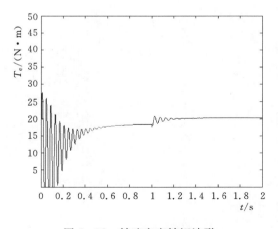

图 5-38　转速突变转矩波形

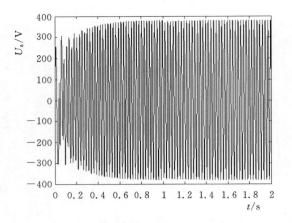

图 5 - 39　转速突变发电电压瞬时值波形

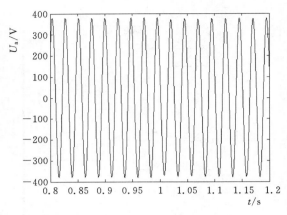

图 5 - 40　转速突变 0.4s 内发电电压瞬时值波形

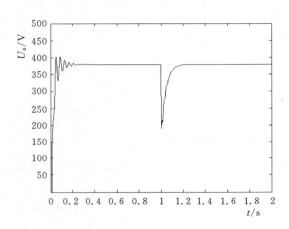

图 5 - 41　负载突变发电电压幅值波形

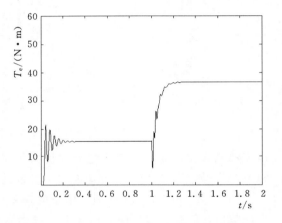

图 5 - 42　负载突变转矩波形

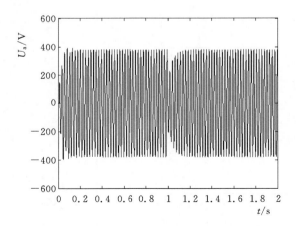

图 5 - 43　负载突变发电电压瞬时值波形

第6章　直驱式永磁同步风力发电机

6.1　概　　述

永磁同步发电机是一种以永磁体进行励磁的同步电机，应用于风力发电系统，称为永磁同步风力发电机。永磁同步风力发电机一般不用齿轮箱，而将风力机主轴与低速多极同步发电机直接连接，为"直驱式"，所以称为直驱式永磁同步风力发电机，以下本章除特指外均简称为永磁同步发电机。

6.1.1　永磁同步发电机的特点

1. 与传统电励磁同步发电机比较

同步发电机是一种应用广泛的交流电机，其显著特点是转子转速 n 与定子电流频率 f 之间具有固定不变的关系，即 $n=n_0=60f/p$，其中 n_0 为同步转速，p 为极对数。现代社会中使用的交流电能几乎全部由同步发电机产生。

永磁同步发电机是一种结构特殊的同步发电机，它与传统的电励磁同步发电机的主要区别在于：其主磁场由永磁体产生，而不是由励磁绕组产生。与普通同步发电机相比，永磁同步发电机具有以下特点：

（1）省去了励磁绕组、磁极铁芯和电刷-集电环结构，结构简单紧凑，可靠性高，免维护。

（2）不需要励磁电源，没有励磁绕组损耗，效率高。

（3）采用稀土永磁材料励磁，气隙磁密较高，功率密度高，体积小，质量轻。

（4）直轴电枢反应电抗小，因而固有电压调整率比电励磁同步发电机小。

（5）永磁磁场难以调节，因此永磁同步发电机制成后难以通过调节励磁的方法调节输出电压和无功功率（普通同步发电机可以通过调节励磁电流方便地调节输出电压和无功功率）。

（6）永磁同步发电机通常采用钕铁硼或铁氧体永磁，永磁体的温度系数较高，输出电压随环境温度的变化而变化，导致输出电压偏离额定电压，且难以调节。

（7）永磁体存在退磁的可能。

目前，永磁同步发电机的应用领域非常广泛，如航空航天用主发电机、大型火电站用副励磁机、风力发电、余热发电、移动式电源、备用电源、车用发电机等都广泛使用各种类型的永磁同步发电机，永磁同步发电机在很多应用场合有逐步代替电励磁同步发电机的趋势。

2. 与非直驱式双馈风力发电机比较

虽然双馈风力发电机是目前应用最广泛的机型，但随着风力发电机组单机容量的增大，双馈型风力发电系统中齿轮箱的高速传动部件故障问题日益突出，于是不用齿轮箱而将风力机主轴与低速多极同步发电机直接连接的直驱式布局应运而生。从中长期来看，直驱型和半直驱型传动系统在大型风力发电机组中的占比将逐步上升。在大功率变流技术和高性能永磁材料日益发展完善的背景下，大型风力发电机组越来越多地采用直驱式永磁同步发电机。

直驱式永磁同步风力发电机相对于传统的双馈风力发电机的优点是：

（1）系统取消了齿轮箱装置，结构得到极大的简化，降低了系统的维护率和故障率。当功率等级达到 3MW 后，齿轮箱的制造和维护将会遇到极大的困难，因此直驱式永磁风力发电系统为单机容量向更高功率等级发展打下了良好的基础。

（2）永磁同步风力发电机省去了维护率和故障率都较高的滑环和电刷等装置，提高了机组的可靠性，降低了噪声。

（3）利用变速恒频技术可以进行无功功率补偿；直驱式永磁同步发电机与全功率变流器的结合可以显著改善电能质量，减轻对低压电网的冲击。

（4）直驱式永磁同步发电机不从电网吸收无功功率，无需励磁绕组和直流电源，效率高。

（5）与双馈型机组（变流器容量通常为 1/3 风力发电机组额定功率）相比，直驱式永磁同步发电机采用全功率变流器将电网与发电机隔离，有利于实现风力发电系统的故障穿越。

直驱式永磁同步风力发电机也存在如下缺点：①采用的多极低速永磁同步发电机，电机直径大，制造成本高；②机组设计容量的增大给发电机设计、加工制造带来困难；③定子绕组绝缘等级要求较高；④采用全容量逆变装置，功率变换器设备投资大，增加控制系统成本；⑤由于结构简化，使机舱重心前倾，设计和控制上难度加大。

还有一种半直驱式发电机，结构与一般直驱式永磁发电机类似，只是极数相对较少，且需使用齿轮箱进行少量增速，由于极数较少的发电机与增速不大的低速齿轮箱制造维护都较方便，成本相对低廉，故采用半直驱式发电机加低速齿轮箱也是一种折中的方案。

6.1.2　永磁同步发电机的类型

永磁同步发电机按照其磁通方向可分为径向磁通发电机、轴向磁通发电机以及横向磁通发电机。

1. 径向磁通发电机

在径向磁通发电机中导体电流呈轴向分布，磁通沿径向从定子经气隙进入转子，这是最普通的永磁发电机形式。它具有结构简单、制造方便、漏磁小等优点。径向磁场永磁发电机可分为永磁体表贴式和永磁体内置式两种，其发电机结构类型如图 6-1 所示。径向磁场发电机用作直驱式风力发电机，大多为传统的内转子设计 [图 6-1 (a)]，风力机和永磁体内转子同轴安装，这种结构的发电机定子绕组和铁芯通风散热好，温度低，定子外形尺寸小。还有一些为外转子结构设计 [图 6-1 (b)]，风力机与发电机的永磁体外转子直接耦合，定子电枢安装在静止轴上，这种结构有永磁体安装固定、转子可靠性好和转动惯量大等优点，缺点是对电枢铁芯和绕组通风冷却不利，永磁体转子直径大，不易密封防护、安装和运输。径向磁通发电机结构简单、稳定，应用广泛，多数低速直驱式风力发电机都采用径向磁通结构。

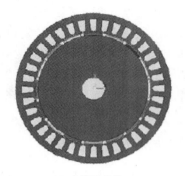 

（a）内转子结构　　　　　　　　　　　　（b）外转子结构

图 6-1　径向磁通发电机结构

2. 轴向磁通发电机

轴向磁通发电机结构类型如图 6-2 所示，轴向磁通发电机的绕组物理位置被转移到端面，发电机的轴向尺寸相对较短。与径向磁通发电机相比，轴向磁通发电机的磁路长度更短。发电机中导体电流呈径向分布，有利于电枢绕组散热，可取较大电负荷，其中双定子中间转子盘式结构用得较多 [图 6-2（a）]，它具有结构紧凑、转动惯量大、通风冷却效果好、噪声低、轴向长度短、可多台串联等优点，便于提高气隙磁密、提高硅钢片利用率。缺点是直径大、永磁材料用量大、结构稳定性差。还有一种不常用的单定子结构，在永磁体结构轴向不对称时 [图 6-2（b）] 存在单边磁拉力，如果磁路设计不合理，其漏磁通较大，在等电磁负荷下效率略低。

（a）双定子结构　　　　　　　　　　　　（b）单定子结构

图 6-2　轴向磁通发电机结构

3. 横向磁通发电机

横向磁通发电机的结构如图 6-3 所示，其磁路方向为转子的轴向方向。横向磁通发电机电枢绕组与主磁路在结构上完全解耦，可以根据需要调整磁路尺寸和线圈窗口来确定电机的电磁负荷，不存在传统电机在增加气隙磁通与绕组电流密度之间结构上的相互制约关系，从而获得较高的转矩密度，缺点是电机结构复杂，制造成本高。

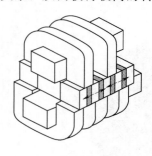

图 6-3　横向磁通发电机结构

这种发电机可以做成具有很多极对数的电机，且操作上可同时具有同步电机和永磁电机的特点，适用于直驱式风力发电。但是，横向磁通发电机的控制很复杂。此外，发电机气隙磁通是非正弦的，当发电机的转子转动时，磁路的变化是连续的、非线性的。这导致对这种电机进行设计分析的难度加大，给机组制造带来了很大困难。因此这种电机是否能够在风力发电系统中运行还有待进一步的深入研究。

6.1.3　直驱式永磁同步风力发电机组

图 6-4 是一个典型的直驱式永磁同步发电机组组成示意图。直驱式永磁同步风力发电机组有多种形式，当前工业上应用的直驱式永磁同步发电机组主要采用全功率变流器，归纳起来主要有以下四种形式。

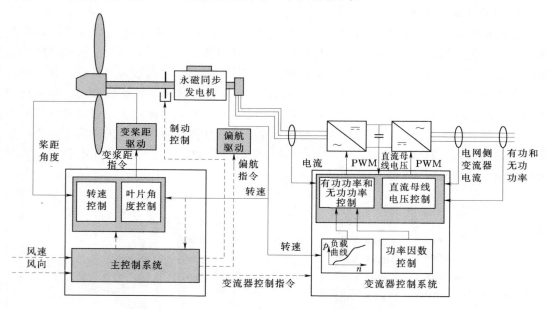

图 6-4　直驱式永磁同步发电机组

1. 机侧采用不可控整流，网侧采用 PWM 逆变

采用不可控整流的永磁直驱变流器如图 6-5 所示，发电机定子输出端接三相二极管整流桥进行不可控整流，直流侧采用电感电容滤波，网侧逆变器把直流侧电能逆变成工频交流电馈入电网。这种方式只有当发电机线电压的峰值高于直流母线电压时发电机才能馈出电能，而直流母线电压的最小值由电网电压决定，因此发电机运行电压需设计较高的输出电压，这对变流器所使用的电力电子器件耐压提出很高的要求，导致系统成本大大增加，降低了整机效率。由于采用二极管不可控整流，能量不能双向流动；同步发电机不可控，最大功率跟踪不易实现。而且发电机定子电流存在很大的低次谐波成分，发电机的铜耗和铁耗较大，降低了发电机的效率。这种拓扑结构缺陷明显，很少采用。

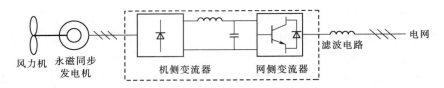

图 6-5　采用不可控制整流的永磁直驱变流器

2. 机侧采用不可控整流＋boost 升压，网侧采用 PWM 逆变

采用不可控整流＋boost 升压的永磁直驱变流器如图 6-6 所示，能量经由不可控 AC/DC 变流器到达直流侧，风速的变化导致直流侧电压的波动，采用升压变流器将 DC/AC 变流器直流母线侧电压稳定控制，然后通过 DC/AC 变流器逆变并入电网。这种电路结构的成本较低，但是它不具备四象限运行的能力，且发电机侧由于不可控整流导致谐波增大，影响电机运行和效率，因而在运行中受到很大的限制。并且当系统功率较大时，大功率的 boost 升压电路设计困难。但是，这种拓扑结构因为成本相对较低，在当前直驱式风力发电工程中得到较多应用。

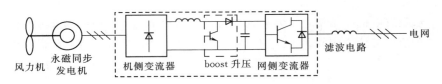

图 6-6　采用不可控制整流＋boost 升压的永磁直驱变流器

3. 机侧采用相控整流，网侧采用 PWM 逆变

机侧采用相控整流的永磁直驱变流器如图 6-7 所示，这种方式与前两种方式相比，由于晶闸管的导通时间可以通过触发角控制，一定程度上抑制了电流，防止直流母线过压，实现机侧可控，成本较低。但是机侧低次谐波较大的缺点依然没有改善。因此实际系统中这种拓扑结构也很少采用。

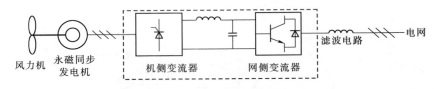

图 6-7　机侧采用相控整流的永磁直驱变流器

4. 采用具备四象限运行能力的背靠背双 PWM 变流器控制的功率变流器

背靠背双 PWM 控制的永磁直驱变流器如图 6-8 所示，同二极管不可控整流相比，机侧变流器采用 PWM 整流可以大大减少发电机定子电流谐波含量，从而降低发电机的铜耗和铁耗，并且 PWM 变流器可提供几乎为正弦的电流，减少了发电机侧的谐波电流。通过控制系统的控制，可以将永磁同步发电机发出的变频变幅值电压转化为可用的恒频电压，并达到俘获最大风能的目的。这也是一种技术最先进、适应范围最为广泛、代表目前发展方向的拓扑结构。

采用背靠背双 PWM 变流器直驱式永磁同步风力发电机，由风力机、永磁同步发电机、背靠背双 PWM 变流器和滤波电路组成。永磁同步发电机的转子不接齿轮箱，直接与风力机相连。定子绕组经过四象限变流器和电网相连。背靠背双 PWM 变流器由机侧变流器和网侧变流器组成，可实现能量双向流动，机侧变流器可实现对永磁同步发电机的转速/转矩进行控制，网侧变流器实现对直流母线进行稳压控制。

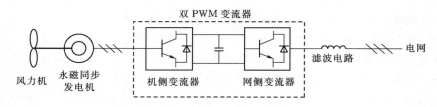

图 6-8　背靠背双 PWM 变流器控制的永磁直驱变流器

6.2　永磁同步发电机的结构

直驱式永磁发电机在结构上主要有轴向与盘式两种结构，轴向结构又分为内转子、外转子等；盘式结构又分为中间转子、中间定子、多盘式等；另外还有双凸极发电机与开关磁阻发电机。

6.2.1　内转子永磁同步发电机

1. 结构模型

图 6-9 为内转子永磁同步风力发电机组的结构模型。与普通交流电机一样，永磁同步发电机也由定子和转子两部分组成，定子、转子之间有空气隙，转子由多个永久磁铁构成。图 6-10 为内转子永磁同步发电机的结构模型。

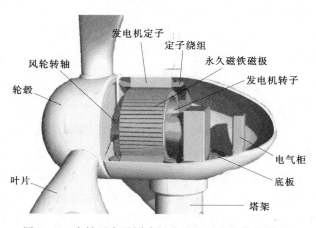

图 6-9　内转子永磁同步风力发电机组的结构模型

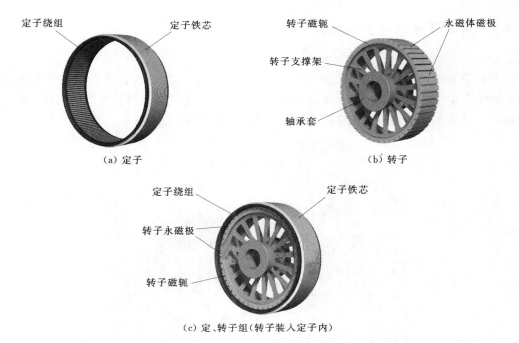

（a）定子 　　　　　　　　　　　　　　　（b）转子

（c）定、转子组（转子装入定子内）

图6-10　内转子永磁同步发电机的结构模型

2. 定子结构

永磁同步发电机的定子铁芯通常由0.5mm厚的硅钢片制成以减小铁耗，上面冲有均匀分布的槽，槽内放置三相对称绕组。定子槽形通常采用与永磁同步电动机相同的半闭口槽，如图6-11所示。为有效削弱齿谐波电动势和齿槽转矩，通常采用定子斜槽。

定子绕组通常由圆铜线绕制而成，为减少输出电压中的谐波含量，大多采用双层短距和星形接法，小功率电机中也有采用单层绕组的，特殊场合也采用正弦绕组。

3. 转子结构

由于永磁同步发电机不需要起动绕组，转子结构比异步启动永磁同步电动机简单，有较充足的空间放置永磁体。转子通常由转子铁芯和永磁体组成。转子铁芯既可以由硅钢片叠压而成，也可以是整块钢加工而成。

根据永磁体放置位置的不同，将转子磁极结构分为表面式和内置式两种。表面式转子结构的永磁体固定在转子铁芯表面，结构简单，易于制造。内置式转子结构的永磁体位于转子铁芯内部，不直接面对空气隙，转子

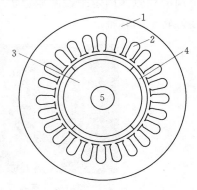

图6-11　典型永磁同步发电机
的结构示意图
1—定子铁芯；2—定子槽；3—转子铁芯；
4—永磁体；5—轴

铁芯对永磁体有一定的保护作用，转子磁路的不对称产生磁阻转矩，相对于表面式结构可以产生更强的气隙磁场，有助于提高电机的过载能力和功率密度，但转子内部漏磁较大，需要采取一定的隔磁措施，转子结构和加工工艺复杂，且永磁体用量多。

6.2.2　外转子永磁同步发电机

1. 外转子永磁同步风力发电机组

外转子永磁同步风力发电机的发电绕组在内定子上，绕组与普通三相交流发电机类似；转子在定子外侧，由多个永久磁铁与外磁轭构成，外转子与风轮轮毂安装成一体，一同旋转。图6-12是外转子永磁同步风力发电机组的结构示意图。

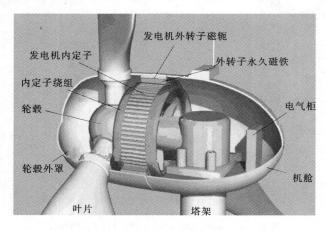

图6-12　外转子永磁同步风力发电机组的结构示意图

2. 定子结构

外转子电机的特点是定子在靠轴中间不动（即内定子），转子在外围旋转。图6-13为内定子的结构，内定子铁芯由硅钢片叠成，与常见的外定子相反，其线圈槽是开在铁芯圆周的外侧。内定子铁芯通过定子的支撑体固定在底座上，在底座上有转子轴承孔用来安装外转子的转轴。

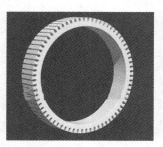　

（a）定子铁芯　　　　（b）定子的铁芯、绕组及其支撑系统

图6-13　外转子永磁同步风力发电机的内定子结构

3. 转子结构

外转子如同一个"桶"套在定子外侧，由导磁良好的铁质材料制成，在"桶"的内侧固定有永久磁铁做成的磁极，如图6-14（a）所示。这种结构的优点是磁极固定较容易，不会因为离心力而脱落。按多极发电机的原理，磁极的布置如图6-14（b）所示。

把外转子转轴安装在定子机座的轴承上，得到安装好的整机外观图如图6-15所示。

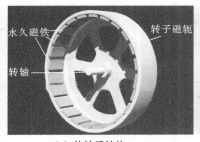

（a）外转子结构　　　　　（b）磁极的布置

图 6-14　外转子直驱式风力发电机的外转子结构及磁极的布置

图 6-15　外转子永磁同步
发电机整机外观图

在实际风力发电机制造中往往把外转子磁轭直接与风轮轮毂（包括轮毂外罩）制成一体，使结构更紧凑。

6.2.3　盘式永磁同步发电机

由于盘式发电机的轴向尺寸短、直径大，易制成多极结构，有较高的功率和质量比，而且可以做得较薄，安装在垂直轴风力发电机的转轮上对风的阻力小，因此是直驱式垂直轴风力发电机的优选机型。盘式发电机的定子与转子都呈平面圆盘结构，采用轴向气隙磁通，定子与转子轴向交替排列，有中间定子、中间转子等结构。

1. 中间定子盘式永磁同步风力发电机

图 6-16 是中间定子盘式永磁同步风力发电机组的结构示意图。

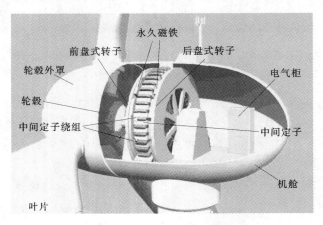

图 6-16　中间定子盘式永磁同步风力发电机组的结构示意图

由于盘式发电机通过定子绕组的磁力线是轴向走向，在发电机旋转时绕轴运行，所以定子的硅钢片是绕制的，在两侧有绕组的嵌线槽。在定子线槽内分布着定子绕组，按三相布置连接，如图 6-17 所示。定子铁芯固定在机座的支架上。

盘式转子由磁轭与永久磁铁组成，图 6-18 为左面转子示意图和磁极分布。右面转子结构与左面转子结构相同，完全对称。

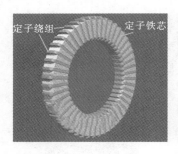

（a）左面转子示意图

（b）转子磁极示意图

图 6-17 中间定子盘式永磁同步风力
发电机定子结构示意图

图 6-18 左面转子示意图和磁极分布

图 6-19 为左右转子间的磁力线走向图。

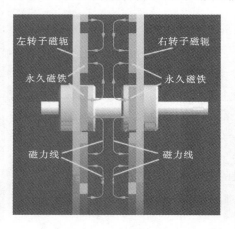

图 6-19 中间定子盘式永磁同步风力
发电机左右转子间的磁力线走向图

图 6-20 转子与定子装配图

图 6-21 组装好的中间定
子盘式永磁同步发电机

把转子与定子装配在一起，如图 6-20 所示，
安装上左右端盖，图 6-21 为组装好的中间定子盘
式永磁同步发电机。图 6-22 为中间定子盘式永磁
同步发电机的剖面图。

2. 中间转子盘式永磁同步风力发电机

中间转子盘式永磁同步发电机的定子铁芯有左
右两个，图 6-23 是一个盘式定子，由于盘式发电
机通过定子绕组的磁力线是轴向走向，在电机旋转
时绕轴运行，所以定子的硅钢片是绕制的，在一侧
有绕组的嵌线槽。

在定子线槽内分布着定子绕组，按三相布置，
单个绕组呈扇形，如图 6-23（b）所示。定子有
两个，右定子与左定子结构相同，只是方向相反。

图 6-22 中间定子盘式永磁同步
发电机的剖面图

中间转子盘式永磁同步发电机的转子由永磁体组成，磁铁固定在非导磁材料制成的转子支架上。图6-24是中间转子盘式永磁同步发电机的转子结构图，每块磁铁的磁极在转子的两面。中间转子盘式永磁同步发电机的转子与定子的布置如图6-25所示。安装时，先把左定子固定在左端盖中，装上转子，把右定子固定在右端盖中，左右端盖扣紧固定，发电机就组装好了。

（a）定子铁芯　　　（b）铁芯中嵌入定子绕组

图6-23　中间转子盘式永磁同步发电机的定子结构图

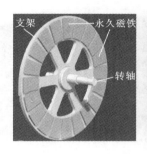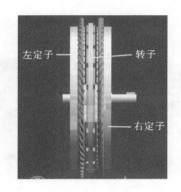

图6-24　中间转子盘式永磁同步
发电机的转子结构图

图6-25　中间转子盘式永磁同步
发电机转子与定子布置图

图6-26为中间转子盘式永磁同步发电机磁力线在转子与定子间的走向。为进一步理解中间转子盘式永磁同步发电机的结构，图6-27给出了其剖面图。

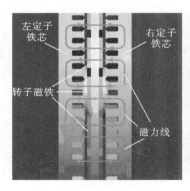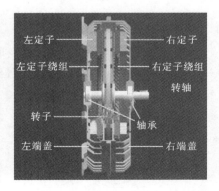

图6-26　磁力线在转子与
定子间的走向

图6-27　中间转子盘式永磁
同步发电机的剖面图

永磁同步风力发电机结构的一个重要的特点是绕组的槽数与磁极数不成整数关系，这是因为当所有磁极与槽数整齐对应时，磁力线有最短磁路，转子与定子间的强大吸引力会

155

使发电机的启动非常困难。所以启动阻力矩成为永磁同步发电机的重要参数，采用分数槽设计就可以较好地减小启动阻力矩。另外分数槽设计还可以在同数目磁极下减少线槽数，降低制造难度。

6.3　永磁同步发电机的工作原理

6.3.1　基本原理

从 6.2 节可见，永磁同步发电机是由定子与转子两部分组成，定子、转子之间有气隙。永磁同步发电机的定子与普通交流电机相同，转子采用永磁材料。其主磁通路径如图 6-28 所示。

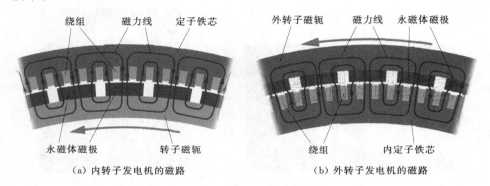

(a) 内转子发电机的磁路　　　　(b) 外转子发电机的磁路

图 6-28　永磁同步发电机主磁通路径

图 6-29 (a) 为一台两极永磁同步发电机，定子三相绕组用 3 个线圈 AX、BY、CZ 表示，转子由原动机拖动以转速 n_s 旋转，永磁磁极产生旋转的气隙磁场，其基波为正弦分布，其气隙磁密为

$$B = B_1 \sin\theta \tag{6-1}$$

式中　B_1——气隙磁密的幅值；

θ——距坐标原点的电角度，坐标原点取转子两个磁极之间中心线的位置。

在图 6-29 (a) 位置瞬间，基波磁场与各线圈的相对位置如图 6-29 (b) 所示。定

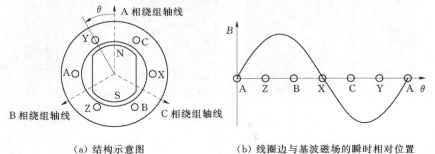

(a) 结构示意图　　　　　(b) 线圈边与基波磁场的瞬时相对位置

图 6-29　两极永磁同步发电机

子导体切割该旋转磁场产生感应电动势，根据感应电动势公式 $e=Blv$ 可知，导体中的感应电动势 e 将正比于气隙磁密 B，其中 l 为导体在磁场中的有效长度。基波磁场旋转时，磁场与导体间产生相对运动且在不同瞬间磁场以不同的气隙磁密 B 切割导体，在导体中感应出与磁密成正比的感应电动势。设导体切割 N 极磁场时感应电动势为正，切割 S 极磁场时感应电动势为负，则导体内感应电动势是一个交流电动势。

对于 A 相绕组，线圈的两个导体边相互串联，其产生的感应电动势大小相等，方向相反，为一个线圈边内感应电动势的 2 倍（短距绕组需要乘短距系数，见第 3 章）。将转子的转速用每秒钟内转过的电弧度 ω 表示，ω 称为角频率。在时间 $0\sim t$ 内，主极磁场转过的电角度 $\theta=\omega t$，则 A 相绕组的感应电动势瞬时值为

$$e_A = B_1 lv\sin\theta = \sqrt{2}E_1\sin\omega t \qquad (6-2)$$

式中 E_1——感应电动势的有效值。

三相对称情况下，B、C 相绕组的感应电动势大小与 A 相相等，相位分别滞后于 A 相绕组的感应电动势 120°和 240°电角度，即

$$\begin{cases} e_B = \sqrt{2}E_1\sin(\omega t - 120°) \\ e_C = \sqrt{2}E_1\sin(\omega t - 240°) \end{cases} \qquad (6-3)$$

可以看出，永磁磁场在三相对称绕组中产生三相对称感应电动势。关于定子绕组中感应电动势的详细计算可参照第 2 章。

导体中感应电动势的频率与转子的转速和极对数有关。若电机为两极电机，转子转 1 周，感应电动势交变 1 次，设转子每分钟转 n_s 周，则导体中电动势交变的频率应为 $f=n_s/60$。若电机有 p 对极，则转子每旋转 1 周，感应电动势将交变 p 次，感应电动势的频率为

$$f = \frac{pn_s}{60} \qquad (6-4)$$

在我国，工业用电的标准频率为 50Hz，所以 n_s 为

$$n_s = \frac{3000}{p} \quad (\text{r/min}) \qquad (6-5)$$

若发电机接三相对称负载，则在定子三相对称绕组中产生三相对称电流，进而产生三相基波合成磁场。该三相基波合成磁场以转速 $n_s=\dfrac{60f}{p}$ 旋转，旋转方向取决于三相电流的相序，由电流超前的相绕组轴线向电流滞后的相绕组轴线转动。可以看出，三相基波合成磁场与永磁磁极产生的基波磁场转速相等、转向相同、相对静止，产生恒定的电磁转矩。电磁转矩与转子上的驱动转矩方向相反，为制动性质。

6.3.2 电枢反应

6.3.2.1 基本概念

永磁同步发电机空载时，气隙中只有一个以同步转速旋转的永磁磁场，它在电枢绕组内产生三相对称感应电动势。永磁同步发电机带负载后，定子三相对称绕组中流过的三相对称电流产生一个新的磁动势，称为电枢磁动势。这时将由励磁磁动势和电枢磁动势合成

一个总的磁动势来产生气隙磁通，进而在定子绕组中感应电动势。电枢磁动势对气隙主磁通的影响，称为电枢反应。

1. 定子三相对称绕组电流产生的电枢磁动势

当定子三相对称绕组中流过三相对称电流时，三相绕组就会产生电枢磁动势基波和电枢磁动势谐波，这里仅研究电枢磁动势基波。

电枢磁动势基波的幅值为

$$F_1 = 1.35 \frac{N_1 I_1}{p} k_{dp1} \tag{6-6}$$

电枢磁动势基波的转速为

$$n_1 = \frac{60 f_1}{p}$$

式中　　n_1——同步转速，r/min。

电枢磁动势基波的转向沿通电相序 A、B、C 的方向，与转子转向相同。极对数和转子极对数 p 相同。

2. 转子永磁体产生的励磁磁动势

永磁同步发电机转子由永磁体产生励磁磁动势。在不计退磁的情况下，认为励磁磁动势为固定值。

电枢反应使气隙磁场的幅值和空间相位发生变化，除了直接关系到机电能量转换之外，还有去磁或助磁作用，对电机的运行性能产生影响。电枢反应的性质（助磁、去磁或交磁）取决于电枢磁动势和主磁场在空间的相对位置，这一相对位置与励磁电动势 $\dot{E}_0$ 和负载电流 $\dot{I}$ 之间的相位差 ψ（内功率因数角）有关。下面根据 ψ 值的不同，分成四种情况加以分析。

6.3.2.2　电枢反应的性质

1. 电枢电流 $\dot{I}$ 与励磁电动势 $\dot{E}_0$ 同相位（$\psi = 0°$）

$\psi = 0°$ 时永磁同步发电机的电枢反应如图 6-30 所示。图 6-30（a）为一台两极同步发电机的示意图，每相绕组用一个集中线圈表示，磁极为凸极式。电枢绕组中电动势和电流的正方向约定为从首端流出、从尾端流入。

在图 6-30（a）所示的瞬间，主极轴线（直轴）与电枢 A 相绕组的轴线正交，A 相绕组交链的主磁通为零。因为感应电动势滞后于产生它的磁通 90°，故 A 相励磁电动势 $\dot{E}_{0A}$ 的瞬时值此时达到正的最大值，B、C 两相的励磁电动势 $\dot{E}_{0B}$ 和 $\dot{E}_{0C}$ 分别滞后于 A 相电动势 120° 和 240°，如图 6-30（b）所示。

若电枢电流 $\dot{I}$ 与励磁电动势 $\dot{E}_0$ 同相位，即内功率因数角 $\psi = 0°$，则在图示瞬间，A 相电流也将达到正的最大值，B 相和 C 相电流分别滞后于 A 相电流 120° 和 240°。由电机学理论可知，在对称三相绕组中通以对称三相电流时，若某相电流达到最大值，则在同一瞬间，三相基波合成磁动势的幅值（轴线）就将与该相绕组的轴线重合。因此在图 6-30（a）所示瞬间，基波电磁动势 $\dot{F}_a$ 的轴线应与 A 相绕组轴线重合。相对于主磁极，此时电枢磁动势的轴线与转子的交轴重合。由此可见，$\psi = 0°$ 时，电枢反应磁动势是一个纯交

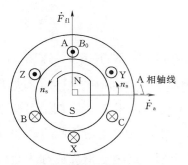

（a）定子绕组内的电动势、电流和磁
　　动势空间矢量图

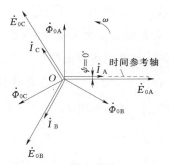

（b）时间相量图

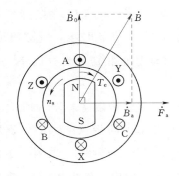

（c）气隙合成磁场与主磁场的相对位置

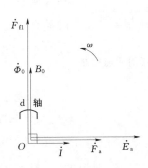

（d）时空统一矢量图

图 6-30　$\psi = 0°$ 时永磁同步发电机的电枢反应

轴的磁动势，即

$$F_{a(\psi_0 = 0°)} = F_{aq} \qquad (6-7)$$

交轴电枢磁动势所产生的电枢反应称为交轴电枢反应。由于交轴电枢反应的存在，气隙合成磁场 $\dot{B}$ 与主磁场 $\dot{B}_0$ 之间形成一定的空间相角差，并且幅值有所增加，称为交磁作用。正是由于交轴电枢反应的存在，使磁极受到力的作用而产生电磁转矩。由图 6-30（c）可见，对于发电机，当 $\psi_0 = 0°$ 时，主磁场将超前于气隙合成磁场，于是主极上将受到一个制动性质的电磁转矩。交轴电枢磁动势与电磁转矩的产生及能量转换直接相关。

由图 6-30（a）和图 6-30（b）可知，用电角度表示时，主磁场 $\dot{B}$ 与电枢磁动势 $\dot{F}_a$ 之间的空间相位关系，恰好与 A 相的主磁通 $\dot{\Phi}_{0A}$ 与 A 相电流 $\dot{I}_A$ 之间的时间相位关系一致，且图 6-30（a）的空间矢量与图 6-30（b）的时间相量均为同步旋转。于是，若把图 6-30（b）中的时间参考轴与图 6-30（a）中的 A 相绕组轴线重合，就可以把图 6-30（a）和图 6-30（b）合并，得到一个时空统一矢量图，如图 6-30（d）所示。由于三相电动势和电流均为对称，所以在统一矢量图中仅画出 A 相的励磁电动势、电流和与之交链的主磁通，并把下标 A 省略，写成 $\dot{E}_0$、$\dot{I}$ 和 $\dot{\Phi}_0$。在统一矢量图中，$\dot{F}_{f1}$ 既代表主极基波磁动势的空间矢量，也表示时间相量 $\dot{\Phi}_0$ 的相位；$\dot{I}$ 既代表 A 相电流相量，又表示电枢磁动势 $\dot{F}_a$ 的空间相位。需要注意的是，在统一矢量图中，空间矢量是指整个电枢（三相）或主极的作用，而时间相量仅对一相而言。

2. 电枢电流 $\dot{I}$ 滞后励磁电动势 $\dot{E}_0$ 90°（$\psi = 90°$）

$\psi = 90°$滞后时永磁同步发电机的电枢反应如图 6-31 所示。仍假定 $\omega t = 0$ 时，转子位置为 $\alpha_0 = 90°$，在图 6-31 的时空矢量图中画出 $\dot{F}_{f1}$，根据 $\psi = 90°$，$\dot{I}$ 滞后 $\dot{E}_0$，可以画出相量 $\dot{I}$，再根据 $\dot{F}_a$ 与 $\dot{I}$ 重合画出 $\dot{F}_a$，再将 $\dot{F}_{f1}$ 与 $\dot{F}_a$ 合成得 $\dot{F}_\delta$。从图上可知 $\psi = 90°$时的电枢

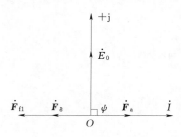

图 6-31　$\psi = 90°$滞后时永磁同步
发电机的电枢反应

反应特点：$\dot{F}_a$ 与 $\dot{F}_{f1}$ 相位差为 180°，$\dot{F}_a$ 与 $\dot{F}_{f1}$ 的方向相反，对 $\dot{F}_{f1}$ 起去磁作用。这种电枢反应称为直轴电枢反应，$\dot{F}_a$ 称为直轴去磁电枢反应磁动势（一般把通过磁极中心线的轴线叫直轴，也叫 d 轴）。当 $\dot{F}_{f1} > \dot{F}_a$ 时，直轴去磁电枢反应使合成磁动势 $\dot{F}_\delta$ 比空载时小，气隙磁通密度也将比空载时小，感应电动势也相应小。这时 $\dot{F}_\delta$ 和 $\dot{F}_{f1}$ 为同方向，$\theta' = 0°$。

3. 电枢电流 $\dot{I}$ 超前励磁电动势 $\dot{E}_0$ 90°（$\psi = -90°$）

$\psi = 90°$超前时永磁同步发电机的电枢反应如图 6-32 所示。仍在 $\omega t = 0$，转子位置 $\alpha_0 = 90°$时作时空矢量图，在图 6-32 中，$\dot{F}_{f1}$ 和 $\dot{E}_0$ 的位置仍不变。根据 $\psi = -90°$，得到相量 $\dot{I}$，它超前 $\dot{E}_0$ 90°电角度，作出 $\dot{F}_a$ 与 $\dot{I}$ 重合，再得到合成磁动势 $\dot{F}_\delta$，可以看到 $\psi = -90°$，$\dot{I}$ 超前 $\dot{E}_0$ 90°时的电枢反应特点：$\dot{F}_a$ 与 $\dot{F}_{f1}$ 同方向，$\dot{F}_a$ 对 $\dot{F}_{f1}$ 起助磁作用。这种电枢反应也称为直轴电枢反应，$\dot{F}_a$ 称为直轴助磁电枢反应磁动势，这时合成磁动势 $\dot{F}_\delta$ 比 $\dot{F}_{f1}$ 大，气隙磁通密度将比空载时大，感应电动势相应要大。这时 $\dot{F}_\delta$ 与 $\dot{F}_{f1}$ 也为同一方向，$\theta' = 0°$。

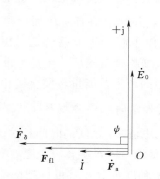

图 6-32　$\psi = 90°$超前时永磁同步
发电机的电枢反应

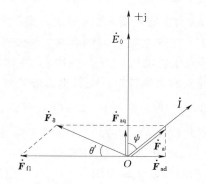

图 6-33　ψ 为任意锐角时永磁同步
发电机的电枢反应

4. 电枢电流 $\dot{I}$ 滞后或超前励磁电动势 $\dot{E}_0$ 一个锐角 ψ（$|\psi| < 90°$）

ψ 为任意锐角时永磁同步发电机的电枢反应如图 6-33 所示。这是同步发电机加一般负载的情况。仍以转子位置为 $\alpha_0 = 90°$的瞬间来做时空矢量图。$\dot{I}$ 滞后 $\dot{E}_0$ 一个锐角 ψ 时，

电枢反应磁动势既不在直轴，也不在交轴，合成磁动势 $\dot{F}_\delta$ 与 $\dot{F}_{f1}$ 相差 θ' 角。这时的电枢反应磁动势 $\dot{F}_a$ 可以分解为两个分量：一个是沿直轴方向的分量 $\dot{F}_{ad}$，称为直轴电枢反应磁动势分量，对 $\dot{F}_{f1}$ 起去磁作用；另一个是沿交轴方向的分量 $\dot{F}_{aq}$，称为交轴电枢反应磁动势分量，它的出现使合成磁动势 $\dot{F}_\delta$ 与 $\dot{F}_{f1}$ 偏离，形成 θ' 角。

$$\dot{F}_a = \dot{F}_{aq} + \dot{F}_{ad} \tag{6-8}$$

其中

$$F_{ad} = F_a \sin\psi, \qquad F_{aq} = F_a \cos\psi$$

6.3.3 电压方程和相量图

不计磁路饱和时，利用双反应理论，把电枢反应磁动势 $\dot{F}_a$ 分解成直轴和交轴磁动势 $\dot{F}_{ad}$、$\dot{F}_{aq}$，分别求出其所产生的直轴、交轴电枢反应磁通 $\dot{\Phi}_{ad}$、$\dot{\Phi}_{aq}$ 及其在电枢绕组中产生的感应电动势 $\dot{E}_{ad}$、$\dot{E}_{aq}$，再与主磁通 $\dot{\Phi}_0$ 所产生的励磁电动势 $\dot{E}_0$ 相加，便得一相绕组的合成电动势 $\dot{E}$，再从合成电动势 $\dot{E}$ 中减去电枢绕组的电阻和漏抗压降，则得到电枢端电压 $\dot{U}$。因此，永磁同步发电机的电压方程为

$$(\dot{E}_0 + \dot{E}_{ad} + \dot{E}_{aq}) - \dot{I}(R_1 + jX_1) = \dot{U} \tag{6-9}$$

式中　R_1——定子绕组电阻；

　　　X_1——定子绕组漏抗。

E_{ad} 和 E_{aq} 分别正比于 Φ_{ad} 和 Φ_{aq}，不计磁路饱和时 Φ_{ad} 和 Φ_{aq} 又分别正比于 F_{ad} 和 F_{aq}，而 F_{ad} 和 F_{aq} 又分别正比于电枢电流的直轴分量 I_d 和交轴分量 I_q，因此有 $E_{ad} \propto I_d$，$E_{aq} \propto I_q$。

不计定子铁耗时，$\dot{E}_{ad}$、$\dot{E}_{aq}$ 分别滞后于 $\dot{I}_d$、$\dot{I}_q$ 90°电角度，所以 $\dot{E}_{ad}$ 和 $\dot{E}_{aq}$ 可用负的电抗压降表示为

$$\begin{cases} \dot{E}_{ad} = -j\dot{I}_d X_{ad} \\ \dot{E}_{aq} = -j\dot{I}_q X_{aq} \end{cases} \tag{6-10}$$

式中　X_{ad}——直轴电枢反应电抗；

　　　X_{aq}——交轴电枢反应电抗。

将式（6-10）代入式（6-9），并考虑到 $\dot{I} = \dot{I}_d + \dot{I}_q$，可得

$$\dot{E}_0 = \dot{U} + \dot{I}R_1 + j\dot{I}X_1 + j\dot{I}_d X_{ad} + j\dot{I}_q X_{aq} = \dot{U} + \dot{I}R_1 + j\dot{I}_d(X_{ad} + X_1) + j\dot{I}_q(X_{aq} + X_1)$$
$$= \dot{U} + \dot{I}R_1 + j\dot{I}_d X_d + j\dot{I}_q X_q \tag{6-11}$$

式中　X_d——直轴同步电抗；

　　　X_q——交轴同步电抗。

图 6-34 为与式（6-11）相对应的永磁同步发电机相量图。

6.3.4 功率方程、转矩方程和功角特性

1. 功率方程

永磁同步发电机负载运行时会产生多种损耗。从转轴上输入的机械功率 P_1 中扣除机

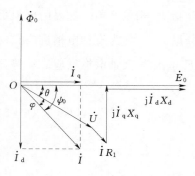

图 6-34　永磁同步发电机的相量图

械损耗 p_{mec} 和定子铁耗 p_{Fe} 后得到电磁功率 P_{em}，电磁功率即为由气隙磁场从转子传到定子上的功率，即

$$P_1 = p_{mec} + p_{Fe} + P_{em} \tag{6-12}$$

从电磁功率中减去电枢绕组损耗 p_{Cu} 得到电枢输出的电功率 P_2，即

$$\begin{cases} P_2 = P_{em} - p_{Cu} = P_{em} - mI^2 R_1 \\ P_2 = mUI\cos\varphi \end{cases} \tag{6-13}$$

式中　m——定子绕组相数；

　　　U、I——相电压有效值和相电流有效值；

　　　φ——功率因数角。

式（6-12）和式（6-13）就是同步发电机的功率方程。

2. 转矩方程

把功率方程式（6-12）两边除以同步角速度 Ω_s，可得同步发电机的转矩方程为

$$T_1 = T_0 + T_{em} \tag{6-14}$$

式中　T_1——原动机的驱动转矩，$T_1 = P_1/\Omega_s$；

　　　T_0——发电机的空载转矩，$T_0 = (p_{mec} + p_{Fe})/\Omega_s$；

　　　T_{em}——电磁转矩，$T_{em} = P_{em}/\Omega_s$。

3. 功角特性

当永磁同步发电机的端电压 U 保持不变时，发电机产生的电磁功率 P_{em} 与功率因数角 θ 之间的关系 $P_{em} = f(\theta)$ 称为功角特性。永磁同步发电机功角特性的表达式与永磁同步电动机的相同，即

$$P_{em} = m\frac{E_0 U}{X_d}\sin\theta + m\frac{U^2}{2}\left(\frac{1}{X_q} - \frac{1}{X_d}\right)\sin 2\theta \tag{6-15}$$

6.3.5　运行特性

永磁同步发电机的运行特性包括外特性和效率特性。根据这些特性可以确定发电机的电压调整率和额定效率，这些都是标志永磁同步发电机性能的基本数据。

1. 外特性

永磁同步发电机的外特性是当 $n = n_s$、$\cos\varphi$ 为常数时端电压与负载电流之间的关系曲线 $U = f(I)$。

图 6-35 为带有不同功率因数负载时永磁同步发电机的外特性曲线。带感性负载和纯电阻负载时，外特性曲线为下降趋势，这是由电枢反应的去磁作用和漏阻抗压降引起的。带容性负载且内功率因数角为超前时，由于电枢反应的助磁作用和容性电流的漏阻抗压降上升，外特性曲线可能是上升趋势。

从外特性曲线可以求出发电机的电压调整率，如图 6-36 所示。调节负载使发电机工作在额定工况，卸去负载后读取空载电动势 E_0，则发电机的电压调整率 Δu 为

$$\Delta u = \frac{E_0 - U_N}{U_N} \times 100\% \tag{6-16}$$

式中　U_N——发电机额定电压。

　　电压调整率是同步发电机的重要性能指标之一，过高的电压调整率将对用电设备的运行产生较大影响。与普通同步发电机相比，永磁同步发电机的电枢反应去磁作用较小，外特性曲线下降小，因此电压调整率较小。永磁同步发电机的励磁难以调节，如何减小电压调整率是永磁同步发电机设计的重要问题之一。

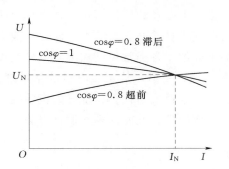

图 6-35　永磁同步发电机的外特性曲线

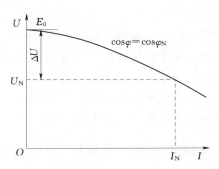

图 6-36　由外特性求电压调整率曲线

　　由图 6-34 可得到永磁同步发电机的输出电压。对于感性负载，额定负载时的输出电压为

$$U=\sqrt{E_\delta^2-I_N^2(R_1\sin\varphi-X_1\cos\varphi)^2+I_N^2X_{aq}^2\cos\varphi}-I_N(R_1\cos\varphi+X_1\sin\varphi)\qquad(6-17)$$

其中
$$E_\delta=4.44fNK_{dp}\Phi_{\delta N}K_\Phi$$

式中　$\Phi_{\delta N}$——额定负载时的每极气隙合成磁通。

　　从式（6-17）可以看出，影响电压调整率的既有外部负载因素，也有电机内部参数，其中以电枢反应电抗对电压调整率的影响最大。当发电机带感性负载且功率因数一定时，减小直轴电枢反应电抗和电枢绕组电阻、增大交轴电枢反应电抗都可以降低电压调整率。因此，在进行永磁同步发电机设计时应从以下两方面入手：

　　（1）削弱电枢反应的去磁作用，此时需要增大永磁体充磁方向的长度。

　　（2）减少绕组匝数以减小电阻和电抗，这就需要增加永磁体产生的磁通量，即增大永磁体面积。

2. 效率特性

　　效率特性是发电机在 $n=n_s$、$U=U_N$、$\cos\varphi$ 为常数时发电机的效率与输出功率之间的关系曲线 $\eta=f(P_2)$。

　　和其他电机一样，永磁同步发电机的效率可以用直接负载法或损耗分析法求出。永磁同步发电机的损耗可分为基本损耗和杂散损耗两部分。基本损耗包括电枢的基本铁耗 p_{Fe}、电枢的基本铜耗 p_{Cu} 和机械损耗 p_{mec}。电枢基本铁耗是指主磁通在电枢铁芯齿部和轭部交变所引起的损耗。电枢基本铜耗是换算到基准工作温度时电枢绕组的直流电阻损耗。机械损耗包括轴承的摩擦损耗和通风损耗。杂散损耗包括电枢漏磁通在电枢绕组和其他金属结构部件中所引起的涡流损耗。总损耗 $\sum p$ 求出后，效率即可确定为

$$\eta=\left(1-\frac{\sum p}{P_2+\sum p}\right)\times100\%\qquad(6-18)$$

6.4　永磁同步风力发电机的设计

关于永磁同步电机的设计，已有一些专著进行专门研究，以唐任远院士为核心的沈阳工业大学特种电机研究所对永磁电机分析设计方法进行了多年的研究，撰写了《现代永磁电机理论和设计》一书，以等效磁路法为主，结合电磁场数值计算对多种常见永磁电机的设计特点和分析方法进行了总结，是永磁电机研究人员的必备参考书。西北工业大学李钟明等编著的《稀土永磁电机》一书也比较全面地介绍了各类常规结构永磁电机的设计理论和计算方法。山东大学王秀和等编著的《永磁电机》一书，从永磁电机的基本理论入手，详细介绍了各类永磁材料的特点及选用原则、永磁电机磁路计算、永磁电机的磁场分析方法，并分析了各类常见永磁电机的结构特点、工作原理、性能计算和设计方法。

6.4.1　永磁同步风力发电机的设计特点与方法

1. 永磁同步发电机电磁的设计特点

（1）在磁路计算上，由于采用永磁材料励磁，因此要求永磁材料的剩余磁感应强度 B_r 和矫顽力 H_c 都要大，且永磁材料的退磁曲线应呈线性变化。另外，与电励磁不同，永磁体工作点的确定是在其回复直线上，而不是在一般的平均磁化曲线上。

（2）永磁同步发电机的励磁磁场不能人工调节，所以要求它的外特性要比电励磁同步发电机的外特性要硬，也就是说，要求它的外特性陡度要小，近似直线。从而保证它的电压调整率变化不大，以满足工程实际需要。

（3）由于永磁同步发电机没有励磁绕组，永磁体本身的磁阻很大，因此其同步电抗比电励磁电机小得多，超瞬变电抗 X_d'' 比电励磁电机大，而超瞬变电流 I'' 也较小，且 X_d'' 与 X_d 相差不大。

（4）在设计时，通常电励磁同步发电机空载特性的工作点最好选择在其平均磁化曲线的拐点附近，而永磁同步发电机的永磁体空载工作点最好选在回复直线的最大磁能积点附近，这样可以充分利用永磁体提供的有效磁能，当然在具体设计中，还要根据实际情况来确定。

由于永磁材料特性的复杂性及分散性，给永磁同步发电机的设计带来很大困难，也就是说，永磁同步发电机的几个主要性能指标以及参数，如电压调整率、同步电抗等的最后确定需要设计师们的不断完善与实践后才能解决，因而，在最初设计时要留有余地。

永磁同步发电机与电励磁同步发电机比较，在电磁设计方面要注意以下方面：

1）根据技术要求，选择合适的永磁转子结构和永磁材料。

2）永磁同步发电机不需要设计计算励磁绕组，但要计算和确定永磁体的体积、尺寸和工作点。

3）永磁同步发电机的参数计算和校核可以借助永磁体工作图进行。

4）在某些设计参数的选择与特性计算上，永磁同步发电机往往与所选用的永磁材料和转子结构型式有关。

2. 永磁同步风力发电机的设计特点

与一般的永磁同步发电机相比，在风电场的永磁同步发电机还有一些特殊性，主要表现在：

（1）发电机的运行环境恶劣，要求发电机安全可靠性高，能防雨雪、防沙尘。因此设计时要注意发电机的定子电流密度比传统电机的取值小，以降低发电机运行温升。

（2）由于发电机由风轮直接驱动，故要求发电机的额定转速要非常低。要充分利用其圆周线速度缩小体积，形成直径大而轴向长度短的结构。

（3）设计时要求发电机起始建压转速低，以最大限度地提高风能利用系数，因此要合理地选择绕组匝数和铁芯长度。

（4）设计时要求发电机的转矩脉动应尽量小以使系统平稳运行，发电机输出电压波形应尽量呈正弦波。低速发电机由于极数很多而电机外径不能过大，因此定子槽数有限，不能像传统电机一样采用正常的分布绕组和短距绕组，所以采用分数槽绕组来削弱高次谐波，减小转矩脉动。

3. 永磁同步发电机的设计分析方法

永磁同步发电机的设计分析方法可以分为基于"路"、基于"场"和基于"场路结合"三大类，主要有等效磁路法、电磁场解析法和电磁场数值计算法，以及由电磁场计算衍生出的多种分析方法。

（1）等效磁路法。等效磁路法是最为常见的传统电机设计方法，它是利用"场化路"的思想，把空间实际存在的不均匀分布的磁场转化成等效的多段磁路，并近似认为在每段磁路中磁通沿界面和长度均匀分布，将磁场的计算转换为磁路的计算。在永磁发电机的设计中，一般将永磁体等效为磁势源或者磁通源，其余按照电励磁电机的磁路计算来进行。该方法形象、直观，且计算量小，运用方便。但等效磁路法只适用于方案的估算、初始方案设计和类似方案的比较，要获得比较精确的计算结果还必须辅以其他分析方法。

（2）电磁场解析法。解析法是求解偏微分方程的经典方法，即设法找到一个连续函数，将它和它的各阶偏导数代入求解的偏微分方程后得到恒等式，且满足初始状态和区域边界上的定解条件。解析法的数学理论形成于19世纪，20世纪初开始应用于电机电磁场的计算，包括分离变量法、格林函数法和积分变换法等。解析法的优点是概念明确、易于理解，具有一定的普适性，表达式明确，能够反映参数之间的依赖关系，理论上具有精确解。但是该方法适用范围非常有限，仅有极少数的问题可以直接求解，大多数问题需要设定很多假设前提条件。因此，电磁场解析法主要用于理论分析，获取简单、但具有典型意义的问题的解答。

（3）电磁场数值计算法。电磁场数值计算法的基本思想是将所求电磁场的区域划分为许多细小的网格，网格与网格之间通过网格边界和节点连接在一起，建立以网格上各节点的求解函数值为未知量的代数方程组，通过计算机求解得到各节点的函数值。只要节点足够密，这些节点上的函数值就能比较准确地反映场的分布。其主要的实现方法有边界元法、有限差分法、积分方程法和有限元法，随着对理论的深入研究，近年还产生了有限元法和边界元法相结合的混合法。其中，有限元法是最有效、目前应用最为广泛的方法。

（4）场路结合分析法。场路结合是指磁路和磁场的结合，其思路是：利用电磁场数值计算求出漏磁系数、计算极弧系数、电枢有效长度等参数，然后将这些参数结合到等效磁路法的计算中。该方法可以提高磁路计算的准确性，减少对经验数据的依赖，同时所需的计算机内存和 CPU 时间比完全采用数值计算法要少，可大大缩短电机设计周期。目前已逐步形成了一整套场路结合设计分析方法和计算机辅助软件。

4. 永磁同步发电机的定子绕组的设计特点

（1）对交流绕组的设计要求：①在一定导体数下，获得较大的基波电动势和基波磁动势；②在三相绕组中，对基波来说，三相电动势和磁动势必须对称，即三相大小相等而相位上互差 120°，并且三相的阻抗也要求相等；③电动势和磁动势波形力求接近正弦波，因此要求电动势和磁动势中的谐波分量尽可能小；④用铜量少，绝缘性能和机械强度可靠，散热条件好；⑤制造工艺简单，检修方便。

（2）关于分数槽绕组。

每极每相槽数为

$$q = \frac{Z_s}{2mp} = a + \frac{c}{d}$$

每极槽数为

$$Q = \frac{Z_s}{2p} = A + \frac{C}{D}$$

式中　　Z_s——定子槽数；

　　　　m——相数；

　　　　p——发电机的极对数；

　　A、a——整数；

c/d、C/D——不可约分的分数。

理论和实践证明，D 越大，发电机的启动阻转矩越小。此外，随着 q 值的增加，负序阻抗降低，这是我们希望的。但同时，过分增大 q 值，发电机抑制高次谐波的能力降低，因此，并不是 q 越大越好，而是阻转矩小到满足要求即可。

对整数槽绕组（即每极每相槽数 q 为整数的绕组）及其电动势分析表明，当采用短距和分布绕组时能改善电动势波形。在大容量低速电机（如本文所设计的永磁风力发电机）中，极数很多，由于槽数的限制，每极每相槽数不可能太多。这时，若采用较小的整数 q 值，一方面，不能利用分布效应来削弱由于磁极磁场的非正弦分布所感应的谐波电动势；另一方面，也使齿谐波电动势的次数较低而幅值较大。在这种情况下，若采用每极每相槽数 q 等于分数的绕组，即分数槽绕组，便能得到较好的电动势波形。

（3）绕组电流密度。由于永磁同步发电机是与风力机直接耦合，安装在十几米乃至上百米高塔的机舱中，要求发电机安全可靠性高，且发电机的额定转速很低，故选取该电机的电流密度 $j \leqslant 4\text{A/mm}^2$。同时在保证足够的机械强度及磁通密度允许的情况下，应尽量减少定子齿宽和轭厚，以扩大槽面积，增大定子绕组导线面积，降低铜耗，提高发电机的效率。

166

5. 定转子槽数配合的设计原则

定子、转子槽数配合对提高永磁同步发电机启动性能，降低附加损耗、振动和噪音都有很大影响，选择时一般宜遵循以下原则：

（1）尽量避免一、二阶齿谐波产生同步附加转矩。

$$Z_2 \neq Z_1$$
$$Z_2 \neq Z_1 \pm P$$
$$Z_2 \neq Z_1 \pm 2P$$

式中　Z_1、Z_2——定子、转子槽数。

（2）尽量减小异步附加转矩（定子斜槽能起到较好的作用）。

$$Z_2 \leqslant 1.25(Z_1 + p)$$

（3）尽量避免单向振动力。

$$Z_2 \neq Z_1 \pm 1$$
$$Z_2 \neq Z_1 \pm p \pm 1$$

异步电机为减小附加损耗和异步附加转矩，常采用少槽配合形式，稀土永磁同步发电机中受转子永磁体的制约，多槽配合形式有时更为有利。

6.4.2 永磁同步风力发电机的设计模型

从 6.2 节关于永磁电机转子结构分类可知，按照不同的分类方法可以将永磁电机磁路结构进行分类。直驱式永磁同步风力发电机几乎都采用径向磁路结构，这也是本书讨论的重点内容。

1. 磁路计算

由于永磁体在电机中除了起到磁源的作用外还是磁路的重要组成部分，由永磁体产生的磁通量和磁动势还随磁路其余部分的材料性能、尺寸以及电机运行状态而变化，因此永磁电机磁路计算比电励磁电机复杂。为了简化分析计算，目前工程上仍然采用"场化路"的磁路计算方法，将空间实际存在的不均匀分布的磁场转化为等效的多段磁路，并近似认为在每段磁路上磁通沿截面和长度均匀分布，进而将磁场的计算转化为磁路的计算。几种常规磁路的永磁电机已经存在非常成熟的磁路计算方法，并且计算的结构经过某些修正后能很好地满足工程计算的精度要求。下面采用"场化路"的等效法进行磁路计算，永磁电机磁路计算的基础理论在参考文献[28] 中有非常详细的阐述。

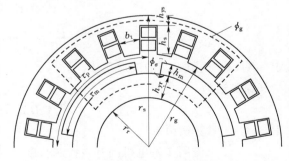

图 6-37　永磁同步发电机磁路示意图

图 6-37 为一典型 4 极径向磁通交流永磁同步发电机半模型剖面图，其中 ϕ_g、ϕ_σ 分别为永磁体的主磁通和漏磁通，r_r、r_g 和 r_s 分别为电机转子内孔半径、定子内圆半径和定子外圆半径，h_m 和 τ_m 分别为永磁体的厚度和宽度，b_t、h_s 分别为定子平均齿宽、槽高，

h_{ys} 和 h_{yr} 分别为定子轭部和转子轭部高度，τ_p 为极距。

　　永磁同步发电机磁路计算的主要目的是确定永磁体所产生的空载磁通的大小，并由此计算气隙磁密、定子齿部、轭部磁密和转子轭部磁密的大小，最后确定在定子绕组中感应的空载电动势。

　　直驱式永磁同步风力发电机的频率 f、极对数 p、转速 n 之间的关系 $f=pn/60$，极距为 $\tau_p=\pi D_{i1}/2p$。

　　则永磁体宽度 τ_m 为

$$\tau_m=\alpha_p\tau_p=\alpha_p\frac{\pi D_{i1}}{2p} \tag{6-19}$$

式中　α_p——永磁体的机械极弧系数；

　　　　D_{i1}——定子铁芯气隙处直径。

　　永磁体产生的气隙磁密幅值为[29]

$$B_g=B_r\frac{h_m}{\mu_r g_{eff}} \tag{6-20}$$

式中　B_g——永磁体气隙磁密幅值；

　　　　B_r——永磁体剩磁；

　　　　μ_r——永磁体相对磁导率；

　　　　g_{eff}——永磁同步发电机的有效气隙长度。

　　其中，永磁同步发电机 g_{eff} 为

$$g_{eff}=k_c\left(g+\frac{h_m}{\mu_r}\right) \tag{6-21}$$

式中　k_c——气隙系数；

　　　　g——永磁同步发电机机械气隙长度。

　　如果近似认为气隙磁密波形为矩形波，则基波幅值为

$$B_{g1}=K_f B_g \tag{6-22}$$

其中

$$K_f=\frac{B_{g1}}{B_g}=\frac{4}{\pi}\sin\left(\frac{\pi}{2}\frac{\tau_m}{\tau_p}\right)$$

式中　K_f——气隙磁密的波形系数。

　　气隙磁通为

$$\phi_g=B_g\alpha_i\tau_p L_{ef} \tag{6-23}$$

式中　α_i——计算极弧系数；

　　　　L_{ef}——永磁同步发电机的有效铁芯长度。

　　气隙基波磁通为

$$\phi_{g1}=K_\phi\phi_g \tag{6-24}$$

其中

$$K_\phi=\frac{\phi_{g1}}{\phi_g}=\frac{8}{\pi^2\alpha_i}\sin\left(\frac{\pi\alpha_i}{2}\right)$$

式中　K_ϕ——气隙磁通波形系数。

　　电机的定子齿部磁密，定子、转子轭部磁密为

$$\begin{cases} B_{t1} = \dfrac{B_g t_1 L_{ef}}{b_t K_{Fe} L_1} \\ B_{j1} = \dfrac{\phi_g}{2 L_1 K_{Fe} h_{ys}} \\ B_{j2} = \dfrac{\phi_g}{2 L_2 K_{Fe} h_{yr}} \end{cases} \tag{6-25}$$

式中　B_{t1}——定子齿部磁密；

　　B_{j1}、B_{j2}——定、转子轭部磁密；

　　　　t_1——定子齿距；

　　　K_{Fe}——铁芯叠压系数；

　L_1 和 L_2——定、转子铁芯长度。

相空载电动势有效值为

$$E_0 = 4.44 f K_{dp} N \phi_g K_\phi \tag{6-26}$$

式中　f——发电机频率；

　　K_{dp}——定子绕组系数；

　　　N——定子绕组每相串联匝数；

　　K_ϕ——气隙磁通波形系数。

式（6-23）～式（6-26）构成了直驱式永磁同步风力发电机的磁路计算模型。从磁路计算模型中可以看出，永磁体的尺寸，即永磁体的厚度 h_m 和宽度 τ_m 以及气隙的长度 g 对磁路设计的影响最大。因此在进行磁路设计和调整时，应该合理选择永磁体的尺寸和气隙长度，然后再调整其他参数，如发电机槽型尺寸和绕组匝数等，使各部分磁密和磁通值达到设计要求。

2. 直驱式永磁同步风力发电机的参数计算

直驱式永磁同步发电机的参数主要包括电抗参数和电阻参数，电抗由电枢反应电抗和漏电抗组成，其中电枢反应电抗为

$$X_a = \frac{12 f \mu_0 L_{ef} r_s (K_{dp} N)^2}{p^2 g_{eff}} \tag{6-27}$$

式中　μ_0——空气磁导率。

漏电抗 X_l 由槽漏电抗 X_{ss}、端部漏电抗 X_{se}、谐波漏电抗 X_{sd} 以及斜槽漏电抗 X_{sk} 构成，表达式为

$$X_l = \frac{4 \pi f \mu_0 L_{ef} (K_{dp} N)^2}{pq} \sum \lambda \tag{6-28}$$

式中　$\sum \lambda$——各种漏电抗的总比漏磁导。

永磁同步风力发电机的电抗参数为

$$X_s = X_l + X_a \tag{6-29}$$

永磁同步风力发电机相电阻 R_1 为

$$R_1 = \rho_{Cu} \frac{2 L_{av} N}{\pi a A_{Cu}} \tag{6-30}$$

式中　L_{av}——线圈半匝长度；

a——并联支路数；

A_{Cu}——所用导线的截面积；

ρ_{Cu}——铜的电阻率。

式（6-27）～式（6-30）构成了直驱式永磁同步发电机参数计算模型。从模型中可以看出，电机绕组匝数对直驱式永磁同步发电机的参数影响最大，设计时应注意合理选取。

6.4.3　极对数、极槽配合和永磁体尺寸的影响分析

6.4.3.1　极对数对永磁同步发电机的影响

1. 极对数对磁密和空载电动势的影响

将式（6-19）和式（6-20）代入式（6-22）中，则气隙磁密基波幅值为

$$B_{g1}=B_r\frac{h_m}{\mu_r g_{eff}}\frac{4}{\pi}\sin\left(\frac{\pi}{2}\alpha_p\right) \tag{6-31}$$

则每极气隙磁通量为

$$\phi_g=B_r\frac{h_m}{\mu_r g_{eff}}\alpha_p\frac{\pi D_{i1}}{2p}L_{ef} \tag{6-32}$$

相空载电动势有效值为

$$\begin{aligned}E_0&=4.44\frac{pn}{60}B_r\frac{h_m}{\mu_r g_{eff}}\alpha_p\frac{\pi D_{i1}}{2p}L_{ef}NK_{dp}K_\phi\\&=0.074B_r\frac{h_m}{\mu_r g_{eff}}\sin\left(\frac{\pi}{2}\alpha_p\right)D_{i1}L_{ef}NK_{dp}n\end{aligned} \tag{6-33}$$

在永磁同步发电机中，齿部磁密 B_{t1} 可表示为

$$B_{t1}=B_r\frac{h_m}{\mu_r g_{eff}}\frac{t_1}{b_1}\approx\frac{B_g t_1}{b_t} \tag{6-34}$$

则定子、转子轭部磁密可表示为

$$B_{j1}=2B_r\frac{h_m\alpha_p\pi}{\mu_r g_{eff}}\frac{D_{i1}}{p(D_1-D_{i1}-2h_s)} \tag{6-35}$$

$$B_{j2}=2B_r\frac{h_m\alpha_p\pi}{\mu_r g_{eff}}\frac{D_{i1}}{p(D_{i1}-2g-D_{i2}-2h_m)} \tag{6-36}$$

式（6-20）、式（6-31）～式（6-33）构成了直驱式永磁同步风力发电机电磁场对极对数 p 的参数化解析模型，该模型定量地揭示了直驱式永磁同步风力发电机电磁场数据随极对数变化的规律。当发电机的主要尺寸、永磁体磁化方向厚度和极弧系数不变时极对数 p 与发电机各部分磁密和空载电动势有如下关系：

（1）气隙磁密幅值 B_g 和气隙磁密基波幅值 B_{g1} 与极对数 p 无关。

（2）每极气隙磁通量 ϕ_g 与极对数 p 成反比例关系。

（3）定子齿部磁密 B_{t1} 与极对数 p 无关。

（4）定、转子轭部磁密 B_{j1} 和 B_{j2} 与极对数 p 成反比例关系。

（5）当发电机转速一定时，空载电动势 E_0 与极对数 p 无关。

2. 极对数对径向尺寸的影响

由上面的分析可知，当发电机永磁体尺寸、机械气隙尺寸 g 和各径向尺寸（D_1、D_{i1} 和 D_{i2}）一定时，定子、转子轭部磁密与电机的极对数 p 成反比例，即随着电机极对数的增大，定子、转子轭部磁密逐渐减小。

在电机设计时，通常将轭部磁密值控制在一定范围以内，可以近似认为是常数，因此，极对数的变化必然会引起电机径向尺寸的变化。

直驱式永磁同步风力发电机定子外径与极对数的关系为

$$D_1 = \frac{\dfrac{D_{i1}}{p} + k_{j1}(D_{i1} + 2h_s)}{k_{j1}} \qquad (6-37)$$

式中　k_{j1}——一个与极对数无关的常数：

$$k_{j1} = \frac{D_{i1}}{p(D_1 - D_{i1} - 2h_s)} \qquad (6-38)$$

可以看出，当保持发电机定子内径 D_{i1} 和槽高 h_s 不变时，定子外径随极对数 p 的增加而减小。某 2MW 直驱式永磁同步风力发电机定子铁芯外径 D_1 随极对数 p 变化的曲线如图 6-38 所示。

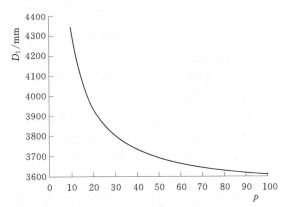

图 6-38　定子外径随极对数的变化曲线　　图 6-39　转子内径随极对数的变化曲线

同理可以推导直驱式永磁同步风力发电机转子内径与极对数的关系为

$$D_{i2} = \frac{k_{j2}(D_{i1} - 2g - 2h_m) - \dfrac{D_{i1}}{p}}{k_{j2}} \qquad (6-39)$$

式中，$k_{j2} = \dfrac{B_{j2}}{2B_r \dfrac{h_m \alpha_p \pi}{\mu_r g_{eff}}}$，若在设计中也保持转子轭部磁密 $B_{j2} = 1.35\text{T}$，那么 $k_{j1} = k_{j2} = 0.42$，当极对数 p 由 10 变为 100 时，该电机转子铁芯内径 D_{i2} 随极对数变化的曲线如图 6-39 所示。

由上面的分析可知，当直驱式永磁同步风力发电机保持其他设计参数不变时，定子铁芯外径随极对数的增大而减小，转子铁芯内径随极对数的增大而增大，且还可确保发电机空载电动势、各气隙磁密不发生变化，因此电机的体积和重量也可以随极对数的增大而减小。

3. 极对数对铁耗的影响

定子齿部的基本铁耗为

$$p_{Fet}=k_a p_{10/50} B_{t1}^2 \left(\frac{pn}{3000}\right)^{1.3} G_t \tag{6-40}$$

式中　k_a——铁耗经验系数，这里 k_a 取 1.7；

$p_{10/50}$——电磁材料 $B=1T$，$f=50Hz$ 时的单位重量损耗；

B_{t1}——定子齿部磁密；

G_t——定子齿部的重量。

从上面的分析可知，当改变极对数时，上述 4 个参数均保持不变，所以定子齿部铁耗随着极对数按指数规律上升。

定子轭部的基本铁耗为

$$p_{Fej}=k_a p_{10/50} B_{t1}^2 \left(\frac{pn}{3000}\right)^{1.3} G_j \tag{6-41}$$

式中　G_j——定子轭部重量。

当极对数变化时，为了保证轭部磁密保持相对不变，定子轭部高度 h_{sy} 要进行调整，因此轭部重量 G_j 也要随之发生变化。

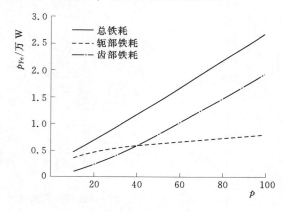

图 6-40　铁耗与极对数的关系曲线

分析表明，定子轭部铁耗是极对数的单调增函数，虽然一方面随着极对数的增大，电机频率变大，引起铁耗变大；另一方面，随着极对数的增大，定子轭部质量变小，引起铁耗减小，但铁耗增大速率高于铁耗减小的速率，因此总的轭部铁耗是极对数 p 的单调递增函数。

考虑到定子齿部铁耗与极对数的关系，当直驱式永磁同步风力发电机极对数增大时，定子铁芯损耗随之变大，图 6-40 为某 2MW 直驱式永磁同步风力发电机铁耗随极对数的变化趋势（$B_t=1.52T$，

$B_j=1.25T$）。

4. 极对数对发电机阻抗参数的影响

电枢反应电抗 X_a 为

$$X_a=\frac{\mu_0 L_{ef}(K_{dp}N)^2 n}{5 p g_{eff}} \tag{6-42}$$

式（6-42）表明，电枢反应电抗与极对数成反比例关系。电机漏电抗中的槽漏抗、谐波漏抗和斜槽漏抗与极对数无关，而端部漏抗随极对数的增大而减小，所以直驱式永磁同步风力发电机同步电抗 X_s 随极对数 p 的增大而减小。

随着极数的增大，在定子内径不变的条件下，线圈的跨距减小，端部长度也随之减小，因此电机定子电阻值随极数的增大而减小。

5. 计算验证

为了验证上述结论，对一台 10MW 直驱式永磁同步风力发电机进行了 6 种极数的电磁计算，这 6 种极数分别是 60、80、90、120、144 和 180。为了满足上面推导的约束条件，针对每种极数进行计算时，表 6-1 中所列参数都保持表中数值不变。

表 6-1 极数变化时发电机的约束条件

参　数	数　值	参　数	数　值	参　数	数　值
定子内径/m	10	铁芯长度/m	1.8	气隙长度/mm	5
槽数	1080	槽高/mm	94	槽宽/mm	11
永磁体厚度/mm	18	永磁体极弧系数	0.75	转速/$(r \cdot min^{-1})$	10

计算结果见表 6-2。

表 6-2 极数变化时发电机参数计算结果

极　数	60	80	90	120	144	180
定子外径/m	10.5	10.42	10.4	10.35	10.32	10.3
转子内径/m	9.66	9.73	9.76	9.80	9.83	9.855
定子铁芯重量/t	84.4	68.2	64.2	54.2	48.3	44.3
转子铁芯重量/t	55.6	42.5	36.9	27.8	23.6	18.9
铜重/t	9.2	8.7	8.55	8.2	8.1	7.9
定子电阻/Ω	0.2860	0.2706	0.2337	0.2236	0.2202	0.2169
同步电抗/Ω	7.624	6.012	4.962	4.052	3.863	3.861
气隙磁密/T	0.911	0.912	0.913	0.914	0.913	0.915
定子齿部磁密/T	1.226	1.227	1.227	1.228	1.223	1.230
定子轭部磁密/T	1.187	1.218	1.192	1.197	1.213	1.205
转子轭部磁密/T	1.203	1.185	1.217	1.203	1.191	1.193
空载电动势/kV	11.3	11.2	10.6	10.3	10.3	10.6
定子电流/A	510	514	544	560	560	544
定子电压/kV	11.95	11.61	10.92	10.56	10.51	10.81
定子铁耗/kW	11.5	14.4	15.6	19.9	23.8	30.0
定子铜耗/kW	223	214	207	210	207	192
功率因数	0.9473	0.9683	0.9737	0.9789	0.9809	0.9818
槽满率/%	52.9	52.9	52.6	52.6	52.6	52.6

对表 6-2 中的数据进行分析可以看出，随着电机极数增大，直驱式永磁同步风力发电机有如下变化规律：

（1）发电机的气隙磁密和定子齿部磁密几乎不变，与理论分析一致，空载电动势的波动是由于极数变化而槽数固定，导致发电机的绕组系数变化引起的。

（2）当保持定子、转子轭部磁密不变时，发电机的定子外径变小、转子内径变大，发电机的重量减轻，与理论分析结论一致。

（3）发电机的铁耗随极数的增大而增大，电阻和电抗参数都随极数的增大而减小。

上述变化规律与理论分析一致，验证了前面理论分析的正确性。

6.4.3.2　数槽匹配对永磁风力发电机的影响

极数和槽数的匹配也是影响发电机性能的一个重要因素，本节对一台 2MW 直驱式永磁同步风力发电机分别建立了 60 极—288 槽、60 极—360 槽、60 极—450 槽、60 极—540 槽和 60 极—675 槽 5 种不同极槽匹配的计算和仿真模型，分析极槽配合对直驱式永磁同步风力发电机的影响。

1. 极槽匹配对绕组系数的影响

在电机绕组理论中，将 $q=\dfrac{Z}{2mp}$ 定义为每极每相槽数（Z 为定子槽数，m 为相数，三相电机 $m=3$）。若 q 为整数，则称为整数槽绕组，若 q 为分数，则称为分数槽绕组。

为了削弱绕组电动势中的低次谐波，常用双层绕组的短距比有 5/6、7/9 和 4/5，它们对应的短距系数分别为 0.9659、0.9396 和 0.9510。

5 种不同极槽配合的绕组短距系数、分布系数和绕组系数见表 6-3。

表 6-3　不同极槽配合绕组参数

参数 ＼ 极—槽数	60 极—675 槽	60 极—540 槽	60 极—450 槽	60 极—360 槽	60 极—288 槽
每极每相槽数 q	15/4	3	5/2	2	8/5
极距 τ_p	11.25	9	7.5	6	4.8
跨距 y_1	9		6	5	4
短距比 β	4/5	7/9	4/5	5/6	5/6
短距系数 K_{d1}	0.9510	0.9397	0.9510	0.9659	0.9659
分布系数 K_{p1}	0.9551	0.9598	0.9567	0.9659	0.9556
绕组系数 K_{dp1}	0.9083	0.9019	0.9098	0.9330	0.9230

从表 6-3 可以看出，不同极槽配合的直驱式永磁同步风力发电机绕组的分布系数 K_{p1} 区别不大，都在 0.955 以上；短距系数 K_{d1} 则完全取决于绕组的短距比。总的来说各种极槽配合下的电机绕组系数区别都不大，因此极槽匹配对直驱式永磁同步风力发电机绕组系数的影响不大。

2. 极数匹配对磁密的影响

当极对数一定时，槽数越多，气隙磁密越大。这是因为随着槽数的增多，槽口变窄，气隙系数变小。极槽配合对于空载电动势波形有很大影响，当每极每相槽数为整数时，电压畸变率较大；当每极每相槽数为分数时，电压畸变率较小，并且随着分母的增大而减小。极槽配合对电压基波幅值影响也不是很大。因此在选取直驱式永磁同步风力发电机极槽配合时电动势波形是需要重点考虑的因素。

6.4.3.3　磁极参数对永磁同步风力发电机的影响

永磁体是永磁同步风力发电机的磁场来源，它的尺寸和形状对发电机的性能有重要影响，下面从永磁体厚度和永磁体极弧宽度两个方面分析其对发电机的影响。

1. 永磁体磁化方向厚度对永磁风力发电机空载磁密的影响

气隙磁密值 B_g 与永磁体厚度 h_m 的关系为

$$B_g = B_r \frac{h_m}{\mu_r g_{eff}} = B_r \frac{h_m}{k_c(h_m + \mu_r g)} \tag{6-43}$$

当其他参数不变时，空载电动势 E_0、定子轭部磁密 B_{j1}、转子轭部磁密 B_{j2} 和定子齿部磁密 B_{t1} 与永磁体厚度 h_m 也具有下列简单关系

$$\begin{cases} E_0 \propto \dfrac{h_m}{h_m + \mu_r g} = \dfrac{1}{1 + \dfrac{\mu_r g}{h_m}} \\[4mm] B_{j1} \propto \dfrac{h_m}{h_m + \mu_r g} = \dfrac{1}{1 + \dfrac{\mu_r g}{h_m}} \\[4mm] B_{j2} \propto \dfrac{h_m}{h_m + \mu_r g} = \dfrac{1}{1 + \dfrac{\mu_r g}{h_m}} \\[4mm] B_{t1} \propto \dfrac{h_m}{h_m + \mu_r g} = \dfrac{1}{1 + \dfrac{\mu_r g}{h_m}} \end{cases} \tag{6-44}$$

图 6-41 和图 6-42 分别为当永磁体厚度由 8mm 变化到 20mm 时的永磁同步风力发电机气隙磁密 B_g 和空载电动势 E_0 的变化曲线。从图中可以看出气隙磁密与空载电动势随永磁体厚度的增大而增大，但当永磁体的厚度达到某一个数值后，增加的速率降低。

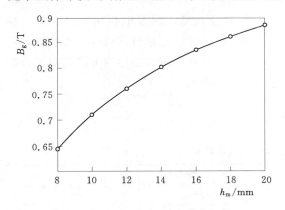

图 6-41 气隙磁密与永磁体厚度关系　　　　图 6-42 空载电动势与永磁体厚度关系

2. 永磁体磁化方向厚度对电感的影响

由式（6-27）和式（6-21）有

$$X_a = \frac{12f\mu_0 L_{ef} r_s (K_{dp} N)^2}{p^2 k_c \left(g + \dfrac{h_m}{\mu_r}\right)} = \frac{\mu_r 12 f \mu_0 L_{ef} r_s (K_{dp} N)^2}{p^2 k_c \left(\mu_r g + \dfrac{h_m}{\mu_r}\right)} \tag{6-45}$$

从式（6-45）可以看出，电枢反应电感随永磁体厚度的增大而变小，因为漏电感与永磁体厚度关系不大，因此总电枢电感随永磁体厚度的增大而变小。图 6-43 为当永磁体厚度由 8mm 变化到 20mm 时的永磁同步风力发电机电枢电感 L 的变化曲线。

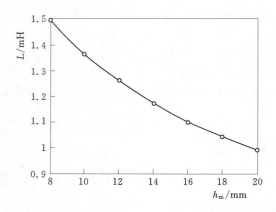

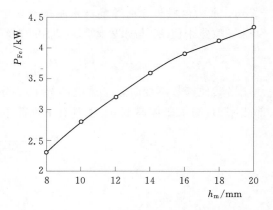

图 6-43　电感参数与永磁体厚度的关系　　　　图 6-44　铁耗与永磁体厚度的关系

3. 永磁体磁化方向厚度对铁耗的影响

图 6-44 为当永磁体厚度由 8mm 变化到 20mm 时的电机定子铁耗的变化曲线，从图中可以看出永磁同步风力发电机铁芯损耗随着永磁体厚度的增加而变大。

6.5　大型永磁同步发电机实例

6.5.1　2MW 永磁同步风力发电机设计及试验分析

兆瓦级永磁同步风力发电机没有齿轮箱，电机转速较低，因此电机极数多，外径偏大，这就要求发电机可靠性较高，在不同条件下都可以正常稳定运行，设计要求较高。另外，兆瓦级风力发电机的材料使用量很大，永磁体与电机铁芯用量会影响电机的电磁性能与制造成本，因此需要控制永磁同步风力发电机的生产成本[64]。

6.5.1.1　发电机设计的技术要求

发电机设计的技术要求见表 6-4。

表 6-4　发电机设计的技术要求

参　数	数　值	参　数	数　值
额定功率	2110kW	防护等级	IP54
极数	60	绝缘等级	F 级
额定电压	660V	冷却方式	IC40
直流母线电压	1100V	安装型式	IMB3
额定转速	17r/min	工作制与定额	S1（连续）

6.5.1.2　初步方案设计

1. 电磁材料选取

永磁同步发电机使用的材料主要有绕组铜线、机壳材料、定转子冲片以及永磁体。在电机设计时主要考虑永磁体的选择，铝镍钴永磁材料剩磁较高，温度系数小，但是矫顽力很小，退磁曲线呈非线性变化。钐钴稀土材料剩磁、矫顽力和最大磁能积都很高，抗去磁能力强，退磁曲线基本呈直线。衫钴稀土材料硬而脆，只能进行少量电火花以及线切割加工，价格较昂贵。钕铁硼永磁材料性能优异，矫顽力与剩磁都很高，退磁曲线为直线，价格比稀土钴便宜（相对），不足之处是居里温度较低，温度系数较高。

选择永磁材料时：①应使剩磁、矫顽力和最大磁能积足够高以保证获得足够高的功率密度，同时热稳定性、磁稳定性、化学稳定性和时间稳定性良好；②永磁同步风力发电机的损耗大、温升高，应选择使发电机工作在永磁材料退磁曲线的直线部分，工作温度点高的永磁材料；③尽量选择价格便宜的永磁材料以节省成本。考虑权衡这几点后，本设计中确定采用铝铁硼永磁材料，具体永磁材料牌号以及参数见表 6-5。

表 6-5　永磁材料牌号以及参数

参　数	数　值	参　数	数　值	参　数	数　值
牌号	N38SH	剩磁/T	1.23	矫顽力/$(kA \cdot m^{-1})$	935
内禀矫顽力/$(kA \cdot m^{-1})$	1592	最大磁能积	300	温度系数/%	-0.11

另外定转子冲片采用的硅钢片材料也对电机性能有一定影响。硅钢片材料有热轧硅钢片与冷轧硅钢片两种。冷轧硅钢片的磁饱和性能比热轧硅钢片好，而且直驱风力发电机的极槽数很多，设计时要考虑到机械强度与齿部磁密饱和等问题，定转子冲片选用 0.5mm 厚的冷轧硅钢片，牌号为 DW315—50。

2. 初始设计方案确定

（1）主要尺寸。由电机设计的基本原理可知，永磁同步风力发电机的主要尺寸是定子内径 D_{i1} 和铁芯长度 L_t，估算公式为

$$D_{i1}^2 L_t = \frac{6.1P'}{\alpha'_p K_\phi K_{dp1} A B_g n} \tag{6-46}$$

式中　P'——计算功率，由于是估算，P' 取额定功率的 1.1 倍，即 $P' = 1.1P_N$
　　　　　　 $\approx 2300kW$。

其他参数预取值为：

极弧系数　　　　　　　$\alpha'_p = 0.75$

气隙磁通波形系数　　　$K_\phi = 1.05$

绕组系数　　　　　　　$K_{dp1} = 0.92$

线密度　　　　　　　　$A = 500A/cm$

气隙磁通密度　　　　　$B_g = 0.85T$

由式（6-50）计算得 $D_{i1}^2 L_t = 24m^3$，根据发电机尺寸要求，铁芯长度 L_t 取 1.5m，所以发电机定子内径 D_{i1} 初步取值为 4.0m，定子外径初步取值为 4.3m，气隙长度初步取定子内径的 0.15%，为 6mm。初步确定的发电机主要尺寸及相关尺寸见表 6-6。

表 6-6　发电机初步方案主要尺寸　　　　单位：mm

参　数	数　值	参　数	数　值
定子内径 D_{i1}	4000	铁芯长度 L_t	1500
气隙长度	6	定子外径	4300

（2）定子槽形与绕组设计。在极数、相数一定的情况下，定子的槽数由每极每相槽数 q 决定。设计电机齿槽结构时，应注意齿部、轭部磁通密度以及机械强度等问题，在满足这些问题的情况下尽量增大槽面积，从而增加其对绕组的容纳能力，减小电机铜耗，提高电机效率。当然，还应该综合考虑对电机的其他性能的影响。

由电机学可知，采用分数槽双层短距绕组有利于降低发电机的齿槽转矩并改善电动势的波形。综合上述因素，定子槽数 Q_1 选取 288，由此可得

$$\tau = \frac{Q_1}{2p} = \frac{288}{60} = 4.8$$

$$q = \frac{Q_1}{2mp} = \frac{288}{3 \times 60} = 1.6$$

线圈跨距 $y_1 = 5$，此时短距比 $\beta = 5/6$，可以同时削弱 5 次、7 次谐波。

由于直驱式风力发电机体积庞大、转矩高，定子绕组为扁铜线制成的成形绕组，所以定子槽形选取开口矩形槽。由前面确定的发电机定子内径和槽数可以计算出发电机定子齿距为

$$t_1 = \frac{\pi D_n}{Q_1} = \frac{\pi \times 4000}{288} = 43.6 (\text{mm})$$

定子槽宽 b_s 按照一个齿距宽度的 55% 选取，那么初步选取的定子槽宽 $b_s = 24\text{mm}$，槽高 h_s 初步取槽宽 b_s 的 4 倍，为 96mm，槽口高 $h_{s0} = 5\text{mm}$。由此初步确定的定子冲片尺寸见表 6-7。

表 6-7　定 子 冲 片 尺 寸

参　数	数　值	参　数	数　值	参　数	数　值
外径/mm	4300	内径/mm	4000	槽形	矩形槽
槽数	288	槽宽 b_s/mm	24	槽高 h_s/mm	96

由于变流器采用两组 1MW 变流器并联，因此发电机定子绕组采用 2Y 结构，且两个 Y 型绕组相位相同，各出 1MW 的功率。因此在电机绕组设计时，并联支路数至少为 2，且必须为偶数，因此初步确定并联支路数 $a = 4$。

定子绕组匝数 N_1 主要由空载感应电动势 E_0 和每极磁通量 ϕ_g 共同确定，它们之间的关系为

$$E_0 = 4.44 f \phi_g N_1 K_{dp1} K_\phi \tag{6-47}$$

永磁风力发电机相量图如图 6-45 所示。在初始数据选取时，空载感应电动势 E_0 取 $0.9 U_N \approx 400\text{V}$。

空载每极磁通 ϕ_g 与气隙磁密 B_g 之间的近似关系为

$$\phi_g = B_g \alpha_p' \tau L_t \tag{6-48}$$

由式（6-48）可以计算出每极磁通的估算值为

$$\phi_g = B_g \alpha_p' \tau L_t = 0.85 \times 0.75 \times 0.199 \times 1.5 = 0.19 \text{（Wb）}$$

由式（6-47）可以计算出定子绕组每相串联匝数为

$$N_1 = \frac{400}{4.44 f \phi_g K_{dp1} K_\phi} = \frac{400}{8.5 \times 0.19 \times 0.92 \times 1.04 \times 4.44} = 58.2$$

初步选取每相串联匝数 $N_1 = 58$。

每相串联匝数 N_1、每槽导体数 N_s、并联支路数 a、定子槽数 Q_1 以及相数 m 之间的关系为

$$N_1 = \frac{N_s Q_1}{2ma} \qquad (6-49)$$

由式（6-49）可以初步确定发电机每槽导体数为

$$N_s = \frac{2ma N_1}{Q_1} = \frac{2 \times 3 \times 4 \times 58}{288} = 4.8 \qquad (6-50)$$

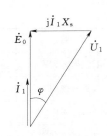

图 6-45 $i_{sd}=0$ 矢量控制下发电机相量图

由于绕组为双层绕组，每槽导体数不能为奇数，因此调整并联支路数为6，每槽导体数 N_s 选取8。

（3）永磁体和转子铁芯设计。本例选取的转子磁路结构为表贴式径向磁路，因此永磁体形状选取为瓦片状，永磁体极弧系数确定 α_p 初步确定为 0.75，轴向长度与定子、转子铁芯相同，为 1.5m。

永磁同步风力发电机气隙磁密幅值 B_g 与永磁体磁化方向厚度 h_m 的关系为

$$B_g = B_r \frac{h_m}{\mu_r g_{eff}} \qquad (6-51)$$

其中
$$g_{eff} = k_c (g + h_m/\mu_r)$$

由永磁体的数据可知，$\mu_r = 1.03$，$B_r = 1.15T$；由于是开口槽，k_c 初步取 1.09；$g = 6mm$，由式（6-51）可求得永磁体磁化方向厚度 $h_m = 26mm$。

转子铁芯外圆直径 $D_2 = D_{i1} - 2g - 2h_m = 3936mm$，转子外径为 $D_{i1} - 2g = 3988mm$，转子内径 D_{i2} 取 3800mm。

（4）初步设计结果。

综合上述（1）、（2）、（3）确定的 2MW 永磁同步风力发电机初始电磁数据见表6-8。

表 6-8 初始设计主要数据

参数	数值	参数	数值
定子外径/mm	4300	定子内径/mm	4000
转子外径/mm	3988	转子内径/mm	3800
铁芯长度/mm	1500	气隙长度/mm	6
定子槽数	288	槽满率/%	52
槽高/mm	96	槽宽/mm	24
绕组形式	双层叠绕组	绕组接法	Y，Y
每槽导体数 N_s	8	并联支路数	6
永磁体厚度/mm	26	永磁体极弧系数 α_p/%	75

基于变流器控制的永磁同步风力发电机设计模型对上述设计数据进行计算，得到的主要计算结果见表6-9。

表 6-9　初步方案计算结果

项　目	结　果	项　目	结　果	项　目	结　果
输出功率/kW	2100	空载电动势/V	692	输出线电压/V	707
气隙磁密/T	0.7657	定子齿部磁密/T	1.707	定子轭部磁密/T	1.297
转子轭部磁密/T	0.8868	定子电阻/Ω	0.0136	电感/mH	1.41
定子电流/A	1752	电流密度/(A·mm⁻²)	3.1	齿槽转矩/(N·m)	7000

6.5.1.3　方案调整

从表 6-9 可以看出，初步方案确定的设计参数虽然能使发电机在额定转速下输出 2100kW 的功率，但是有一些设计参数不合理甚至不符合技术指标要求：

（1）空载电动势偏高、定子电压高于额定电压。

（2）定子齿部磁密偏高，定子、转子轭部磁密偏低。

（3）定子槽满率偏低。

因此需要对方案进行调整和优化。下面从以下几个方面对永磁同步风力发电机设计方案进行调整。

1. 电机主要尺寸调整

永磁同步风力发电机定子外径 D_1 与转子内径 D_{i2} 之间的关系为

$$\begin{cases} D_1 = \dfrac{2D_{i1}B_r h_m \alpha_p \pi}{p B_{j1} \mu g_{eff}} + (D_{i1} + 2h_s) \\ D_{i2} = (D_{i1} - 2g - 2h_m) - \dfrac{2D_{i1}B_r h_m \alpha_p \pi}{p B_{j2} \mu g_{eff}} \end{cases} \tag{6-52}$$

由式（6-52）可以看出，发电机定子、转子轭部磁密的大小与发电机径向尺寸有密切关系，磁密值越大，则发电机的径向尺寸越小。在发电机初始设计方案中，定子、转子的轭部磁密都偏小，因此可以通过调整发电机的径向尺寸来优化磁密值，具体措施是缩小发电机的径向尺寸来提高发电机的轭部磁密值，但磁密值应该控制在允许的饱和值范围之内。

2. 槽型尺寸的调整

定子齿部磁密 B_{t1} 与齿部宽度 b_t 近似成反比关系，在发电机初始方案中齿部磁密 B_{t1} 偏高，因此需要增大齿部宽度来减小齿部磁密。在发电机中，齿部宽度 b_t 与槽宽 b_{s1} 满足下列关系

$$b_t = t_1 - b_{s1} \tag{6-53}$$

因此可以通过减小定子槽宽 b_{s1} 尺寸来优化齿部磁密。另外在初始方案中，发电机槽满率偏低，通过调整槽型尺寸能同时达到优化槽满率和齿部磁密的目的。

3. 磁极尺寸调整

空载电动势 E_0 与永磁体磁化方向厚度 h_m 的关系为

$$E_0 \propto \frac{1}{1+\frac{\mu_r g}{h_m}} \qquad (6-54)$$

在初始方案设计中，空载电动势 E_0 设计值偏高，因此可以通过减小永磁体的磁化方向厚度 h_m 来减小空载电动势。

4. 匝数调整

发电机的匝数对其空载电动势和输出电压的大小有极大影响，匝数越多，空载电动势越大，输出电压也越高。在初始方案中输出电压和空载电动势明显偏高，因此可以通过适当减小发电机匝数进行优化。

6.5.1.4 方案优化

发电机性能与其设计参数之间有着密切的联系，参数与参数之间也存在很多约束关系，因此必须借助优化设计工具将上述参数调整紧密结合起来，统一设计。本实例选用遗传算法对初始方案进行优化，遗传算法是一种典型进化算法，主要借鉴了达尔文的自然界遗传及适者生存的理论。其主要特点是信息在群体个体与搜索策略中进行交换，而不需要依靠梯度信息进行搜索，当传统搜索方法很难解决复杂的非线性问题时，遗传算法的优势十分显著。

1. 优化目标函数确定

将永磁同步风力发电机的有效材料成本作为优化目标，优化目标函数表达式为

$$C_{act} = c_{Fe} G_{Fe} + c_{Cu} G_{Cu} + c_{pM} G_{pM} \qquad (6-55)$$

式中　c_{Fe}、c_{Cu}、c_{pM}——硅钢片、铜线和永磁体（钕铁硼）的单价，分别取 25 元/kg、120 元/kg 和 320 元/kg；

　　　　G_{Fe}、G_{pM}、G_{Cu}——永磁同步风力发电机硅钢片、永磁体和铜线的重量。

2. 优化变量和约束条件确定

（1）优化变量。除了主要尺寸外，发电机永磁体尺寸、定子绕组匝数对发电机性能影响也很大，因此本实例主要从以下几个方面来选取优化设计变量：

1）电机的主要尺寸。定子内径 D_{i1} 和铁芯长度 L_t 不仅决定发电机的尺寸和重量，而且还是基本确定了发电机在一定转速下的输出功率，是发电机设计中最为重要的电磁设计参数，因此确定发电机定子内径 D_{i1} 和铁芯长度 L_t 为优化设计变量。

2）电机绕组匝数（每槽导体数 N_s）。电机绕组匝数直接影响发电机的感应电动势大小，对发电机的其他性能也有重要影响，选取每槽导体数 N_s 为优化设计变量。

3）永磁体尺寸。永磁体尺寸永磁同步风力发电机性能有重大影响，选取永磁体磁化方向厚度 h_m 和极弧系数 α_p 作为优化设计变量。

4）定子槽型尺寸。定子槽型尺寸虽然对永磁同步风力发电机的体积和重量影响不大，但是对于电机磁密和槽满率有很大影响，因此选取定子槽宽 b_s 和槽高 h_s 作为优化设计变量。

综合上述考虑，永磁同步风力发电机优化设计变量为：定子内径 D_{i1}、铁芯长度 L_t、每槽导体数 N_s、永磁体磁化方向厚度 h_m 和极弧系数 α_p、定子槽宽 b_s 和槽高 h_s 等 7 个设计参数，记为

$$X = \begin{bmatrix} x_1 \\ x_2 \\ x_3 \\ x_4 \\ x_5 \\ x_6 \\ x_7 \end{bmatrix} = \begin{bmatrix} D_{i1} \\ L_t \\ N_s \\ h_m \\ \alpha_p \\ b_s \\ h_s \end{bmatrix} \tag{6-56}$$

式（6-55）确定的目标函数可以表示为

$$C_{act} = C_{act}(\boldsymbol{X}) \tag{6-57}$$

（2）约束条件。约束条件的选取对发电机的优化设计也有较大影响，永磁同步风力发电机优化设计的约束原则如下：

1）输出功率 P_2。永磁同步风力发电机的各项指标都是在发电机能输出额定功率的前提下。

2）效率 η。高效率也是电机优化设计追求的目标。

3）发电机的端电压 U_n。

4）槽满率。在自动寻优过程中，一般会将槽满率设计得很高，但是过高的槽满率将导致发电机制造困难，因此将槽满率 S_f 选为约束条件。

5）磁密。磁密过高会导致发电机磁路饱和及发热，因此选择气隙磁密 B_g、定子齿部磁密 B_{t1} 和定子轭部磁密 B_{j1} 作为约束条件。

6）定子电流密度 J_1、定子热负荷 AJ_1。定子电流密度 J_1 和定子热负荷 AJ_1 是发电机电磁设计中确定电机发热的主要参数。

确定各个约束条件约束值见表 6-10。

表 6-10　约束条件的约束值

约束变量	数　值	约束变量	数　值
P_{2c}/kW	2100	B_{t1c}/T	1.60
$\eta_c/\%$	$\geqslant 94$	B_{j1c}/T	1.50
U_{nc}/V	680	$J_{1c}/(A \cdot mm^{-2})$	5.5
$S_{fc}/\%$	90	$AJ_{1c}/(A^2 \cdot mm^{-3})$	200
B_{gc}/T	0.85		

电机优化设计是非线性规划问题，而遗传算法属于无约束优化方法，本身不能处理约束条件，因此必须首先把约束条件进行转化为无约束的增广目标函数，采用罚函数法，增广目标函数为

$$C'_{act} = C_{act}(\boldsymbol{X}) + \sum_{j=1}^{m} \omega_j P_j(\boldsymbol{X}) \tag{6-58}$$

式中　C'_{act}——增广目标函数；

ω_j——个约束条件的权因子。

$$P_j(X) = \begin{cases} 0 & g_i(X) \leqslant 0 \\ F(X)\dfrac{\lg[1.0 + Kg_i(X)]}{\lg(1.0 + K)} & g_i(X) > 0 \end{cases} \tag{6-59}$$

式中　　K——控制罚函数形状的控制因子，K 取不同的值，可以控制罚函数在优化过程中对原目标函数的惩罚力度。

3. 优化设计结果

优化后详细设计参数及设计结果见表 6-11 和表 6-12。

表 6-11　优化后的设计参数

参　数	数　值	参　数	数　值
定子外径/mm	4100	定子内径/mm	3840
转子外径/mm	3828	转子内径/mm	3700
铁芯长度/mm	1500	气隙长度/mm	6
定子槽数	288	槽形	矩形槽
槽高/mm	75	槽宽/mm	20
槽满率/%	88.45	绕组接法	Y，Y
每槽导体数	14	并联支路数	12
永磁体厚度/mm	24	永磁体极弧系数/%	75

表 6-12　优化后的设计结果

参　数	结果	参　数	结果	参　数	结果
输出功率/kW	2100	频率/Hz	8.5	输出线电压/V	660
功率因数	0.9470	效率/%	94.53	定子电流/A	2186
定子电流密度/（A·mm⁻²）	3.1	热负荷/（A²·mm⁻³）	188	电磁转矩/（kN·m）	1240
气隙磁密/T	0.8200	定子齿部磁密/T	1.590	定子轭部磁密/T	1.454
转子轭部磁密/T	1.487	空载电动势/V	625	齿槽转矩/（N·m）	6600
电感/mH	1.08	定子电阻/Ω	0.0068		

优化后的结果与初始设计数据相比，通过对电机主要尺寸、匝数、永磁体和槽形尺寸的调整，优化了电机的空载电动势、输出电压、电机定子铁芯各部分磁密值，设计优化后电机各项性能指标更加合理和平衡，重量和有效成本也有所降低，达到了优化设计的目的。优化前后发电机各有效材料重量和成本对比如图 6-46 和图 6-47 所示。

6.5.1.5　永磁同步风力发电机试验与分析

1. 兆瓦级永磁同步风力发电机试验平台的构成

以上述设计的 2MW 永磁同步风力发电机方案为主要依据，湘潭电机集团有限公司完成了电机的结构设计和样机制造，并在该集团风电试验站中完成了样机的测试。

完整的永磁同步风力发电机试验平台结构如图 6-48 所示。由图 6-48 可知，整个样机系统主要包括两台 2MW 永磁同步风力发电机，一台作电动机由商用变频器驱动模拟风力机，另一台作发电机由试验全功率变流器驱动发电。商用变流器与试验样机接在并网变压器二次侧形成功率环路，电网仅需补充平台产生的损耗。

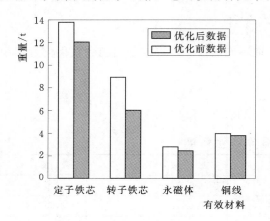

图 6-46   有效材料重量对比

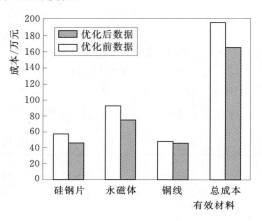

图 6-47   有效材料成本对比

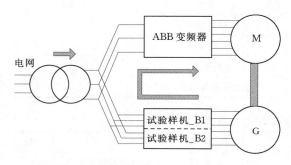

图 6-48   永磁同步风力发电机组试验结构图

原动机采用速度控制策略拖动发电机发电，试验用变流器采用水冷＋风冷的冷却方式。

2.2MW 永磁同步风力发电机试验研究

（1）2MW 永磁同步风力发电机对拖试验。为了在实验平台上模拟风力发电实验，由实验平台上原动机拖动发电机旋转。网侧变流器启动实现稳压调节，将直流侧母线电压稳定在 1100V，网侧无功电流控制为 0，实现单位功率因数控制。同时机侧变流器检测到发电机转速达到启动转速时，机侧变流器无冲击启动，并等待上位机指令，根据转矩曲线实现转矩控制。功率分析仪检测计算的发电机侧电压、电流和有功功率数据以及网侧电压、电流和功率数据。

当发电机能够输出额定功率 2100kW 时，发电机的电压为 676.39V，电流为 1901A，功率因数为 0.9453；并网功率为 2007kW，电网电压为 669.56V，并网电流为 1727A，网侧变流器完全实现了单位功率因数控制。

（2）2MW 永磁同步风力发电机测试数据对比分析。通过上述试验平台，对 2MW 永磁同步风力发电机进行了温升及其他测试，测试数据及设计数据见表 6-13。

从表 6-13 中的数据对比可以看出，2MW 永磁同步发电机性能数据的设计值与试验值总体的吻合性比较好，设计出的电机能满足技术指标的要求。

其中铁耗计算值与试验值差别比较大，主要原因是在设计模型中进行铁耗计算时只考虑了基本铁芯损耗，这在电流为正弦波时计算精度可以满足工程设计要求，但由于永磁同步风力发电机定子侧受到变流器的控制，电流含有谐波成分，因此铁芯损耗中还包含了一定量的负载附加损耗，所以在铁耗这项性能上出现了比较大的偏差。

综上所述，上述兆瓦级永磁同步风力发电机的设计模型和优化设计方法能有效地设计出满足工程需求的发电机，并且具有较高设计准确度。

表 6-13 设计结果与试验对比表

试 验 项 目	设计值	试验值	试 验 项 目	设计值	试验值
定子相电阻（15℃）/Ω	0.00641	0.00613	额定转速/(r·min⁻¹)	17	17
额定电流/A	2186	1901	频率	8.5	8.5
额定电压/V	660	676.3	定子绕组温升/K	—	86.76
定子铁耗/kW	8.56	20.22	基波空载电压/V	616	623
定子铜耗/kW	101	73.1	波形畸变率/%	0.611	0.346
杂耗/kW	10.5	10.5	齿槽转矩/(N·m)	6600	5670
额定功率/kW	2100	2105.9	轴承温度/℃	—	72
效率/%	94.53	94.85	噪声功率级/[dB（A）]	—	98.9
功率因数（超前）	0.9470	0.9453	最大振动值/(mm·s⁻¹)		1.5

6.5.2 1.5MW 永磁同步风力发电机设计

大、中型常规电机的研发设计已经比较成熟，但在以永磁为特色的新型、特种电机电磁设计上，我国技术储备相对不足，参考机型很少。在这些不利条件下，东方电机针对1.5MW 永磁同步发电机与常规电励磁电机在电磁设计上的差异性，结合其固有的技术特点，经过大量深入细致的研究工作，同时充分吸收和借鉴在常规电机电磁关键问题研究的思路和成果，充分运用有限元计算精度高与解析计算速度快的优点，提出了永磁同步发电机的电磁设计方法及电磁设计中若干关键问题的处理技术[62]。

6.5.2.1 电磁设计

1. 主要参数

1.5MW 永磁同步风力发电机主要参数见表 6-14。

表 6-14 1.5MW 永磁同步风力发电机主要参数

电机结构	外转子	额定转速/(r·min⁻¹)	17.3
额定功率/kW	1650	效率/%	94.5
额定电压/V	690	防护等级	IP54
额定电流/A	1580	绝缘等级	F
相数	3	工作制	S1（连续工作制）
极对数	40		

2. 磁场分布设计

不同于常规能源，风能具有很强的随机性，大多数时间风力发电机只能够运行在低负荷水平。因此，对于电磁方案，不仅要合理优化分配额定负荷的磁势、磁势分布，还要对不同负荷水平下的磁场进行全面分析，实现成本与性能的合理匹配。

3. 磁路关键系数的有限元计算

磁路系数（如气隙波形系数、漏磁系数、交直轴电枢反应系数等）的准确度很大程度上决定了设计精度和电机的性能和成本，精确的磁路参数是先进设计的必要条件。采用有限元计算可以得到高精度的磁路参数，再将其应用于磁路计算中，即能兼顾设计精度与计算速度，特别适用于在新机型开发时间紧的情况下快速准确地开发出性能优良的电磁方案。

4. 电抗参数的计算

为实现风力发电机的矢量控制，需要提供准确的直轴电抗参数 X_d 和交轴电抗参数 X_q。永磁同步发电机的磁路与常规电励磁电机略有不同。而且在负载运行时，这两个参数受到气隙磁势、定子和转子漏磁在交直轴之间耦合交叉的影响，常规解析方法过度简化，误差较大，因此需对这种特殊磁路带来的影响进行具体分析。可以运用电流—磁链回线法，用参数表示的回线去逼近有限元计算的回线，特别适合在电机呈不均匀饱和状态下的高精度求解。

5. 电势齿谐波优化

发电机定子槽开口引起气隙磁导不均匀，从而产生齿谐波。齿谐波的存在不仅会使发电机的电压波形畸变率增大，还会引起附加损耗增加、效率下降。发电机采用整数槽方案时将会产生严重的一阶齿谐波。为削弱整数槽带来的齿谐波影响，本案例采用分段偏移磁极的方法，结合电磁场有限元仿真，并通过样机试验结果进行验证，验证结果见表 6-15。

表 6-15　空载线电压谐波频谱表

谐波次数	谐波含量/%	
	优化前	优化后
1	100	100
5	0.96	0.71
7	0.45	0.27
11	5.42	0.43
13	2.18	0.12

6. 齿槽转矩

齿槽转矩是由永磁体与定子齿间作用力的切向分量形成的。齿槽转矩会带来振动和噪声，增大传动链疲劳效应，降低机组运行寿命。有针对性地采用斜极和短距等综合措施，在基本不增加电机材料成本的情况下可以大幅降低齿槽转矩，优化发电机性能。

7. 故障工况下的瞬态分析

发电机在故障状态下的过渡过程涉及发电机对故障的承受能力及疲劳损伤程度。采用场路耦合时步有限元法，充分考虑机械运动、材料非线性、转子涡流对瞬态过程的影响可以提高电机运行寿命设计的准确度。

8. 永磁体防失磁分析

永磁体是一种非线性材料，在一定温度下，当受到较强的反向磁场作用，永磁体工作点落在退磁曲线的拐点以下时，永磁体便会发生不可逆退磁。引起永磁体发生不可逆退磁的原因与永磁体材料、磁化方向厚度、温度和外部故障磁场有关。通过三相短路时永磁体去磁磁场的计算与分析合理设计永磁体的厚度，可以找到成本与安全性之间的一个平衡点。永磁体工作点的选取如图 6-49 所示。

9. 永磁体涡流损耗分析

利用时步有限元法对永磁体在空载、负载和故障工况时的涡流损耗分布进行仿真计

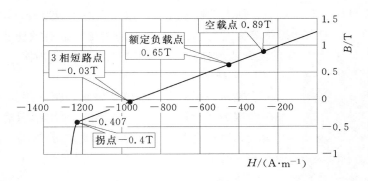

图 6-49 永磁体工作点的选取

算，得出永磁体在不同运行工况下涡流损耗的变化规律，并通过合理分块、分段、调整极槽配合等技术手段有效降低永磁体涡流损耗，降低永磁体运行温度，确保发电机具有良好的工作性能和长期运行的可靠性。

6.5.2.2 结构设计

1. 总体结构

大型风力机的转速一般较低，约每分钟几十转甚至十几转。永磁同步发电机直接与风力机相连接，其转速低、极数多，定子、转子尺寸大，呈扁平状结构，具有转动惯量大的特点。发电机采用外转子结构，结构紧凑、重量轻，主要由定子、转子、主轴承、主轴、刹车及锁定装置、冷却系统等组成。

2. 定子装配

整个定子由机座、铁芯和绕组等组成。机座为高性能球墨铸铁件，具有很好的抗疲劳性能，且较适合于批量生产。定子铁芯采用高导磁、低损耗、无时效优质硅钢片冲制而成的定子冲片叠装且设有径向通风沟以保证绕组散热，弹性压环装压结构使铁芯在热态和冷态下都处于压紧状态，保证运行可靠性。定子绕组采用圈式线圈，绝缘结构充分考虑了变频器高次谐波等的影响，对匝间绝缘及对地绝缘进行了加强。定子铁芯和线圈采用 VPI 真空压力整体浸漆，既保证了发电机的整体绝缘性能，又加强了整体结构的强度和传热效果。定子装配如图 6-50 所示。

图 6-50 定子装配图　　　　　　　图 6-51 转子装配图

3. 转子装配

转子机座采用高性能球墨铸铁件，由转轴与转子支架及磁轭一体铸造成型后加工而成。磁钢采用高剩磁、高矫顽力、低失重钕铁硼，可以完全防止温度及发电机故障状态下的外磁场退磁效应（如三相短路等情况）。加强表面处理措施可以有效防止盐雾、潮湿环境对磁钢的腐蚀，保证 20 年的磁钢使用寿命。转子装配如图 6-51 所示。

图 6-52　主轴承结构

4. 主轴承

主轴承采用两个调心滚子轴承，驱动端为主要受力轴承，非驱动端为浮动轴承，轴承采用自动注脂润滑，保证轴承良好运行，通过高导电电刷削弱轴电流的影响。主轴承结构如图 6-52 所示。

5. 主轴

主轴材料为耐低温锻钢 42CrMo4A，起到支撑发电机及风轮的作用，同时也是轴承油室的重要组成部分。对其进行了刚强度计算和疲劳分析，满足 20 年安全运行要求。

6. 刹车及锁定装置

采用液压制动，并在刹车盘上设有锁定装置，利于机组停机检修和维护。

7. 冷却系统

用空—空冷却器，仅有空气一种介质参与热交换，从根本上消除了水的泄露问题且同样可以保证发电机运行系统的密闭性。空—空冷却器结构简单，利用空气冷却器进行热交换，冷风稳定、温度低、空气清洁干燥，绝缘寿命延长，安装维修方便，便于运行维护，其外观图如图 6-53 所示。

图 6-53　空—空冷却器

图 6-54　发电机工厂试验

6.5.2.3　工厂试验

1.5MW 永磁同步风力发电机在工厂须做背靠背全功率试验，试验系统如图 6-54 所示。

1. 试验主要引用标准

（1）IEC 60034—1—2004《旋转电机　第 1 部分：定额和性能》。

（2）IEC 60034—2—2007《旋转电机　第2部分：损耗和效率的试验方法（不包括牵引机车用电机）》。

（3）IEC 60034—4—2008《旋转电机　第4部分：同步电机参数的试验测定方法》。

（4）IEC 60034—8—2007《旋转电机　第8部分：线端标志和旋转方向》。

（5）IEC 60034—9—2007《旋转电机　第9部分：噪声限值》。

（6）ISO 3746—2010《声学、声压法测定噪音源声功率级和声能级　反射面上方采用包络测量表面的简易法》。

（7）IEC 60034—11—2004《旋转电机　第11部分：热防护》。

（8）ISO 10816—3—2009《机械振动　在非旋转部件上测量和评价机器的机械振动　第3部分：额定功率大于15kW、额定转度在120～15000r/min之间的在现场测量的工业机器》。

（9）IEC 60034—15—2009《旋转电机　第15部分：交流旋转电机用定子成型线圈的冲击电压耐受水平》。

（10）IEC 60034—18—2012《旋转电机　第18部分：绝缘系统的功能评估》。

（11）IEEE Std 115—2009《同步电机试验程序》。

（12）IEEE Std 43—2000《检测旋转电机绝缘电阻的推荐实施规范》。

（13）GB／T 25389.1—2010《风力发电机组　低速永磁同步发电机　第1部分：技术条件》。

（14）GB／T 25389.2—2010《风力发电机组　低速永磁同步发电机　第2部分：试验方法》。

以上标准当新版本发布时，应用采用新的版本。

2. 试验项目

试验及检查项目如下：

（1）发电机电枢绕组、检温元件、加热器冷态绝缘电阻的测定。

（2）发电机电枢绕组、检温元件实际冷态直流电阻的测定。

（3）发电机空载试验（发电机处于冷状态）。

（4）发电机振动的测量。

（5）发电机噪声的测量。

（6）温升试验。

（7）发电机空载试验（热态）。

（8）冷却曲线测定。

（9）负载试验。

（10）空载试验（电动机状态）。

（11）交流耐电压试验。

3. 主要试验结果

主要试验结果见表6-16。东方电机1.5MW永磁同步风力发电机各项性能指标均达到设计值，发电机出力、温升、空载电压等性能指标均满足规定要求，运行平稳、效率高、振动小、噪声低，各项性能指标达到国际同类产品先进水平。

表 6-16 发电机型试验主要参数表

试 验 项 目	测量结果	设计值	试 验 项 目	测量结果	设计值
额定功率 P/kW	1655	1650	绕组温升/K	101.1	105
额定电压 U/V	692.3	690	轴承温升/K	30	
额定电流 I/A	1501.61	1508.8	噪音测试/dB	90.6	
绕组电阻 R/mΩ	9.907	8.1	效率 η/%	94.9	
电压总谐波畸变量（THD）/%	0.926	0.948	振动测量/μm	0.687	

6.5.3 1.65MW 永磁半直驱风力发电机结构设计

1.65MW 永磁半直驱风力发电机为哈尔滨电机厂有限责任公司（简称哈电）进军风力发电设备市场的首台产品。该发电机是哈电拥有完全自主知识产权的发电机组，它性能稳定，运行可靠，是哈电产品进军大容量、直驱及海上风电等领域的奠基石。

下面着重介绍 1.65MW 永磁半直驱风力发电机总体结构布置和定子、转子、轴承等各个部分的结构特点。这种结构的风力发电机齿轮箱成本较低，效率较高。

6.5.3.1 发电机主要技术数据

发电机主要技术数据见表 6-17。

表 6-17 发电机主要技术数据

额定输出功率	1.65MW	额定功率因数	0.95
额定电压	690V	相数	3 相
极数	32	放转方向	顺时针（驱动端至非驱动端）
频率	40Hz	额定转速	150r/min
励磁方式	永磁	绝缘等级	F 级
接线方式	4Y	冷却方式	密闭自循环轴向通风冷却系统

6.5.3.2 发电机结构设计

1. 总体布置

发电机采用传统卧式结构，驱动端通过驱动轴与齿轮箱连接，非驱动端为引出线端。发电机采用主轴与管轴非同步旋转结构。空心主轴通过驱动轴与齿轮箱连接，转速为经过齿轮箱调整后的风力机转速；管轴则穿过主轴与风力机保持同步旋转，传递同步转速信号以便控制系统对风力发电机组进行控制。

发电机转子支架与主轴采用热套方式连接固定。转子支架由轮毂、环板、辐板及磁辄圈焊接而成，并与主轴进行热套配合。热套完成后，在磁辄圈上加工 32 个丁尾槽。转子共 32 极，为挂极式机构，磁极与磁辄圈采用丁尾加楔键结构固定。

发电机定子采用机座外叠片。铁芯叠片后用整圆不锈钢压指压紧，压紧后在铁芯背部焊接 26 根立筋，以保证铁芯的整体性。铁芯装焊完成后整体装入机座，铁芯背部与机座间留有轴向通风道。机座两端沿圆周均匀分布各开 6 个通风孔，机座外部焊接风罩，风罩为钢板焊接结构，顶部开进风口与出风口。

2. 转子

转子支架采用圆盘式焊接结构，由轮毂、环板、辐板及磁轭圈焊接而成。转子支架焊接完成后与主轴进行热套，使转子支架与主轴形成一个整体。

转子共 32 极，每个磁极由 10 个磁极单元构成。由于永磁材料抗拉强度较低，当发电机转子直径较大或高速运行时，转子表面所承受的离心力已接近甚至超过永磁体的抗拉强度，永磁体将出现损坏。所以磁极单元由磁极冲片采用扣铆方式叠压而成，每个磁极单元中放置一块永磁体，同一个磁极内的永磁体极性相同，相邻磁极内永磁体极性相反。这种磁极单元结构既可以保护永磁体，又可以使气隙磁场分布均匀，并有效防止永磁体退磁。

永磁体采用钕铁硼材料，其主要参数见表 6-18。

表 6-18 永磁体材料主要参数

剩磁 B_r（20℃）	1.24～1.26T
矫顽力 H_c	907～915kA/m
最大磁能积 $(BH)_{max}$	295～303kg/m³

3. 定子

定子由机座、铁芯、线圈、引出线及测温装置组成。机座外径 2306mm，内径 2140mm，轴向长 1355mm。机座采用 4 块厚 100mm 的钢板焊接成整圆，在驱动端和非驱动端各开 6 个通风孔，并均匀分布。开通风孔后对机座内、外壁进行加工，并在两端面各钻 48 个 M24 的螺孔，以便与驱动端及非驱动端端盖把合固定。定子机座具有一定的刚度，能够承受径向载荷和电磁扭矩，并将载荷与电磁扭矩传递给与机座用螺栓固定在一起的机舱。

定子铁芯共 156 槽，采用厚 0.5mm 的 50DW310 硅钢片叠压而成，铁芯长度 645mm。整圆 13 张冲片，上下层间搭接 1/2 片。片间压力 1.27MPa。为防止发电机运行时铁芯端部硅钢片发生窜动，铁芯叠片时驱动端和非驱动端两端各 15mm 范围内用硅钢片胶黏接成整体，片间黏接面积不小于每片面积的 80%。定子铁芯两端各设置一个整圆的不锈钢压指，既保证铁芯整体性又减小端部漏磁场引起的附加损耗。铁芯背部设置 26 根立筋。整个铁芯叠片完成并压紧后，将铁芯、压指及立筋焊接成一体以提高整个铁芯的刚度。焊接完成后，将立筋外圆直径加工至 2150mm，以便将铁芯整体压入机座内。机座与铁芯之间采用过渡配合，铁芯压入机座内后将立筋端部与机座内壁焊接牢固。

定子绕组采用双层叠绕组。绕组在整个圆周上相角、电压相序对称分布，共 4 条支路，Y 形连接。线圈采用 F 级绝缘。由于永磁同步发电机电磁设计的特点，定子槽型槽宽较大，槽深较浅。如线圈采用普通两排并绕股线，则在鼻端及转角处线圈无法拉制张型。由此线圈采用 3 排线规为 2.19mm×6.14mm 的铜扁线并绕制而成。为了便于下线，在线棒引出线处，股线由三排并成两排引出。极间及相内连接线采用线棒引出线直接连接，接头均用银焊连接。

4. 轴承

发电机轴承系统由主轴承和管轴轴承及管轴组成。发电机主轴承位于主轴两端，连接主轴与两端端盖。采用德国 FAG 公司生产的调心滚子轴承为轴承紧定套。调心滚子轴承可以承受径向载荷及两个方向的轴向载荷，承受径向载荷的能力较大，适用于有重载荷及冲击负荷的工况。轴承采用紧定套固定在主轴两端，整个轴承采用内外双轴承套固定。内轴承套外圆缠绕厚1mm的聚酰亚胺薄膜，以防止轴电流的产生。内轴承套包扎绝缘完成后，将外轴承套与其进行热套配合。内外轴承套用连接板固定。轴承采用外循环润滑系统，在连接板靠近内轴承套一侧设置注油结构，注油结构与外接油泵连接，为主轴承提供润滑油。

5. 其他部件

其他部件还包括发电机的支撑悬挂系统、接地系统、辅助接线系统、定子引出线系统、两端端盖系统等。

6.6　直驱式永磁同步风力发电机组并网与保护

6.6.1　并网条件和方式

1. 并网条件

永磁同步风力发电机组并联到电网时，为了防止过大的电流冲击和转矩冲击，风力发电机各相端电压的瞬时值要与电网端对应相电压的瞬时值完全一致，满足的条件：①波形相同；②幅值相同；③频率相同；④相序相同；⑤相位相同。

并网时因风力发电机旋转方向不变，只要使发电机的各相绕组输出端与电网各相互相对应，条件④就可以满足；而条件①可由发电机设计、制造和安装保证；因此并网时主要完成其他3个条件的检测和控制，其中频率相同必须满足。

2. 并网方式

（1）自动准同步并网。满足上述理想并联条件的并网方式称为准同步并网，在这种并网方式下，并网瞬间不会产生冲击电流，电网电压不会下降，也不会对定子绕组和其他机械部件造成冲击。

永磁同步风力发电机组的起动与并网过程如下：当发电机在风力机带动下的转速接近同步转速时，励磁调节器给发电机输入励磁电流，通过调节励磁电流使发电机输出的端电压与电网电压相近。在风力发电机的转速几乎达到同步转速、发电机的端电压与电网电压的幅值大致相同，并且断路器两端的电位差为零或很小时，控制断路器合闸并网。永磁同步风力发电机并网后通过自整步作用牵入同步，使发电机电压频率与电网一致。以上的检测与控制过程一般通过微机实现。

（2）自同步并网。自动准同步并网的优点是合闸时没有明显的电流冲击，缺点是控制与操作复杂、费时。当电网出现故障而要求迅速将备用发电机投入时，由于电网电压和频率出现不稳定，自动准同步法很难操作，往往采用自同步法实现并网运行。自同步并网的方法是，同步发电机的转子励磁绕组先通过限流电阻短接，发电机中无励磁磁场，用原动机将发电机转子拖到同步转速附近（差值小于5%）时，将发电机并入电网，再立刻给发电机励磁，在定子、转子之间的电磁力作用下，发电机自动牵入同步。由于发电机并网时转子绕组中无励磁电流，因而发电机定子绕组中没有感应电动势，不需要对发电机的电压和相角进行调节和校准，控制简单，并且从根本上排除不同步合闸的可能性。这种并网方法的缺点是合闸后有电流冲击和电网电压的短时下降现象。

6.6.2 保护电路

1. 定子侧保护电路

图 6-55 是发电机定子侧增加旁路电阻的保护电路，旁路电阻通过交流开关与定子侧连接。当电网电压跌落时，变流器输入的功率过剩，通过交流开关投入定子侧旁路电阻，消耗掉多余的能量，使变流器输入和输出功率保持平衡，实现故障状态下风力发电系统的正常运行；故障恢复后快速切除旁路电阻，使风力发电系统迅速恢复对电网的正常供电。

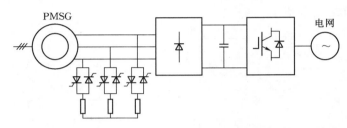

图 6-55 直驱型系统定子侧增加旁路电阻的保护电路

2. 电网侧保护电路

图 6-56 是电网侧采用交流开关的保护电路，变流器输出直接给负载供电，负载功率与风力发电系统功率相匹配，可以独立构成一个微网供电系统。在电网和负载之间接入三相静态交流开关，负载可以选择对电网电压跌落等故障敏感的设备，由交流开关实现并网运行和微网之间的平滑转换。当电网电压正常时，负载所需的功率基本由风力发电机组供给，多余的功率可以送入电网，风力发电功率不足时，可以由电网补充。当电网电压跌落时，交流开关电路断开敏感负载与电网的连接；负载与电网隔离期间，风力发电系统负责负载的电压调节，即处于微网运行状态，使敏感负载不会受到电压降落的影响；一旦电网电压恢复正常，交流开关重新闭合，风力发电系统从微网运行转换回并网运行。这种方案提供了一种新的应对电网故障的保护策略，增加的硬件电路很少，成本较低；缺点是选择的负载必须能够与风力发电设备构成微网系统，控制策略要兼顾并网和微网两种运行状态，并能平滑切换。

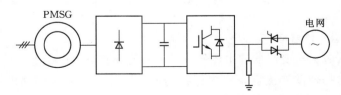

图 6-56 直驱型系统电网侧采用交流开关的保护电路

3. 直流侧保护电路

在直流侧增加保护电路是目前最常用的一种方式，如图 6-57 所示。图 6-57（a）、

图 6-57（b）是直流侧增加卸荷负载的保护电路，其中，前者的卸荷电阻通过功率器件与直流侧连接，后者的卸荷电阻通过 Buck 电路与直流侧连接。系统正常工作时，保护电路不起作用，当发生电压跌落时，直流侧输入功率大于输出功率。此时投入卸荷电阻，消耗直流侧多余的能量，使电容电压稳定在一定的范围内。使用卸荷负载时，多余的能量被卸荷负载消耗掉，因此需要使用大负载并提供散热，但是可靠性较高，因此，在目前实际系统中有所应用。为克服图 6-57（a）、图 6-57（b）中前两种电路的缺点，图 6-57（c）增加了储能装置，采用能量可以双向流动的 DC/DC 变换器，能量储存设备可以选用蓄电池或者超级电容。当电网电压跌落时，多余的能量储存在能量储存设备中，在直流侧电压不足时释放出来为电容充电，同时，可以利用能量存储设备的能量为电网提供有功功率。这种方式的优点是能量可以再利用，缺点是需要额外的能量存储设备，增大了结构的复杂程度，提高了系统的成本。

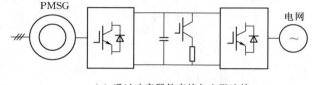

（a）通过功率器件直接与电阻连接

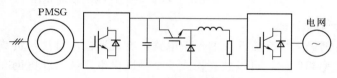

（b）通过 Buck 电路与电阻连接

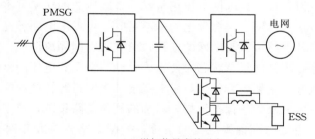

（c）增加能量存储设备

图 6-57　直驱型系统直流侧保护电路

4. 辅助变流器保护电路

电网电压跌落时，对变流器的主要影响是过电流和直流侧电压上升，因此，可以在直流侧和电网之间增加辅助变流器，实现保护功能。图 6-58 是采用辅助变流器的保护电路，图 6-58（a）采用并联辅助变流器，图 6-58（b）采用串联辅助变流器。电网正常时并联辅助变流器不工作，发生电压跌落等故障时，网侧变流器采用的 IGBT、IGCT 等功率器件所能承受的过电流有限，而辅助变流器采用 GTO 等通流能力较强、成本相对低的器件，可以承受较大的有功电流，因而在电网电压较低时，变流器可以输出较大的电流，使输出功率与故障前保持一致，保证直流侧的功率平衡。电网电压恢复正常后，关闭辅助变流器，使网侧变流器恢复正常输出。这种方式必须根据电网电压允许跌落的深度确定辅助变流器的电流等级，当电压跌落较多时，需要辅助变流器的容量也较大。另外，由于 GTO 等器件开关速度较慢，在故障期间会产生一定的谐波注入电网。

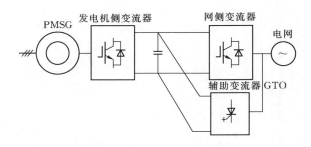

（a）并联辅助变流器

故障期间，采用并联变流器较容易实现向电网注入电流，但需要较大的有功电流，而串联补偿仅需要相对较小的有功电流，图 6-58（b）中，附加的辅助变流器（VSI）输入侧与直流母线连接，输出侧通过变压器串入电网，在电压跌落发生时，可以通过在电网电压上增加一个补偿电压把

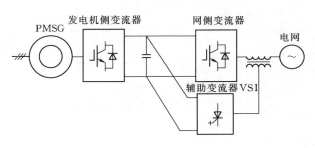

（b）串联辅助变流器

图 6-58　直驱型系统增加辅助变流器的保护电路

直流侧的能量馈入电网，提高网侧变流器的输出功率。为保证输出电压波形接近正弦波，串联型辅助 VSI 电路结构通常与网侧变流器一致，采用 IGBT 等全控型功率器件，但是功率等级比网侧小，这种方式具有较好的补偿性能和较快的响应速度，但是成本高，控制也比较复杂。

6.6.3　基本保护算法[67]

1. 过压保护算法

过压次数过多和过压总时长过长都是对直驱式永磁同步风力发电机绕组主绝缘构成威胁的主要因素，因此在过压保护算法中，首先对发电机的三相电压分别进行监测，将任意一相电压超过额定电压 2.5 倍设置为是否过压的判断条件；然后在设定周期内对压次数和每次过压的时长进行统计，将过压次数超过设定保护次数和过压总时长超过设定保护时长设置为是否启动发电机停机保护的判断条件。算法如图 6-59 所示。

2. 过流保护算法

电流瞬时短路和电流过载既是对直驱式永磁同步风力发电机绕组主绝缘构成威胁的主要因素，也是对其自身安全构成威胁的主要因素。

因此在过流保护算法中，首先对发电机的三相电流分别进行监测，将任意一相电流超过额定电流 1.2 倍设置为是否过流的判断条件；然后对过流现象进行电流瞬时短路分析，将任意一相电流超过额定电流 2 倍设置为是否启动发电机停机保护的判断条件；接着再对过流现象进行电流过载分析，将任意一相电流超过额定电流 1.2 倍但未超过额定电流 2 倍与过流时长超过设定保护时长设置为是否启动发电机停机保护的判断条件。算法如图 6-60 所示。

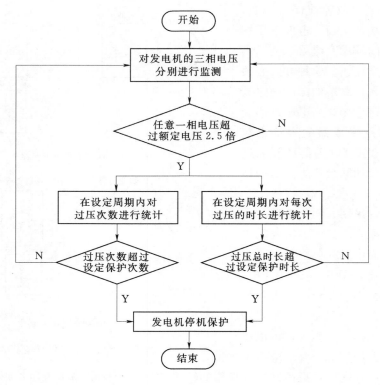

图 6-59　过电压保护算法

3. 不平衡度保护算法

三相电流不平衡也是对直驱式永磁同步风力发电机绕组主绝缘构成威胁的主要因素之一。特别是任意一相电流与三相平均电流之比超过设定保护值时会造成绕组上产生的热能出现短时线性激增，绕组上产生的热能就可能超过自身的额定热负荷，从而导致绕组上的绝缘材料永久性损伤。因此在不平衡度保护算法中，首先对发电机的三相电流分别进行监测；然后对三相电流进行不平衡度分析，将任意一相电流与三相平均电流之比超过设定保护值设置为是否启动发电机停机保护的判断条件。

4. 过温保护算法

过温既是对直驱式永磁同步风力发电机绕组主绝缘构成威胁的主要因素之一，也是对其自身安全构成威胁的主要因素之一。特别是在绕组温度超过设定保护温度时，绕组上产生的热能将超过自身的额定热负荷，最终导致绕组上的绝缘材料永久性损伤，甚至是绕组的烧毁。因此在过温保护算法中对发电机的绕组温度进行监测，将绕组温度超过设定保护温度设置为是否启动发电机停机保护的判断条件。

5. 绝缘保护算法

绕组的绝缘电阻过低将直接造成发电机无法正常运行，因此在绝缘保护算法中对绕组进行绝缘电阻测试，将测试结果小于设定保护值设置为是否启动发电机绝缘保护的判断条件。

6.6.4 综合保护算法

1. 过压保护算法与绝缘保护算法的配合运用

根据 6.6.3 节分析，过压次数过多和过压总时长过长最终都将导致绕组的绝缘材料永久性损伤。如果在出现上述两种情况后能很快判断出绕组绝缘材料的损伤程度，及时对绕组进行绝缘保护，将使直驱式永磁同步风力发电机得到更加有效的保护。因此，可以将过压保护算法与绝缘保护算法配合运用来达到这样的效果。

配合运用中，首先对发电机的三相电压分别进行监测，将任意一相电压超过额定电压 2.5 倍设置为是否过压的判断条件；然后在设定周期内对过压次数和每次过压的时长进行统计，将过压次数超过设定保护次数和过压总时长超过设定保护时长设置为是否启动发电机停机保护的判断条件；最后对绕组进行绝缘电阻测试，将测试结果是否小于设定保护值设置为启动发电机绝缘保护的判断条件。

2. 过流保护算法与过温保护算法和绝缘保护算法的配合运用

根据过流保护算法的分析，电流过载，绕组上产生的热能可能超过自身的额定热负荷，从而导致绕组的绝缘材料永久性损

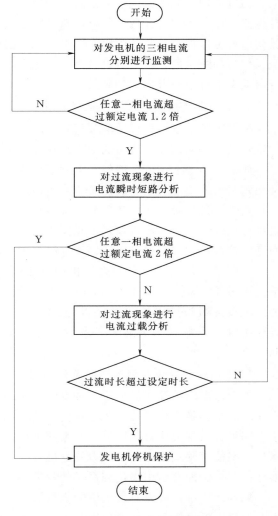

图 6-60 过流保护算法

伤；电流瞬时短路，绕组上产生的热能将超过自身的额定热负荷，最终导致绕组上的绝缘材料永久性损伤，甚至是绕组的烧毁。

如果在出现电流过载后能马上判断出绕组温度是否超过设定保护温度，就能进一步准确地判断出绕组上产生的热能是否真正超过自身的额定热负荷；并且绕组上产生的热能一旦真正超过自身的额定热负荷，又可以马上判断出绕组绝缘材料的损伤程度，及时对绕组进行绝缘保护，将使直驱式永磁同步风力发电机得到更加有效的保护。同样，如果在出现电流瞬时短路后能马上判断出绕组绝缘材料的损伤程度，及时对绕组进行绝缘保护，也将使直驱式永磁同步风力发电机得到更加有效的保护。因此可以将过流保护算法与过温保护算法以及绝缘保护算法配合运用来达到这样的效果。

配合运用中，首先对发电机的三相电流分别进行监测，将任意一相电流超过额定电流 1.2 倍设置为是否过流的判断条件；然后对过流现象进行电流瞬时短路分析，将任意一相

电流超过额定电流 2 倍设置为是否启动发电机停机保护的判断条件；接着再对过流现象进行电流过载分析，将任意一相电流超过额定电流 1.2 倍但没有超过额定电流 2 倍与过流时长超过设定保护时长与该阶段发电机的绕组温度超过设定保护温度设置是否启动发电机停机保护的判断条件；最后对绕组进行绝缘电阻测试，将测试结果小于设定保护值设置为是否启动发电机绝缘保护的判断条件。

3. 不平衡度保护算法与过温保护算法和绝缘保护算法的配合运用

根据不平衡度保护算法的分析，三相电流不平衡，绕组上产生的热能可能超过自身的额定热负荷，从而导致绕组的绝缘材料永久性损伤。

如果在出现上述情况后能马上判断出绕组温度是否超过设定保护温度，就能进一步准确地判断出绕组上产生的热能是否真正超过自身的额定热负荷；并且，绕组上产生的热能一旦真正超过自身的额定热负荷，又可以马上判断出绕组绝缘材料的损伤程度，及时对绕组进行绝缘保护，将使直驱式永磁同步风力发电机得到更加有效的保护。因此可以将不平衡度保护算法与过温保护算法以及绝缘保护算法配合运用来达到这样的效果。

在配合运用中，首先对发电机的三相电流分别进行监测；然后再对三相电流进行不平衡度分析，将任意一相电流与三相平均电流之比超过设定保护值与该阶段发电机的绕组温度超过设定保护温度设置为是否启动发电机停机保护的判断条件；最后对绕组进行绝缘电阻测试，将测试结果小于设定保护值设置为是否启动发电机绝缘保护的判断条件。

4. 过温保护算法与绝缘保护算法的配合运用

根据过温保护算法的分析，过温时，绕组上产生的热能将超过自身的额定热负荷，最终导致绕组上绝缘材料的永久性损伤，甚至绕组的烧毁。

如果在出现上述情况后能马上判断出绕组绝缘材料的损伤程度，及时对绕组进行绝缘保护，将使直驱式永磁同步风力发电机得到更加有效的保护。因此可以将过温保护算法与绝缘保护算法配合运用来达到这样的效果。

配合运用中，首先对发电机的绕组温度进行监测，将绕组温度超过设定保护温度设置为是否启动发电机停机保护的判断条件；然后对绕组进行绝缘电阻测试，将测试结果小于设定保护值设置为是否启动发电机绝缘保护的判断条件。

5. 综合保护算法

由于绝缘保护算法可以帮助过压保护、过流保护、不平衡度保护和过温保护算法判断直驱式永磁同步风力发电机绕组绝缘材料的损伤程度，再来决定是否启动发电机绝缘保护，而过温保护算法可以帮助过流保护和不平衡度保护算法判断直驱式永磁同步风力发电机绕组上产生的热能是否真正超过自身的额定热负荷，进而准确地判断是否出现电流过载和三相电流不平衡，最后再决定是否启动发电机停机保护。

因此在直驱式永磁同步风力发电机的综合保护算法中，将过流保护算法与过温保护算法和绝缘保护算法的配合运用、过流保护算法与过温保护算法和绝缘保护算法的配合运用、不平衡度保护算法与过温保护算法和绝缘保护算法的配合运用、过温保护算法与绝缘保护算法的配合运用同步使用。算法如图 6-61 所示。

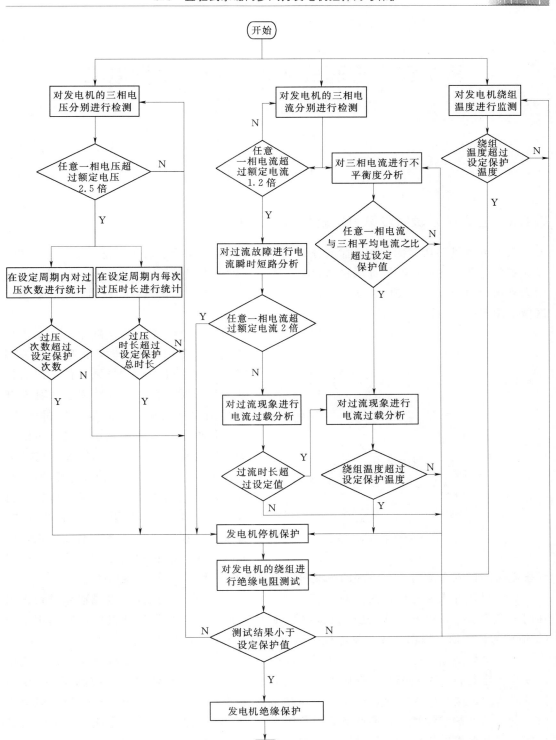

图 6-61 直驱式永磁同步风力发电机的综合保护算法

第7章 直驱式永磁同步风力发电机的运行与控制

7.1 概　述

7.1.1 直驱式永磁同步风力发电机运行区间

根据风力机的功率特性把风速划分为5个区间：①风速低于切入风速；②风速在切入风速和额定转速之间；③风速超过风轮额定转速，发电机组运行在恒转速区；④风速继续增大到切出风速以下，发电机运行在恒功率区；⑤风速大于切出风速。风力发电机组运行区域如图7-1所示。

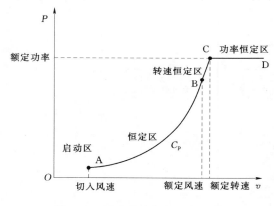

图7-1　风力发电机组运行区域

（1）停机模式。风力机在风速小于切入风速或大于切出风速时，风能转化效率为零，称为停机模式。当风速低于风力机的切入风速时，其产生的功率很小甚至低于内部消耗的功率，因此处于停机模式，此时叶片处于完全顺风状态，风力机的机械制动器处于开启状态；当风速超过风力机的切出风速时，为了保护风力机的安全，叶片被调至完全顺桨状态，风力机转速也下降为零，风力机将被锁定进入停机模式。其他3个风速区间是风力发电机的正常运行状态，为了捕获到更多的风能，同时保证发电机组的安全运行，在不同的风速阶段对桨距角采用了不同的控制策略。

（2）最佳叶尖速比运行区。即第②区间，即图7-1的AB区间。当风速超过切入风速时，风力发电机组开始作为发电机运行。此时要调节桨距角到最佳值使风能利用系数C_p恒定为最大值，以保证风力发电机组运行在最大功率点跟踪状态。

（3）恒转速运行区间。即第③区间，即图7-1的BC区间。为了保证风力发电机组的安全稳定运行，一般都会根据风力发电机组的特性设定一个额定风速点对应图7-1中B点的速度，这个额定风速点应小于发电机的额定转速。当风力机转速超过额定风速点时，随着风速的继续增大，要调节桨距角使C_p值减小，以保证风力发电机组进入恒转速区间。但此时发电机的功率随风速的增加而增加，但仍然在额定功率以下。

（4）恒功率运行区间。即第④区间，即图7-1中的CD段。当风速继续增大，不仅发电机转速到达其额定值，同时发电机的输出功率也到达额定功率。此时如果仍然按照最大风能捕获的控制策略将会使发电机的输入功率大于输出功率，发电机组将会导致"飞车"而使整个机组脱网。为了使整个机组稳定运行，这时需要调节风力机桨距角，使风能利用系数减小，保持发电机的输出功率为额定值不变，此时风力机工作在功率恒定区。

上面第②、③、④风速区间反映到发电机转速，可用如图 7-2 所示的 3 个工作区表示。

图中，v_c 为切入风速，v_b 为风机额定风速，v_r 为发电机额定转速，v_f 为切出风速。

工作区 2：$v_c < v < v_b$，变速，最佳叶尖速比工作区。

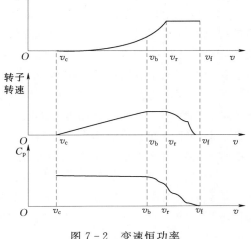

图 7-2　变速恒功率

工作区 3：$v_b < v < v_r$，恒速，可变叶尖速比工作区。

工作区 4：$v_r < v < v_f$，变速，恒功率工作区。

7.1.2　发电机的控制方式

从控制角度看风力发电机的控制方式虽然有很多，但从风速大小的角度看，风力发电机的控制方式总体可分发电机控制模式和变桨距控制模式两大类，如图 7-3 所示（停机模式实际上发电机是停机状态），v_w 为实际风速。

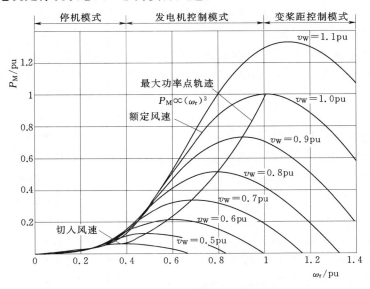

图 7-3　风力发电机的控制方式：风力发电机功率—
转速特性和最大功率点（MPP）运行

（1）发电机控制模式是风力机在风速介于切入风速和额定风速之间的运行状态，此阶段的控制目标是根据风速的变化调整发电机的转速，使风力机实现最大功率跟踪。对最大功率跟踪算法的研究是此阶段风力机控制研究的重点。

（2）变桨距控制模式是风力机在风速介于额定风速和切出风速之间的运行状态，此阶段的控制目标是通过调整桨距角使风力机捕获的风能维持在额定功率附近，以保证风电系统的安全。先进控制方法在变桨距控制系统中的应用是变桨距控制领域的研究热点，其中智能控制在变桨距控制中的应用是一个重要方向。

另外，当风力发电占电网发电比例较低时，若电网发生故障，允许风电场实施自我保护式的被动解列，这样一方面能最大限度地保护风电系统的安全，另一方面由于所占比重较低，对整个电网的影响不大。但当风力发电在电网中所占比例较大时，若仍采用被动解列的保护方式则会增加电网电压恢复的难度，甚至会加剧故障，严重时会导致系统的崩溃，因此必须采取有效的低电压穿越措施。在电网电压发生跌落时，风电系统能够保持并网，甚至向电网提供一定的无功支持，支持电网恢复，直到电网恢复正常，从而"穿越"此低电压时间。因此，低电压穿越是当前风力发电机控制的重点之一。

7.1.3　测量参量及相关器件

7.1.3.1　测量参量

1. 风速、风向

风速是风力发电系统最重要的参量，通过机舱上安装的风速风向仪测取。

一般情况下兆瓦级风力发电机组安装 2 个风速风向仪。风速风向仪一般统计 3s、10s、30s、600s 的平均值供控制器参考，但由于风速风向仪安装在风轮后面，风轮旋转时测得的数值本身并不精确，因此不能真正代表风轮前方风速。但是如果永磁同步发电机的功率转速特性测试准确，其本身就是一个很好的传感器，和风轮配合就是一个很好的大型风速仪，能准确计算出风轮前方风速。

风向标安装于机舱顶部，主要测取风向和主轴方向的偏差。一般每秒取一个值，取 10min 平均值作为代表值，一般以 0～20mA 或格雷码采集风向角，用绝对值编码器作为传感器。

2. 主轴转速

直驱式发电机风轮和发电机轴直连，只有一个主轴转速，但应安装不少于 2 个传感器测量转速，因为转速对机组的控制非常重要。主轴转速测量方式较多，如利用接近开关测量齿盘的齿数及周期、测量发电机的频率，或在集电环上安装编码器等，通过计算得到转速。

3. 振动

振动是风力发电机组必测的参量，机组运行状态与振动密切相关。在机舱底板座上或适当的位置安装振动传感器（xy 两方向），在机舱内适当的位置安装摆锤式振动传感器。在振幅大、强度高、加速度值超过设定值时可以切断安全链中本传感器的触点完成紧急停机。

4. 温度

永磁同步发电机主要温度监控点由前后轴温度、发电机三相绕组温度、环境温度等共 10 个 PT100 来完成测温。

7.1.3.2　相关器件

1. 偏航系统

偏航系统的主要作用有：①与风力发电机组的控制系统相互配合，使风力发电机组的风轮始终处于迎风状态，充分利用风能，提高风力发电机组的发电效率；②提供必要的紧锁力矩，以保障风力发电机组的安全运行。

偏航轴承上有齿轮，齿轮上安装独立的记数传感器和两个接近开关，记录积累的扭转度数并分析方向。一般当电缆被累计扭转到1080°左右时，告知控制器进入松缆动作，偏航系统安装专门的松缆开关作为冗余。在偏航系统中还安装制动器，偏航时作为阻尼防止产生振动，不偏航时固定对风的方向。

2. 变桨距控制系统的传感器

一般采用两种角度传感器：①变桨距电机轴上安装一个增量编码器，为开关量输出，指示记录角度的变化；②齿轮和变桨距轴承啮合的绝对值编码器，一般用 $4\sim20\text{mA}$ 表示角度输出模拟量，作为冗余配置。

每个叶片一般有两到三个限位开关，一般有一个限制小于0°的值，为 $-10°\sim-5°$，一个限制大于90°，但它们不作为角度校准，只起到保护作用。限位开关如果动作，变桨距系统立刻使叶片顺桨。

3. 电量采集传感器

电量采集传感器应采集包括永磁同步发电机的输出电压、电流，并网的电流、电压、功率、发电量及功率因数，其中电流和电压是基本量，功率和功率因数等可由电流、电压计算得到。

7.1.4　全功率风力发电机变流器矢量控制和直接转矩控制策略

当前高性能的直驱式全功率风力发电机变流器控制策略概括起来主要有矢量控制策略和直接转矩控制策略两类。

1. 矢量控制策略

矢量控制策略，也称磁场定向控制（Field Oriented Control，FOC），是由德国西门子公司的 F. Blaschke 等人在1971年首先提出的，其核心思想是将交流电机的三相电流、电压、磁链经坐标变换转换为以转子磁链定向的两相同步旋转的 dq 参考坐标系中的直流量，参照直流电机的控制思想实现转矩和励磁的控制。磁场定向矢量控制的优点是具有良好的转矩响应，精确的速度控制。永磁同步交流电机矢量控制技术的基本思想同样是在坐标变换和电机电磁转矩方程基础上，通过控制 dq 轴电流实现转矩和磁场控制。不论电机在低速还是在高速，电机的响应性能均十分优异。但是，矢量控制系统需要确定转子磁链位置，且需要进行坐标变换，运算量较大，而且还要考虑电机参数变动的影响，故系统比较复杂。

采用先进控制算法应用于矢量控制成为当前研究的热点，例如：将电机的负载扰动归为未知量，采用自抗扰控制（ADRC）进行估计、补偿和控制的自抗扰控制技术的永磁同步电机控制方案；将递归神经网络控制器作为速度控制器模拟在永磁同步电机参数变化和负载扰动下的最优速度输出；结合滑模控制和神经网络的优点，设计基于神经网络的永磁同步电机自适应滑模控制方案等。

在成熟的直驱式全功率风力发电机变流器产品中，采用矢量控制策略的有科孚德系列、斯维奇系列和 VACON 系列等。

2. 直接转矩控制策略

直接转矩控制策略（Direct Torque Control，DTC）是由德国 M. Depenbrock 教授和日本的 Takahashi 教授等人先后提出。与矢量控制不同，DTC 直接利用两个滞环控制转矩和磁链调节器直接从最优开关表中选择最合适的定子电压空间矢量，进而控制逆变器的功率管开关状态和开关时间，实现转矩和磁链的快速控制。1997 年由澳大利亚 L Zhong、M F Rahman 教授和中国胡育文教授合作提出了基于永磁同步电机的直接转矩控制方案，从而初步奠定了直接转矩控制应用于永磁同步电机的理论基础。

直接转矩控制的优越性在于：不需要矢量坐标变换，采用定子磁场定向控制，只需对电机模型进行简化处理，没有脉宽调制 PWM 信号发生器，控制结构简单，受电机参数变化影响小，能够获得较好的动态性能；定子磁链的控制在本质上不需要转速信息，控制上对除定子电阻外的所有电机参数变化鲁棒性好，引入定子磁链观测器能很容易估算出同步速度信息，因而能方便地实现无速度传感器控制。但是常规直接转矩控制也存在不足，如：逆变器开关频率不固定和滞环宽度的选取问题使得转矩、电流波动大，转矩易产生稳态误差；转矩和磁链控制没有办法实现完全解耦；以开关选择表为基础，所能施加的电压矢量数量非常有限，会导致转矩与磁链的波动较大。在成熟的直驱式全功率风力发电机变流器产品中，采用直接转矩控制最成功的是 ABBACS 系列产品等。

7.2　最大功率跟踪的基本控制方法

7.2.1　最大风能捕获控制的基本原理

风能作用在风轮上，风能只有一部分可以被风轮吸收。风力机从风能中捕获的功率 P_w 可表示为

$$P_w = \frac{1}{2}\rho A C_p v^3 \tag{7-1}$$

式中　P_w——风力机从风能中捕获的风功率；

　　　ρ——空气密度；

　　　A——风力机扫风面积；

　　　v——风速；

　　　C_p——风力机的风能利用系数。

在桨距角一定的情况下，C_p 是叶尖速比 λ 的函数，λ 为

$$\lambda = \frac{\omega_w R_{tur}}{v} \tag{7-2}$$

式中　ω_w——风力机机械角速度；

　　　R_{tur}——风轮半径；

　　　v——风速。

在实际应用中常用风能利用系数 C_p 对叶尖速比 λ 的变化曲线表示该风轮的空气动力特性，如图 7-4 和图 7-5 所示。

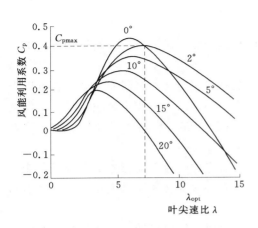

图 7-4　风轮气动特性 $(C_p - \lambda)$ 曲线

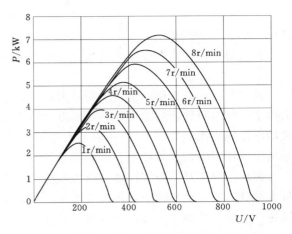

图 7-5　永磁同步发电机不同转速从短路状态到开路状态的全特性曲线

当桨距角一定时，风力机运行于最佳叶尖速比 λ_{opt} 时就可以获得最大风能利用系数 C_{pmax}，此时风力机的转换效率最高，即

$$\lambda_{opt} = \frac{R_{tur}\omega_{opt}}{v_1} \qquad (7-3)$$

式中　ω_{opt}——风力机的最优机械角速度；

　　　λ_{opt}——最佳叶尖速比。

上式要求风轮机组的转速 ω 可以随风速 v_1 成比例调节，以保持 λ 总在最优。

在直驱式永磁同步风力发电系统中，风力发电机与风力机直接相连，风力发电机组的动态特性可以用一个简单的数学模型描述为

$$J_{tur}\frac{\mathrm{d}\omega}{\mathrm{d}t} = T_{tur} - T_{em} \qquad (7-4)$$

式中　J_{tur}——风力发电机组的转动惯量；

　　　T_{tur}——风力机的气动转矩；

　　　T_{em}——风力发电机电磁转矩。

风力机气动转矩 T_{tur} 为

$$T_{tur} = 0.5\rho\pi R_{tur}^3 v_1^2 \frac{C_p(\lambda,\beta)}{\lambda} \qquad (7-5)$$

其中

$$C_p(\lambda,\beta) = \frac{C_T(\lambda,\beta)}{\lambda}$$

式中　ρ——空气密度；

　　　β——桨距角；

　　　C_T——风力机转矩系数；

　　　C_p——风能利用系数。

稳态时，当风力机运行在一个最佳叶尖速比 λ_{opt} 时，有一个最佳功率系数 C_{popt} 与之对应，且转矩系数 $C_T = C_{popt}/\lambda_{opt} = C_{Topt}$ 也为常数，此时捕获的风能为最大，为

$$P_{turmax} = 0.5\rho S v_1^3 C_{popt} \tag{7-6}$$

式中　S——风轮扫风面积。

稳态时，当忽略摩擦阻力转矩，发电机的电磁转矩应该与风力机气动转矩相等，即

$$T_{em} = T_{turmax} = K_{topt}\omega^2 \tag{7-7}$$

式（7-7）是在稳态条件下推导出来的发电机电磁转矩与转速之间的关系，它可以作为用于控制电机转矩的给定值，是发电机转速的函数。即当风速在额定风速以下时，发电机的电磁转矩按照式（7-12）的关系控制，整个系统就能够实现最大风能的捕获，这就是额定风速以下最大风能捕获的基本原理。

因此，对于某一特定风速，风力发电机应在一个特定的转速下运行才能实现对风能的最大捕获。在一定风速下，风力发电机的功率曲线上有一最优转速和最大功率点，将不同风速下的最大功率点连接起来可得到最佳功率曲线。

实现最大风能跟踪的要求是在风速变化时及时调整风力发电机转速，使其始终保持最佳叶尖速比运行，从而保证系统运行于最佳功率曲线上。对风力机转速的控制可通过风力机变桨调节，也可通过控制发电机输出功率进行调节。

7.2.2　最大风能捕获控制的基本策略

从 7.2.1 节的分析可知，实现最大风能捕获的关键是提高风能利用系数。这就需要根据风速的变化及时调整风力机的转速，时刻保持叶尖速比为最佳值，实现风力发电机组在变速运行时的最大风能捕获。目前最大功率点跟踪（Maximum Power Point Tracking，MPPT）的控制策略已经被广泛应用。根据各种不同 MPPT 控制策略的特点，把它们划分为以下三种。

1. 最佳叶尖速比控制

最佳叶尖速比（Tip Speed Ratio）控制是指随着风速的变化及时调整风力发电机的转速，控制叶尖速比时刻为最佳值。这种控制方法是实现 MTTP 最直接的方法，而且计算也十分简单。但它的缺点是要实时、准确地测量风速和发电机的转速，这就必须要用到转子位置传感器和风速传感器，这些器件不仅增加整个系统的成本，而且也影响系统的稳定性。

2. 功率信号回馈控制

功率信号回馈控制策略首先要建立整个风力发电系统在不同风速下的最大功率曲线（常用的是最大输出功率与发电机转速的曲线），然后用所得曲线为参考，在实际运行中根据发电机转速对应找出上述曲线中的最大功率值，并以此对发电机功率进行调节，使发电机运行在最大功率曲线上。这种控制策略与最佳叶尖速比控制策略相比无需测量实时风速，省去了风速传感器，降低了系统的成本。但它最大的缺陷在于，由于实际运行情况非常复杂，而根据以往经验绘制最大功率曲线又不能进行实时的修正，因此精准度一般。

3. 爬山搜寻控制

根据前两种方法的不足，学者们提出了爬山搜寻控制算法。这种控制算法无需知道当前的风速，也不用测试不同风速下整个系统的运行特性，只要将一个很小的转速扰动施加

到当前稳定的系统，然后根据输出功率的变化情况，通过建立数学最优化模型搜寻出发电机的最佳转速点，以此来调节发电机转速，使输出功率始终在最大功率点附近。

7.2.3 发电机转矩给定

在系统中可以通过全功率变流器调节送向电网的功率，利用转速转矩关系控制发电机的转矩给定值，这个转矩给定值是发电机转速的函数，在大多数情况下，这是在额定风速时控制发电机转矩的最好方法。变速的直驱式永磁同步风力发电机组在额定风速以下时，为了跟踪最大 C_p 值，应用平方算法可以得到平滑稳定的控制。然而风速变化较快时，由于风轮的转动惯量较大，阻碍转速快速变化，使其不可能跟上风速的变化，所以机组并不一定能工作在 C_p 曲线的峰值上。另外机组也不宜过快地加减速度，所以大型风力机的风轮气动特性（$C_p - \lambda$）曲线顶部应该设计得平一些、宽一些。

目前通常多用 PI 调节器进行 λ_{opt} 的最大功率跟踪。调节器的增益越高，跟踪越快，但是会使功率波动太大。一般来说风力发电机组上的风速传感器不能反映风轮上的真正风速，而永磁同步发电机是一个极好的风速传感器，而且有相应的功率转速以及电压的三维关系曲线（图 7-2），风力发电机组工作过程中不难判定工作点的位置。通过风轮和永磁同步发电机的特性曲线，可以测量风轮前方风速，从而估算出相应工作点，判断叶尖速比 λ 在高端还是低端，然后通过变流器控制上网功率，进而控制发电机转矩，使其尽快达到所需转速。

7.3 变速变桨距控制

变桨距是最常见的控制风力发电机组吸收风能的方法。变桨距控制会对所有由风轮产生的空气动力载荷产生影响。直驱式永磁风力发电机组一旦达到额定转矩，载荷转矩就不能继续增加，但风速还在增加，所以转速也开始增加，应用变桨距控制调节转速，使转速不超过上限，并由变流器保证载荷转矩恒定不变。通常 PI 或 PID 调节器调节桨距角就可以满足要求，在有些情况下要用滤波器对转速误差进行处理，以防止过度的桨距动作。

7.3.1 变速变桨距控制概述

1. 基本控制要求

在额定风速以下时，风力发电机组应该尽可能捕捉较多风能，所以这时没有必要改变桨距角，此时的空气动力载荷通常比在额定风速以上时的动力载荷小，也没有必要通过变桨距来调节载荷。

在额定风速以上时，变桨距控制可以有效调节风力发电机组的吸收功率及风轮产生的载荷，使其不超出设计的限定值。而且为了达到良好的调节效果，变桨距应该对变化的情况作出迅速的反应。这种主动控制器需要仔细设计，因为它会与风力发电机组的动态特性相互影响。

随着叶片攻角的变化，气流对风轮的作用力也会随之发生改变，这就会导致风力发电机组塔架的振动。随着风速的增加，为了保持功率恒定，转矩桨距角也随着增加，风轮所受到的力将会减小。这就使塔架的弯曲减小，塔架的顶端就会向前移动引起以风轮为参照物的相对风速的增加。空气动力产生的转矩进一步增加，引起更大的调桨动作。显然，如果变桨距控制器的增益太高会导致正反馈不稳定。

2. 主动失速变桨距

在额定风速以下时，桨距角设定值应该设置在能够吸收最大功率的最优值。按照这个原则，当风速超过额定风速时，增大或减小桨距角都会减小机组转矩。减小桨距角，即将叶片前缘转向背风侧，通过增大失速角来调节转矩，使升力减小，阻力增加，称为主动失速变桨距。

尽管顺桨是更常见的控制策略，但是有些风力发电机组采用主动失速变桨距的方法，通常称为主动失速。向顺桨方向变桨距比主动失速需要更多的动态主动性，一旦大部分叶片失速，就没有足够的变桨距调节来控制转矩。失速叶片变桨距由于阻力的增加而导致较大的载荷。另外，一旦叶片失速，升力不再稳定，疲劳载荷会增大。失速控制的另一个问题是升力曲线的斜率在失速区域开始阶段是负的。例如，升力系数随着叶片攻角的增大而减小，这就会引起负空气动力阻尼振荡，进而导致叶片弯曲模态的不稳定。对于定桨距失速控制的风力发电机组也存在同样的问题。

为了把某一个转速作为转矩和变桨距控制的速度设定点，有必要对它进行解耦，主要方法是设置切换逻辑，即保证在同一时间只有一个控制器处于激活状态，因此在额定值以下控制上网功率，即转矩是激活的，而变桨距给定值是固定在限定值上，这样可以通过简单的逻辑来完成，尽管有时会出现控制器工作在共同值模式下。例如风速稍低于额定风速，但风速变化很快时，在控制减速之前转矩很可能超过额定值，转速也超过额定值，这是正常的。此时更合适的方法是同时运行两个控制器，为了使它们耦合到一起，当远超过额定风速以上或以下时使其中一个或另一个控制器饱和。因此，在大多数时间里只有一个控制器处于激活状态，但是在接近额定点时，它们都起作用。

3. PID 变桨距控制

一种有效的算法是在 PID 控制器中，除了引入转速误差，还要引入转矩误差。在额定转速以上，如果转矩给定值已经饱和在额定值上，则转矩误差为零，如果在额定值以下，转矩误差为负值，积分项会使桨距角给定值偏离最优值，防止控制器在低风速下动作，而比例项在风速增加很快时，有助于转矩达到额定值前启动变桨。例如，接近额定功率、额定风速时，先变桨 3°左右。

对于永磁发电机和风轮来说，载荷反力矩、轴力矩应该是相对平衡的，尽可能使脉动性小一些。当风力发电机组运行在额定风速以上时，必须防止上网功率降低，使转矩降低。在程序中要有防止上网功率降低的措施，这也能使功率在额定风速附近平稳输出，用风轮的惯性能量来避免瞬时功率降低。

变速变桨距控制器适用于变速运行的直驱式永磁风力发电机，这类机组通过变频器将发电机转速从电网的固定频率分开，并用变桨距控制器来限制超过额定风速时的功率输出和转速升高。

7.3.2 建模与仿真

以一个 1.5MW 的风力发电机实例进行分析，主要针对额定风速以上进行仿真研究。

风力发电机组的主要参数为：风轮半径 $R=41.5\mathrm{m}$；塔架高度 $h=66\mathrm{m}$，悬垂距离 $x=4\mathrm{m}$；塔架半径 $c=2.1\mathrm{m}$；额定转速 $\omega=18.5\mathrm{r/min}$；风切变系数 $\alpha=0.2$；空气密度 $\rho=1.225\mathrm{kg/m^3}$。

首先在 Matlab/simulink 中搭建仿真模型，在实际工程中变桨距系统大多采用传统的 PID 控制，虽然目前有很多学者开始在变桨距系统中研究智能控制器，但是从实际运行情况来看还是传统的 PID 控制更简单方便、安全可靠，能够满足控制要求。建模过程希望能够通过两个滞环比较器使变桨距控制器运行过程更加平稳，鲁棒性更强。

仿真实验在随机风速条件下进行，模拟随机风曲线如图 7-6 所示，图 7-7 为桨距角曲线，图 7-8 为风能利用系数曲线。设额定风速为 $9.5\mathrm{m/s}$。

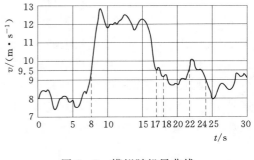

图 7-6　模拟随机风曲线

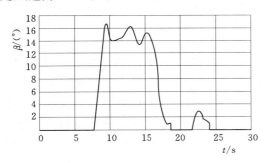

图 7-7　桨距角曲线

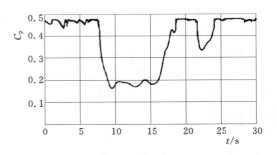

图 7-8　风能利用系数曲线

从图 7-6 中可以看出：①1～8s 时，风速小于 $9.5\mathrm{m/s}$，变桨距系统不产生任何动作，桨距角为 0；②8～17s 时，风速大于 $9.5\mathrm{m/s}$，这时开始对风力机进行变桨距控制；③17～18s 期间，风速在 $9\mathrm{m/s}$ 和 $9.5\mathrm{m/s}$ 之间变化，由于滞环比较器的作用，风力机进行变桨距控制且变桨距曲线平滑、无大的波动，证明了在额定风速附近仿真设计的滞环比较器对变桨距系统有一定的抗扰动作用；④22～24s 期间，系统进行变桨距控制。

总之，在随机风速作用的 30s 时间内，带有滞环比较器的变桨距控制系统能够在额定风速附近平滑过渡，具有一定的抗扰动能力。

7.4　基于发电机输出有功功率的控制

7.4.1　控制策略

1. 基本原理

实现最大风能跟踪的要求是在风速变化时及时调整风力机转速，使其始终保持最佳叶尖速比运行，从而可保证系统运行于最佳功率曲线上。对风力机转速的控制可通过风力机变桨距调节，也可通过控制发电机输出功率进行调节。由于风力机变桨距调节系统结构复杂，调速精度受限，因此可通过控制发电机输出有功功率调节发电机的电磁转矩，进而调节发电机转速。

由永磁同步发电机的功率关系可知

$$\begin{cases} P_{em} = P_m - P_0 \\ P_s = P_{em} - P_{Cus} - P_{Fes} \end{cases} \tag{7-8}$$

式中　P_{em}、P_m、P_0——发电机电磁功率、风力机输出机械功率、机械损耗；

$\quad\quad\ P_s$、P_{Cus}、P_{Fes}——发电机定子输出有功功率、定子铜耗、定子铁耗。

为实现最大风能跟踪控制，应根据风力机转速实时计算风力发电机输出的最佳功率指令信号 P_{opt}，令式（7-8）中 $P_m = P_{opt}$，由式（7-3）和式（7-8）可得到发电机的最佳电磁功率 P_{em}^* 和定子有功功率指令 P_s^* 为

$$\begin{cases} P_{em}^* = k\omega^3 - P_0 \\ P_s^* = P_{em}^* - P_{Cus} - P_{Fes} \end{cases} \tag{7-9}$$

按照有功功率指令 P_s^* 控制发电机输出的有功功率可使风力机按式（7-3）的规律实时捕获最大风能，从而实现发电机的最大风能跟踪控制。

2. 电机侧变换器控制策略

采用永磁同步发电机和双 PWM 变换器构成发电系统，该系统由永磁同步发电机、电机侧变换器、直流侧电容和电网侧变换器构成。电机侧变换器的主要作用是控制发电机输出的有功功率以实现最大风能跟踪控制。由于直驱式永磁同步发电机多以低速运行，因此可采用多对极表贴式永磁同步发电机。目前针对该类电机常采用转子磁场定向的矢量控制技术，假设 dq 坐标系以同步速度旋转，且 q 轴超前于 d 轴，将 d 轴定位于转子永磁体的磁链方向上，可得到电机的定子电压方程为

$$\begin{cases} u_{sd} = R_s i_{sd} + L_s \dfrac{di_{sd}}{dt} - \omega_s L_s i_{dq} \\ u_{sq} = R_s i_{sq} + L_s \dfrac{di_{sq}}{dt} + \omega_s L_s i_{sd} + \omega_s \psi \end{cases} \tag{7-10}$$

式中　R_s、L_s——发电机的定子电阻和电感；

u_{sd}、u_{sq}、i_{sd}、i_{sq}——d、q 轴定子电压和电流；

$\quad\quad\quad \omega_s$——同步电角速度；

$\quad\quad\quad \psi$——转子永磁体磁链。

其电磁转矩可表示为

$$T_{em} = p\psi i_{sq} \tag{7-11}$$

式中　p——电机极对数。

通常控制定子电流 d 轴分量为零，由式（7-11）可知，发电机电磁转矩仅与定子电流 q 轴分量有关。

通过对发电机电磁转矩的及时调节可实现对发电机电磁功率和输出有功功率的准确控制。因此，结合发电机的最佳风能跟踪控制原理，永磁同步发电机控制系统外环可采用有功功率的闭环 PI 控制，其调节输出量作为发电机定子电流的 q 轴分量给定；控制系统内

环则分别实现定子 d、q 轴电流的闭环控制。

由式（7-10）可知，定子 d、q 轴电流除受控制电压 u_{sd} 和 u_{sq} 影响外，还受耦合电压 $-\omega_s L_s i_{sq}$ 和 $\omega_s L_s i_{sd}$、$\omega_s \psi$ 的影响，因此对 d、q 轴电流可分别进行闭环 PI 调节控制，得到相应的控制电压 u'_{sd} 和 u'_{sq}，并分别加上交叉耦合电压补偿项 Δu_{sd} 和 Δu_{sq}，即可得到最终的 d、q 轴控制电压分量 u_{sd} 和 u_{sq}，结合电机转子位置角 θ 和直流电容电压 u_{dc}，经空间矢量调制（Space Vector Modulation，SVM）可得到电机侧变换器所需的 PWM 驱动信号。图 7-9 给出了基于最佳功率给定的电机侧变换器功率、电流双闭环控制策略结构框图，图中 $\Delta P = P_0 + P_{Cus} + P_{Fes}$。由于要控制电网侧变换器来保持直流侧电压恒定，因此运行过程中直流侧电容的充放电功率变化很小，如果进一步忽略变换器的损耗，则可认为发电机输出的有功功率经双 PWM 变换器后全部馈入电网。因此，发电机输出的有功功率可通过间接测量网侧变换器馈入电网的有功功率 P_g 来近似获得。

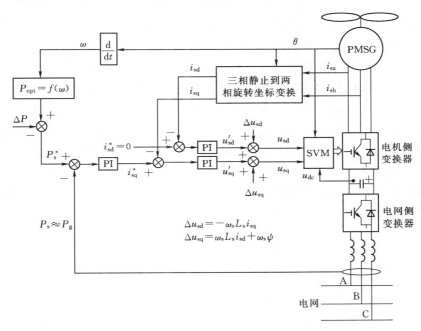

图 7-9 电机侧变换器控制框图

3. 电网侧变换器控制策略

作为直驱永磁同步风力发电机与电网相连的重要组成部分，电网侧变换器的主要作用包括提供稳定的直流电容电压、实现网侧功率因数调整或并网无功功率控制。

电网侧变换器可工作于逆变和整流两种工作状态，从而灵活实现功率的双向流动。目前对于网侧变换器常采用电网电压定向的矢量控制技术。假设 dq 坐标系以同步速度旋转且 q 轴超前于 d 轴，将电网电压综合矢量定向在 d 轴上，电网电压在 q 轴上投影为 0。dq 坐标系下网侧变换器的有功功率和无功功率分别为

$$\begin{cases} P_g = e_{gd} i_{gd} + e_{gq} i_{gq} = e_{gd} i_{gd} \\ Q_g = e_{gd} i_{gq} - e_{gq} i_{gd} = e_{gd} i_{gq} \end{cases} \tag{7-12}$$

式中　e_{gd}、e_{gq}、i_{gd}、i_{gq}——电网电压和电流的 d、q 轴分量。

调节电流矢量在 d、q 轴的分量就可以控制变换器的有功功率和无功功率（功率因数）。调节变换器的有功功率可实现对双 PWM 变换器直流侧电压的稳定控制。因此，对网侧变换器可采用双闭环控制，外环为直流电压控制环，主要作用是稳定直流侧电压，其输出为网侧变换器的 d 轴电流给定量 i_{gd}'；内环为电流环，主要作用是跟踪电压外环输出的有功电流指令信号 i_{gd}' 以及设定的无功电流指令信号 i_{gq}'，以实现快速的电流控制。这样既可保证发电机输出的有功功率能及时经网侧变换器馈入电网，又实现发电系统的无功控制。

网侧变换器在 dq 坐标系下的数学模型为

$$
\begin{cases}
u_{gd} = -R_g i_{gd} - L_s \dfrac{di_{gd}}{dt} + \omega_g L_g i_{gq} + e_{gd} \\
u_{gq} = -R_g i_{gq} - L_g \dfrac{di_{gq}}{dt} - \omega_g L_g i_{gd}
\end{cases}
\tag{7-13}
$$

式中　R_g、L_g——网侧变换器进线电抗器的电阻和电感；

　　　u_{gd} 和 u_{gq}——网侧变换器的 d、q 轴电压分量；

　　　ω_s——同步电角速度。

由式（7-13）可知，定子 d、q 轴电流除受控制电压 u_{gd} 和 u_{gq} 影响外，还受耦合电压 $\omega_g L_g i_{gq}$、$-\omega_g L_g i_{gd}$ 以及电网电压 e_{gd} 的影响，因此，对 d、q 轴电流可分别进行闭环 PI 调节控制，得到相应的控制电压 u_{gd}' 和 u_{gq}'，并分别加上交叉耦合电压补偿项 Δu_{gd} 和 Δu_{gq}，即可得到最终的 d、q 轴控制电压分量 u_{gd} 和 u_{gq}，结合电机转子位置角 θ_g 和直流电容电压 u_{dc}，经空间矢量调制可得到电机侧变换器所需的 PWM 驱动信号。电网侧变换器的电压、电流双闭环控制策略结构框图如图 7-10 所示，图中 u_{dc}^* 和 Q_g^* 分别为直流设定电压和网侧设定无功功率。

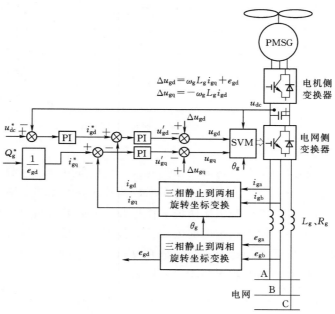

图 7-10　电网侧变换器控制框图

7.4.2 控制系统验证实验

1. 实验系统的建立

为验证基于最佳功率给定的风能跟踪控制策略的正确性和有效性，设计了直驱式永磁同步风力发电实验系统，图 7-11 为实验系统结构框图。该系统主要包括永磁同步发电机、双 PWM 功率变换器、电抗器、升压变压器、并网装置以及 H 桥控制直流电动机模拟风力机等设备。

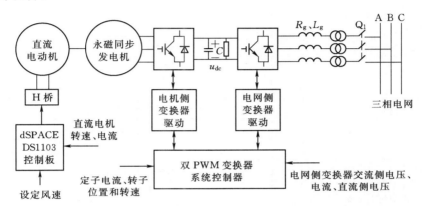

图 7-11 直驱式永磁同步风力发电实验系统结构

为在实验室无风条件下实现风力发电系统并网实验研究，在一块 dSPACE DS1103 控制板上采用转矩模拟算法控制直流电动机来模拟风力机特性。dSPACE 实时仿真系统是由德国 dSPACE 公司开发的一套基于 MATLAB/Simulink 的控制系统开发及半实物仿真的软硬件工作平台。在 DS1103 控制板上设定风速、直流电机转速和电流即可准确模拟风力机在机组转速变化及风速变化时的运行特性。当设定风速变化时，结合电机转速和风力机特性可实时计算直流电机的输出给定转矩，通过对直流电动机转矩的闭环控制即可实现对风力机特性的模拟，为实现风能跟踪实验奠定基础。双 PWM 变换器的系统控制器采用一片 TI 公司电机控制专用的 DSP—TMS320F2812，负责处理从电机侧变换器和电网侧变换器采集到的各个信号，并经本文提出的控制算法实现直驱式永磁同步风力发电系统的最佳风能跟踪控制。

2. 控制系统的实验研究

利用该实验系统对直驱式永磁同步风力发电系统的最佳风能跟踪控制、发电系统有功和无功独立控制、变速恒频发电运行等进行了实验研究。实验系统参数见表 7-1。

假设该风力发电系统在 7.6s 以前已处于稳态运行，7.6s 时风速从 4m/s 突变至 5.2m/s。图 7-12 给出了发电机转速跟踪风速变化的过程。风速为 4m/s 时发电机转速约为 16rad/s；风速为 5.2m/s 时发电机转速约为 19.3rad/s。相应的转速理论计算值分别为 15.5rad/s 和 20.16rad/s，实际转速和理论计算结果吻合，且具有较快的跟踪速度。

图 7-13 给出了风速突变时按式（7-18）计算的发电机设定有功功率、网侧变换器并网有功功率和无功功率的变化曲线。设定并网无功功率为零，忽略变换器损耗，可认为

并网有功功率近似等于发电机输出有功功率。由图可知，并网有功功率能迅速跟踪设定的有功功率，实现了最佳风能跟踪控制。网侧变换器输出无功功率得到准确控制，且当有功功率发生变化时，网侧变换器的无功功率基本保持不变。

表 7-1　实 验 系 统 参 数

设　备	参　数	数　值
永磁同步发电机	极对数	12
	定子电阻/Ω	0.695
	定子电感/mH	4.1
	转子永磁体磁通/Wb	0.1167
风力机	桨距角	0°
	叶片半径/m	1.2897
	空气密度/(kg·m^{-3})	1.225
	λ_{opt}	5
	C_{pmax}	0.3955
电网侧变换器	进线电抗器电阻/Ω	0.1
	电感/mH	5
	直流侧电容/μF	2200
	直流侧设定电压/V	60

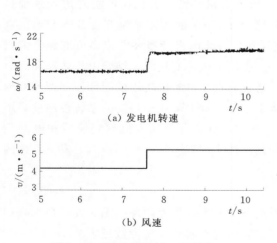

图 7-12　发电机转速 ω 和风速 v

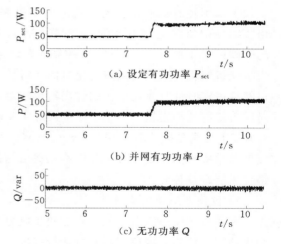

图 7-13　设定有功功率 P_{set}、并网有功功率 P 和无功功率 Q

　　图 7-14～图 7-16 分别给出了风速突变时电网侧变换器的电网相电压和相电流、直流侧电压和发电机定子相电压、相电流的实验结果。由图 7-14 可知，网侧变换器实现了单位功率因数控制，输出电流正弦性好，当风速变化时，网侧变换器输出的电流迅速增大，动态响应性能优良。由图 7-15 可知，当风速突变时，网侧变换器具备较强的维持直

流侧电压稳定的能力，在整个风能跟踪控制过程中，直流侧电压稳定在设定值附近。由图
7-16可知，当风速变化时，发电机定子电流响应迅速，定子电流频率与转速保持同步变
化，而整个发电系统输出电流的频率保持不变，实现了变速恒频发电运行。

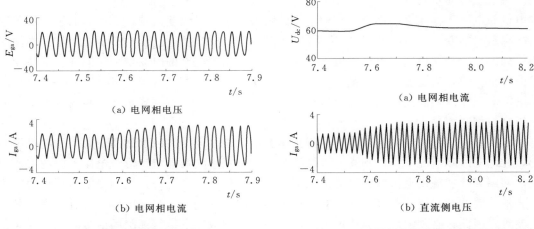

图 7-14　网侧变换器的电网相电压
E_{ga} 和相电流 I_{ga}

图 7-15　网侧变换器的电网相电流
I_{ga} 和直流侧电压 U_{dc}

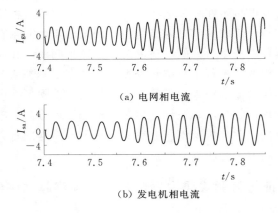

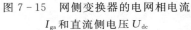

图 7-16　网侧变换器的电网相电流 I_{ga} 和发电机相电流 I_{sa}

7.5　低电压穿越控制

目前，关于风力发电系统的低电压穿越研究大多针对双馈型风力发电机组，需采用主
动式或被动式 Crowbar 来避免风力发电机变流器的过电压和过电流，虽然可以满足并网
准则对低电压穿越的要求，但存在以下固有问题：

（1）双馈电机变为不受控的异步发电机后，稳定运行的转速范围受最大转差率限制而
变小，若变桨系统未能快速限制捕获的机械转矩，仍很容易导致转速飞升。

（2）由于 Crowbar 动作前后，发电机的励磁分别由变流器和电网提供，两种状态的

215

切换会在低电压穿越过程中对电网造成无功冲击。

（3）即使在低电压穿越过程中网侧变流器保持联网，受其容量限制，提供的无功功率主要供给异步发电机建立磁场，而对系统的无功支持很弱。

对于永磁同步发电机来说，发电机经由全功率整流器通过交—直—交转换接入电网，发电机和电网不存在直接耦合。电网电压的瞬间降落会导致输出功率减小，而发电机的输出功率瞬时不变，这将导致功率不匹配，引起直流母线电压上升，威胁电力电子器件安全。如果采取措施稳定直流母线电压，又会导致输出到电网的电流增大，同样会威胁变流器的安全。但是当变流器直流侧电压在一定范围波动时，发电机侧一般都能保持可控性，在电网电压跌落期间发电机可以保持很好的电磁控制，所以直驱式永磁同步发电系统的低电压穿越相对容易。

事实上直驱机组在电网故障下运行仍然会产生很多问题。以永磁同步风力发电机组为例，在电网故障情况下，以常规电流控制为基础的功率变换器直流母线电压可能超出额定值，网侧变换器输出电流增大可能危及电力电子器件的安全运行，网侧变换器输出功率含有 2 倍工频波动，直流母线电压含有 2 倍工频纹波，网侧变换器输出电流含有负序分量和谐波等。因此，必须解决直驱式风力发电机组在电网故障下运行面临的诸多问题，提高其故障穿越能力，满足故障穿越标准。

文献［75］对直驱式风力发电故障穿越控制方法进行了综述分析。首先根据电网故障特征，分析了直驱风力发电机组在故障运行条件下的功率关系，根据分析结果将电网故障情况下机组实现故障穿越所面临的问题总结为由电网电压正序分量有效值下降带来的"有功不平衡"和电网电压负序分量带来的"功率波动"两类问题。在此基础上，对目前直驱风力发电机组的故障穿越方法进行了总结和分类，将"有功不平衡"控制策略分为减小发电机的输出功率来减小换流器的输入功率、在直流母线处消除不平衡功率、增大网侧换流器输出功率能力 3 种方法；将"功率波动"控制策略分为消除并网电流负序分量和消除直流母线电压纹波 2 种方法，并分析了不同方法的优缺点。根据现有方法的优缺点对直驱风力发电机组故障穿越控制方法的研究方向进行了展望。

7.5.1　电网故障特征与直驱式风力发电机组故障穿越面临的问题

7.5.1.1　电网故障特征

电网故障分为对称故障和不对称故障。

电网对称故障为三相接地短路，其故障特征为电网电压（正序分量）有效值下降，其下降程度与故障点和公共耦合点的距离有关。

电网不对称故障包括单相接地短路、两相接地短路和相间短路 3 类。在不对称故障情况下，三相电压值会按照不同规律发生改变，但存在一个共同的规律，即电网电压会产生负序分量，同时正序分量有效值下降。因此，不对称故障除包含对称故障电压下降的特征之外还会产生负序分量。

直驱式风力发电机组的功率分析表明：故障情况下，电网电压正序分量会下降并产生负序分量，将故障穿越控制方法按照这两个故障特征进行总结和分类，而不是简单地直接按照对称故障和不对称故障进行分类。

7.5.1.2 直驱式风力发电机组故障穿越面临的问题

1. 电网电压正序分量降低

在不考虑损耗的情况下，风力机输出的机械功率 P_m、发电机输出的电磁功率 P_e 和风力发电机组的并网功率 P_g 满足

$$P_m - P_e = \frac{d\left(\frac{1}{2}J\omega^2\right)}{dt} \qquad (7-14)$$

$$P_e - P_g = \frac{d\left(\frac{1}{2}Cu_{dc}^2\right)}{dt} \qquad (7-15)$$

式中　J——风力机和发电机转动惯量之和；

　　　ω——发电机的机械角速度；

　　　C——直流母线电容；

　　　u_{dc}——直流母线电压。

稳态时

$$P_m = P_e = P_g$$

这时发电机转速恒定，直流母线电压也稳定。

电网对称故障或不对称故障均会使电网电压正序分量有效值降低。当电网电压跌落时，由于网侧换流器的输出电流限制，风力发电机组并网输出功率 P_g 将减小，假设故障瞬间风速不变，发电机的转速也不变，那么风力发电机组输入机械功率 P_m 不变，如果发电机的输出电磁功率 P_e 也不变，将导致风力发电机组的输入、输出有功功率不平衡，产生不平衡功率 ΔP

$$\Delta P = P_e - P_g \qquad (7-16)$$

由式（7-15）可知，不平衡功率 ΔP 将导致直流母线电压 u_{dc} 上升。如果网侧换流器不采取限流措施将会使输出电流增大。当直流母线电压超过电容的耐压值、电流超过功率器件的耐流值时风力发电机组就会自动切机，无法实现故障穿越。

因此，针对电网电压正序分量降低时"有功不平衡"产生的直流母线电压上升、输出电流增大的问题，解决的措施是消除不平衡功率 ΔP 来提高故障穿越能力。

2. 电网电压产生负序分量

电网不对称故障情况下，除正序分量有效值下降外还会产生负序分量。负序电压分量的存在将会在网侧电流中产生负序电流和谐波分量，还会引起并网功率的波动。在 dq 轴系下进行分析时，分别将电网电压、电流的正、负序分量变换到正、负序 dq 轴系，可得到正、负序分量分别在正、负序 dq 轴上的直流分量。不对称电网电压在正序 dq 轴系的变换结果可表示为

$$\begin{cases} e_d = e_{dp} + e_{dn}\cos(2\omega t) + e_{qn}\sin(2\omega t) \\ e_q = e_{qp} - e_{dn}\sin(2\omega t) + e_{qn}\cos(2\omega t) \end{cases} \qquad (7-17)$$

式中　e_d、e_q——含负序分量的电压直接变换到正序 dq 轴系的 d、q 轴分量；

　　　e_{dp}、e_{qp}——电网电压正序分量的正序 dq 轴系变换结果；

　　　e_{dn}、e_{qn}——电网电压负序分量的负序 dq 轴系变换结果。

从式（7-17）可以看出，负序电压分量在正序 dq 轴系下含有 2 倍工频分量。在常规的 dq 轴电流控制中，dq 轴的 2 倍工频电压分量会被引入到参考电流，其表达式为

$$\begin{bmatrix} i_{\mathrm{dref}} \\ i_{\mathrm{qref}} \end{bmatrix} = \frac{2}{3} \begin{bmatrix} e_{\mathrm{d}} & e_{\mathrm{q}} \\ e_{\mathrm{q}} & -e_{\mathrm{d}} \end{bmatrix}^{-1} \begin{bmatrix} P_{\mathrm{ref}} \\ Q_{\mathrm{ref}} \end{bmatrix} \tag{7-18}$$

式中　P_{ref}、Q_{ref}——功率参考信号；

　　　i_{dref}、i_{qref}——根据功率参考信号 P_{ref}、Q_{ref} 得到的电流参考信号。

将式（7-18）展开，dq 轴参考电流含有 2 次及以上谐波，那么根据畸变的参考信号控制得到的实际三相电流将会含有负序分量以及谐波分量。这说明电压负序分量将会导致电流不对称和畸变。当电网电压不对称时，由于电流中也同时含有负序分量，并网有功 P_{g} 和无功 Q_{g} 也可采用 dq 轴分量表示为

$$\begin{cases} P_{\mathrm{g}} = P_{\mathrm{g}0} + P_{\mathrm{gcos}} \cos(2\omega t) + P_{\mathrm{gsin}} \sin(2\omega t) \\ Q_{\mathrm{g}} = Q_{\mathrm{g}0} \end{cases} \tag{7-19}$$

$$\begin{cases} P_{\mathrm{g}0} = \dfrac{3}{2}(e_{\mathrm{dp}} i_{\mathrm{dp}} + e_{\mathrm{qp}} i_{\mathrm{qp}} + e_{\mathrm{dn}} i_{\mathrm{dn}} + e_{\mathrm{qn}} i_{\mathrm{qn}}) \\[2mm] Q_{\mathrm{g}0} = \dfrac{3}{2}(e_{\mathrm{qp}} i_{\mathrm{dp}} - e_{\mathrm{dp}} i_{\mathrm{qp}} - e_{\mathrm{qn}} i_{\mathrm{dn}} + e_{\mathrm{dn}} i_{\mathrm{qn}}) \\[2mm] P_{\mathrm{gcos}} = \dfrac{3}{2}(e_{\mathrm{dp}} i_{\mathrm{dn}} + e_{\mathrm{qp}} i_{\mathrm{qn}} + e_{\mathrm{dn}} i_{\mathrm{dp}} + e_{\mathrm{qn}} i_{\mathrm{qp}}) \\[2mm] P_{\mathrm{gsin}} = \dfrac{3}{2}(e_{\mathrm{qp}} i_{\mathrm{dn}} - e_{\mathrm{dp}} i_{\mathrm{qn}} + e_{\mathrm{dn}} i_{\mathrm{qp}} - e_{\mathrm{qn}} i_{\mathrm{dp}}) \end{cases} \tag{7-20}$$

式中　$P_{\mathrm{g}0}$、$Q_{\mathrm{g}0}$——并网有功功率、无功功率的直流分量；

　　　P_{gcos}、P_{gsin}——2 倍工频波动分量峰值的正弦、余弦分量；

　　　i_{dp}、i_{qp}——电网电流正序分量的正序 dq 轴系变换结果；

　　　i_{dn}、i_{qn}——电网电流负序分量的负序 dq 轴系变换结果。

从式（7-19）可以看出，并网有功功率除直流分量 $P_{\mathrm{g}0}$ 外，还含有 2 倍工频的波动分量，其峰值 $P_{\mathrm{g}2}$ 由式（7-19）中有功正弦和余弦分量共同决定，为

$$P_{\mathrm{g}2} = \sqrt{P_{\mathrm{gcos}}^2 + P_{\mathrm{gsin}}^2} \tag{7-21}$$

由于并网有功功率存在波动，从式（7-15）可知，交—直—交变流器的直流母线电压将会产生 2 次工频纹波。当直流母线电压波动过大时将导致风力发电机切机。

从上述分析可知，电网故障下的电压负序分量在常规电流控制方式下将导致并网电流产生负序分量。由于电压、电流均存在正、负序分量，将产生式（7-19）的"功率波动"问题。根据交流侧和直流侧的功率平衡，交流侧的功率波动会导致直流母线电压 2 倍工频波动。因此不对称情况下直驱式风力发电机组故障穿越将面临"功率波动"、并网电流中产生电流负序分量和直流母线电压 2 倍工频纹波等问题。

7.5.2 有功不平衡控制策略

消除由电网电压跌落带来的"有功不平衡"问题的方法可以分为3类：①减小发电机的输出功率，进而减小换流器的输入功率；②在直流母线处消除不平衡功率；③增大网侧换流器输出功率能力。

7.5.2.1 减小换流器的输入功率

减小换流器输入功率法按照响应速度的快慢，又可分为调节风力机的桨距角和限制发电机的电磁功率两种。

1. 桨距角调节

风力机捕获风能的大小与桨距角相关。在正常工况下，一般控制桨距角来实现最大功率跟踪。在电网故障情况下也可通过调节桨距角使其不工作在最大功率点。调节桨距角可以减小风力机输出的机械能 P_m，从而减小发电机输出功率 P_e 来实现风力发电机组的有功平衡。该方法不需要增加额外的硬件，但由于桨距角调节属于机械调节，动态响应时间通常在几百毫秒乃至秒级，且该方法存在较大的延时，因此只适用于长时间故障。对于几个工频周期的电压暂降，采用桨距角调节难以有效限制发电机的输入机械功率，需要其他方法来实现故障穿越。

2. 限制发电机的电磁功率

为了快速限制输入功率，在电网发生故障时，通过机侧换流器的控制限制发电机的电磁功率 P_e 来消除不平衡功率 ΔP，将多余的机械能转化为转子动能，使转子加速。由于机组转动惯量常数 H 一般为秒级，对于持续时间为几个工频周期的电网短路故障而言，转子转速的增量很小，可认为转速几乎不变。当故障切除后，转子转速将自动下降，且转子存储的动能将释放回电网。故障恢复时间 t_r 可表示为

$$t_r = \frac{W_r}{k_i P_{eN}} = \frac{\Delta P t_f}{k_i P_{eN}} \qquad (7-22)$$

式中　W_r——故障期间转子存储的动能；

　　　ΔP——不平衡功率；

　　　t_f——故障持续时间；

　　　P_{eN}——电磁功率的额定值；

　　　k_i——换流器的过流系数。

从式（7-22）可以看出，故障恢复时间与故障期间的不平衡功率 ΔP 和故障持续时间 t_f 成正比，与换流器过流系数成反比。以 $\Delta P = 0.4 P_{eN}$、换流器过流系数为 0.2 为例，故障恢复时间将为故障持续时间的 2 倍。在故障恢复过程中，若再次发生故障，由于发电机转子动能还未全部转化为电能，又需要将一部分机械能转化为转子动能，使其转速在前次故障的基础上加速，有可能导致发电机失速，不能继续并网运行。

7.5.2.2 在直流母线处消除不平衡功率

在直流母线处消除不平衡功率可以应用增大直流母线电容、直流母线处增加卸荷负载和采用储能装置三种方法。

1. 增大直流母线电容

为了在直流母线处消除不平衡功率，最直观的就是将母线电容作为储能元件。直流母

线电容值可以根据下式确定

$$C = \frac{2\Delta P t_f}{U_{dcmax}^2 - U_{dcmin}^2} \qquad (7-23)$$

式中　U_{dcmax}、U_{dcmin}——直流母线电压允许的最大值和最小值；

　　　　C——母线电容。

虽然该方法不需要改变任何控制策略，只需将直流侧的电容增大，但电容值需急剧增大才能存储功率差额。直流母线的电解电容极易受损，是影响机组可靠性的重要因素，从体积和可靠性的角度都希望电解电容值尽可能小。因此，通过增大直流母线电容来存储功率的能力有限。

2. 直流母线处增加卸荷负载

为了避免增大直流母线电容的缺点，可以用在直流母线处增加卸荷负载的方法来消耗不平衡功率 ΔP。卸荷负载功率的控制通过控制卸荷开关的占空比来实现，关系式为

$$\Delta P = \frac{(D u_{dc})^2}{R} \qquad (7-24)$$

式中　D——卸荷负载开关的占空比；

　　　　R——卸荷负载的电阻值；

　　　　u_{dc}——直流母线电压。

该方法能快速消除不平衡功率，但会将能量消耗掉，同时给系统带来安装及散热等问题。

3. 采用储能装置

为了减小损耗，可以利用储能元件储存不平衡功率以实现故障穿越，还可以使有功功率输出更平滑。如在直流母线处加入超级电容进行储能，采用飞轮储能系统解决不平衡有功功率 ΔP。在直驱式永磁同步风力发电机组中交—直—交变流器直流母线加入超级电容储能的结构如图7-17所示，利用对双向DC—DC变换器的控制可以消纳在故障期间输入、输出功率的差值，进而解决有功功率不平衡的问题，避免直流母线电压的升高。

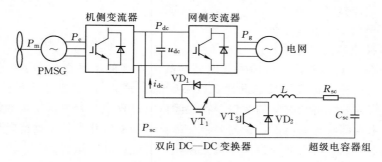

图7-17　含超级电容储能的直驱式永磁同步风力发电机组

采用储能装置可以很好地解决不平衡功率的问题，实现故障穿越，但储能元件的成本高，另外储能系统的能量管理和控制也需要额外的研究，目前尚未大范围应用，是一种很有发展前途的方案。

7.5.2.3 增大网侧换流器输出功率能力

增大网侧换流器输出功率能力主要是在电网电压出现偏差时采用无功补偿的方式实现电压支撑。实现无功补偿的方法主要有改变网侧变换器的控制策略输出无功电流和利用无功补偿器补偿无功功率两类。该方案一般应用于电压偏差范围较小的情况，在严重短路故障情况下利用无功补偿的方法实现电压支撑的能力有限。

7.5.3 功率波动控制策略

消除电网电压不对称带来的功率波动问题是目前文献中讨论的热点。从消除功率波动的出发点和实际效果可以将这些方法归纳为两类：消除并网电流负序分量控制和消除直流母线电压纹波控制。

1. 消除并网电流负序分量控制策略

在电网电压不对称情况下，可以根据电压和电流分别在正负序 dq 轴下的分量确定电流环的参考信号为

$$\begin{bmatrix} i_d^* \\ i_q^* \end{bmatrix} = \frac{2}{3} \begin{bmatrix} e_{dp} & e_{qp} \\ e_{qp} & -e_{dp} \end{bmatrix}^{-1} \begin{bmatrix} P_{g0}^* \\ Q_{g0}^* \end{bmatrix} \tag{7-25}$$

式中 i_d^*、i_q^*——dg 轴电流参考信号；

P_{g0}^*、Q_{g0}^*——有功功率和无功功率的参考值。

该电流参考信号只含有正序分量，与实际电流的误差信号经过电流误差放大器后，得到网侧换流器的电压正序参考信号 u_{dp}^*、u_{qp}^*；再加入网侧电压前馈信号[22]和解耦项，得到换流器的电压参考信号为

$$\begin{cases} u_d^* = -u_{dp}^* + e_d \\ u_q^* = -u_{qp}^* + e_q \end{cases} \tag{7-26}$$

控制框图如图 7-18 所示。

除采用引入电压前馈的方法外，还可以采用谐振控制器等其他控制策略来消除并网负序电流。

采用消除负序电流控制方法后，虽然消除了注入电网的负序电流，但由于不对称故障情况下，电压含有负序电压，负序电压和正序电流同样会产生 2 倍工频纹波波动，因此该方法仍然会产生直流母线的 2 倍工频纹波波动。

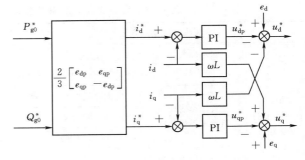

图 7-18 消除并网电流负序分量控制框图

2. 消除直流母线电压纹波控制策略

消除直流母线电压 2 倍工频纹波的关键是消除并网功率波动。根据式（7-25），可以在正负序 dq 轴系下，根据正负序电压分量的大小合理地设置正负序电流参考值，使功率波动分量和为 0，采用双 dq 轴控制可以消除功率波动。正负序参考电流值可以确定为

$$\begin{bmatrix} i_{dp}^* \\ i_{qp}^* \\ i_{dn}^* \\ i_{qn}^* \end{bmatrix} = \frac{2}{3} \begin{bmatrix} e_{dp} & e_{qp} & e_{dn} & e_{qn} \\ e_{qp} & -e_{dp} & e_{qn} & -e_{dn} \\ e_{dn} & e_{qn} & e_{dp} & e_{qp} \\ e_{qn} & -e_{dn} & -e_{qp} & e_{dp} \end{bmatrix} \begin{bmatrix} P_{g0}^* \\ Q_{g0}^* \\ 0 \\ 0 \end{bmatrix} \qquad (7-27)$$

从式（7-27）可知正负序电流需采用双 dq 轴控制，其控制框图如图 7-19 所示。

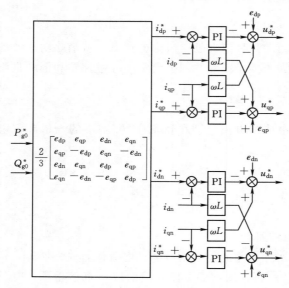

图 7-19　消除直流母线电压纹波控制框图

消除直流母线电压纹波的方法是通过在电网电流中产生一定比例的电流负序分量来消除直流母线 2 倍工频纹波，但将导致电网电流不对称。除采用双 dq 轴解耦方法外，还有采用直流母线电压波动反馈等其他控制策略来消除直流母线电压纹波的方法。

7.5.4　故障穿越控制方法优缺点比较

各种故障穿越控制的优缺点总结见表7-2。从表 7-2 可以看出，解决有功不平衡问题的三类方法在动态响应速度、效率、体积和成本等方面各有优缺点；解决功率波动问题的两类方法均只能解决直流母线 2 倍工频纹波和并网电流负序分量中的一个方面。因此，直驱式风力发电系统的低电压穿越控制仍然需要进行深入的研究。

表 7-2　直驱式风力发电机组故障穿越控制方法优缺点

故障穿越控制方法			优　点	缺　点
消除有功不平衡控制方法	减少换流器输入功率	桨距角调节限制发电机的电磁功率	无额外硬件，动态响应快	动态响应慢，储能有限，故障恢复时间长
	直流母线处消除不平衡功率	增大直流母线处电容	结构简单，动态响应快	体积大，可靠性差，储能有限，效率低，体积大，散热难成本高，控制复杂
		直流母线处增加卸荷负载	动态响应快	
		采用储能装置	动态响应快，效率高	
	增大网侧换流器输出功率能力	采用无功补偿	动态响应快	需要额外无功的容量，消除不平衡功率能力有限
消除功率波动控制方法	消除并网电流负序分量控制		并网电流无负序分量，无畸变	直流母线含有 2 倍工频纹波，网侧输出功率含有波动
	消除直流母线电压纹波控制		正、负序独立控制，直流侧电压无波动，网侧输出功率无波动，并网电流无畸变	并网电流含有负序分量

7.6 低电压穿越的有功和无功协调控制

为提高基于全功率变流器并网的直驱式永磁同步风力发电机组低电压穿越能力，文献[76] 在深入研究风力发电机组运行特性和控制策略的基础上，分析了电网电压跌落过程中引起全功率变流器直流侧电压波动的原因，提出了一种采用机侧变流器控制直流电压稳定，网侧变流器实现最大功率跟踪和有功无功协调的新型控制策略。在低电压穿越过程中，该控制策略根据变流器直流侧电压的变化，通过机侧变流器调节风力发电机的电磁功率，使电网故障期间风电机组的功率波动由发电机转子承担，消除全功率变流器两端的功率不平衡，稳定直流侧电压。并根据电网电压幅值，通过网侧变流器实现对风电机组输出有功和无功的协调控制，抑制电网电压扰动。

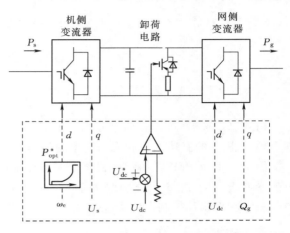

图 7-20　永磁同步风力发电机组传统控制策略框图

7.6.1　传统控制策略

图 7-20 为采用双 PWM 变流器并网的永磁同步风力发电机组传统控制策略框图。PMSG 传统控制策略是通过机侧变流器实现最大风能跟踪，通过网侧变流器实现直流侧电压的稳定调节和单位功率因数控制；当电网电压跌落时，通过 Crowbar 保护电路消纳多余能量，实现 PMSG 的低电压穿越。

1. 机侧变流器的控制策略

PMSG 在 dq 同步旋转坐标系下的矢量数学模型为

$$\begin{cases} \dot{\psi}_s = (L_{s\_d}\dot{I}_{s\_d}+\mathrm{j}L_{s\_q}\dot{I}_{s\_q})+\dot{\psi}_f \\[2mm] \dot{U}_s = R_s\dot{I}_s+\dfrac{\mathrm{d}\dot{\psi}_s}{\mathrm{d}t}+\mathrm{j}\omega_c\dot{\psi}_s \\[2mm] P_s+\mathrm{j}Q_s = \dfrac{3}{2}U_sI_s \\[2mm] T_c = -\dfrac{3}{2}p\mathrm{Im}(\psi_sI_s) \end{cases} \tag{7-28}$$

式中　　ω_c——转子的电角速度；

$\dot{U}_s$、$\dot{I}_s$——定子电压、电流矢量；

$\dot{\psi}_s$、$\dot{\psi}_f$——定子磁链矢量、转子永磁体在定子中感应的磁链矢量；

L_{s_d}、L_{s_q}——定子 d 轴和 q 轴电感；

R_s——定子电阻；

T_c、P_s、Q_s——PMSG 的电磁转矩、定子侧有功、无功功率；

p——PMSG 的极对数；

$\dot{I}_{s\_d}$、$\dot{I}_{s\_q}$——定子电流的 d 轴分量和 q 轴分量。

忽略定子电阻及定子磁链变化，将同步旋转坐标系的 d 轴定向在定子磁链矢量上，由式（7-28）可得 PMSG 定子侧有功功率、无功功率和电磁转矩方程为

$$\begin{cases} P_s = \dfrac{3}{2}\dot{U}_s\dot{I}_{s\_q} \\[2mm] Q_s = \dfrac{3}{2}\dot{U}_s\dot{I}_{s\_d} \\[2mm] T_c = \dfrac{3}{2}p\,\dot{\psi}_s\dot{I}_{s\_q} \end{cases} \qquad (7-29)$$

由式（7-29）可知，通过分别控制定子电流的 d 轴分量 $\dot{I}_{s\_d}$ 和 q 轴分量 $\dot{I}_{s\_q}$ 可以实现 PMSG 机组的有功功率和无功功率的解耦控制。

图 7-21 为 PMSG 机组的机侧变流器控制策略框图。该控制系统内环为电流控制环，电流参考指令 $I_{s\_d}^*$、$I_{s\_q}^*$ 分别取决于外环控制的定子电压控制和最大功率跟踪控制。其中，最大功率跟踪控制曲线 $P_{opt}(\omega_c)$ 如图 7-22 所示。

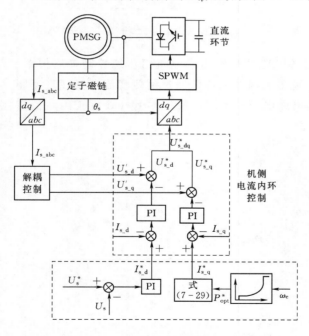

图 7-21　PMSG 机组的机侧变流器
控制策略框图

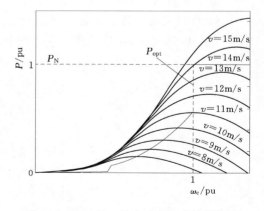

图 7-22　PMSG 最大功率跟踪控制曲线

2. 网侧变流器的控制策略

图 7-23 为全功率变流器在 dq 同步旋转坐标系下矢量等效电路。由图 7-24 可知，全功率变流器的电压、功率方程为

$$\begin{cases} \dot{U}_g = R_c \dot{I}_g + j\omega_c L_c \dot{I}_g + L_c \dfrac{d\dot{I}_g}{dt} + \dot{U}_c \\[2mm] C\dfrac{d\dot{U}_{dc}}{dt} = \dfrac{P_g}{\dot{U}_{dc}} - \dfrac{P_s}{\dot{U}_{dc}} \qquad (7-30) \\[2mm] P_g + jQ_g = -\dfrac{3}{2}\dot{U}_g \hat{I}_g \end{cases}$$

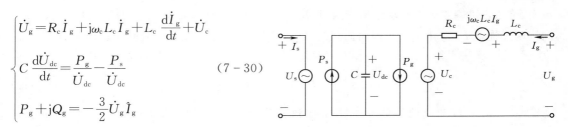

图 7-23 全功率变流器的矢量等效电路

式中 $\dot{U}_g$、$\dot{I}_g$——网侧电压、电流矢量；

$\quad\quad\quad \dot{U}_c$——网侧变流器交流侧输出

$\quad\quad\quad\quad$ 电压矢量；

$\quad\quad R_c$、L_c——网侧滤波电抗器的等效电阻、电感；

$\quad\quad C$、$\dot{U}_{dc}$——直流侧电容、直流侧电压；

$\quad\quad P_g$、Q_g——网侧有功、无功功率。

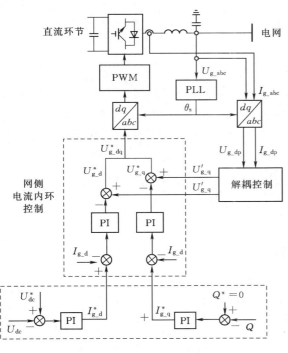

图 7-24 传统控制策略中网侧变流器控制策略结构图

忽略电阻 R_c 及电感 L_c 的电磁暂态过程，采用电网电压定向的矢量控制策略，由式（7-30）可得 PMSG 网侧变流器有功、无功功率方程为

$$\begin{cases} P_g = -\dfrac{3}{2}U_g I_{g\_d} \\[2mm] Q_g = \dfrac{3}{2}U_g I_{g\_q} \end{cases} \qquad (7-31)$$

由式（7-31）可知，通过对网侧电流 d 轴分量和 q 轴分量 I_{g_d}、I_{g_q} 的分别控制可以实现 PMSG 网侧变流器功率解耦控制。

传统控制策略通常采用网侧变流器实现直流电压控制及单位功率因数控制，控制结构如图7-24所示。

7.6.2 新型控制策略

1. 电压跌落时直流电压波动及抑制原理

风力发电机组机械功率为 P_m，由图 7-20 可知，PMSG 输出的电磁功率 P_s 经机侧变流器后馈入直流侧，网侧变流器通过控制直流电压控制送入电网的有功功率为 P_g。在稳态并忽略损耗的情况下，$P_m = P_s = P_g$，转速和直流电压均保持稳定。

系统发生扰动后，由式（7-31）可知，电网电压的跌落与恢复引起 U_g 变化、系统侧的功率振荡及变流器的限流控制等因素引起 I_g 变化，从而导致 PMSG 网侧变流器输出功率 P_g 不稳定。由于全功率变流器的隔离作用，风力发电机组仍工作于最大功率跟踪状态，由图

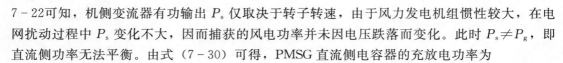

7-22可知，机侧变流器有功输出 P_s 仅取决于转子转速，由于风力发电机组惯性较大，在电网扰动过程中 P_s 变化不大，因而捕获的风电功率并未因电压跌落而变化。此时 $P_s \neq P_g$，即直流侧功率无法平衡。由式（7-30）可得，PMSG 直流侧电容器的充放电功率为

$$\Delta P_{dc} = P_s - P_g = CU_{dc}\frac{dU_{dc}}{dt} \tag{7-32}$$

由式（7-32）可知，功率的不平衡将导致直流电压抬升及剧烈波动从而影响系统稳定运行。

为抑制直流电压的波动，实现风力发电机组的低电压穿越，传统控制方案通常需要在直流侧安装卸荷电路（如 Crowbar 保护电路）消纳多余的能量。实际上，若能在电网出现扰动时利用机侧变流器及时控制调节 PMSG 功率输出，保持 $P_s = P_g$，则直流电压波动也能得到有效抑制。而此时系统功率的不平衡将转变为 PMSG 的机械功率 P_m 和电磁功率 P_s 的不平衡，引起发电机转速变化[18]，即

$$\Delta P_c = P_m - P_s = P_m - P_g = J_P \omega_c \frac{d\omega_c}{p^2 dt} \tag{7-33}$$

式中　ΔP_c——PMSG 有功变化量；

　　　ω_c——PMSG 转子转速；

　　　J_P——PMSG 的转动惯量。

由上述分析可知，在电网扰动的动态过程中，若将变流器能量不平衡转化为 PMSG 旋转动能的变化，则可使直流电压波动转化为转速的波动。将式（7-32）和式（7-33）在相同时间段 T_k 内积分，在同样的功率不平衡情况下，引起的转速变化和直流电压变化之间的关系为

$$\omega_{c1}^2 - \omega_{c0}^2 = \frac{p^2 C}{J_P}(U_{dc}^2 - U_{dc\_N}^2) \tag{7-34}$$

式中　ω_{c0}、ω_{c1}——PMSG 在 T_k 时间段前后的转子转速；

　　　U_{dc_N}——直流电压额定值。

将式（7-34）转换为标幺值形式，得

$$\omega_{c1\_pu}^2 - \omega_{c0\_pu}^2 = \frac{\frac{1}{2}CU_{dc\_N}^2}{\frac{1}{2p^2}J_P\omega_{c\_N}^2}(U_{dc\_pu}^2 - 1) = \frac{E_c}{E_k}(U_{dc\_pu}^2 - 1) \tag{7-35}$$

式中　ω_{c_N}——PMSG 的额定转速；

　　　E_c——电容额定电压时储存的电能；

　　　E_k——PMSG 额定转速时储存的动能。

在电网发生扰动后，由于变流器限流或输出功率振荡，PMSG 输出的电磁功率无法和捕获的风功率相平衡。式（7-35）反映了在相同的不平衡功率作用下引起的发电机转速变化和电容直流电压变化的关系。通常风力发电机组的机械储能 E_k 远大于电容器储能 E_c，若 PMSG 的功率不平衡由机械储能系统承担，此时所引起的转速波动会远小于由直流电容承担不平衡功率时引起的电压波动。并且变桨距系统可以调节机械功率 P_m，限制转速，从而使 PMSG 在故障扰动过程中具有更好的稳定性。为使不平衡功率只作用在机

械系统而不影响直流电压，需要对变流器的传统控制策略进行优化。

2. 系统的控制结构

图 7-25 为永磁同步风力发电机组的新型控制策略图，其中机侧变流器控制直流电压及发电机交流电压，网侧变流器实现最大功率跟踪控制及系统侧的无功与电压控制。在该控制策略中，直流电压在电网故障扰动前后始终由不受电网故障干扰的机侧变流器控制，稳定性更好；由于输出有功与无功功率的控制都在网侧变流器中完成，在故障穿越过程中易于协调控制，该控制策略无需增加直流卸荷电路。

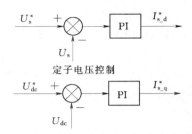

（a）机侧变流器外环控制结构图

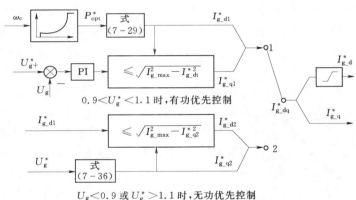

（b）网侧变流器外环控制结构图

图 7-25　基于转子储能方式的变流器控制策略图

为维持直流电压稳定，由图 7-25（a）可知，机侧变流器外环采用直流电压控制和定子电压控制。根据直流母线电压的偏差，直流电压环利用 PI 控制器调节输出发电机定子有功电流参考指令 $I_{s\_q}^*$，使 PMSG 自动调整输出的电磁功率 P_s 与网侧输出有功功率 P_g 相等，进而将直流侧功率的不平衡转化为 PMSG 的机械功率 P_m 和电磁功率 P_s 的不平衡，即将电容器充放电所引起的直流电压波动转化为 PMSG 动能变化引起的转速波动。该控制策略可有效抑制电网电压跌落时直流电压的波动，实现 PMSG 风力发电机组的低电压穿越，并且不必增加外部硬件电路和附加的直流电压控制环节。

图 7-25（b）中，网侧变流器通过判断电网电压 U_g 实现网侧有功和无功功率的协调控制。当电网电压正常时，为有功优先的最大功率跟踪控制，即在对有功和无功电流限幅时，首先满足有功电流；当电网电压发生跌落时，由于网侧变流器的限流作用，若继续执

行有功优先控制，则网侧变流器仅处于功率限幅状态，无法对系统提供无功支持，因此采用无功优先控制。在网侧变流器输出的有功电流控制环节加入限流控制，防止有功电流突变所引起的直流侧电容充放电电流的突变，从而有效抑制因网侧变流器工作模式切换而引起的直流电压的波动。

风力发电机组在电压跌落过程中只是对系统提供一定的无功支持，并不能使并网点电压恢复到额定值，因此不再采用 PI 控制，而是根据电网电压跌落的幅度调节网侧变流器的无功电流，改善电压跌落情况，进而提高风力发电机组的低电压穿越能力。国家电网公司的并网技术规范要求总装机容量在百万千瓦级规模及以上的风电场群，当电力系统发生三相短路故障引起电压跌落时，每个风电场在低电压穿越过程中风电场注入电力系统的动态无功电流为

$$I_q \geqslant 1.5 \times (0.9 - U_g^*) I_N \qquad (0.2 \leqslant U_g \leqslant 0.9) \qquad (7-36)$$

式中　U_g^*——风电场并网点电压标幺值；

I_N——风电场额定电流。

3. 基于转子储能方式实现 PMSG 低电压穿越控制策略

图 7-26 为基于转子储能方式实现 PMSG 低电压穿越控制策略的工作原理。以 9m/s 风速为例，PMSG 运行在最大功率跟踪状态，运行点稳定在最大功率跟踪曲线上的 A 点，

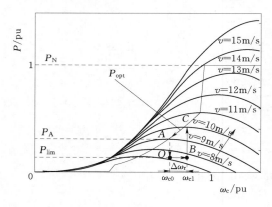

图 7-26　基于转子储能方式实现
低电压穿越的工作原理

输出有功功率为 P_A；当电网发生电压跌落故障时，网侧变流器输出功率受限，限幅值为 P_{lim}，风力发电机组运行点由 A 点切换到 O 点，有功输出钳位在 P_{lim}。采用机侧变流器实现变流器直流电压的稳定，将变流器两端的功率不平衡转移到 PMSG 的转子上，促使转子加速储存动能，风电机组运行点由 O 点切换到 B 点。当电网电压恢复后，网侧变流器输出功率限幅值恢复到其额定值 P_N，风力发电机组的运行点由 B 点切换至 C 点；此时发电机的输出功率 P_C 大于风力机的机械功率 P_m，发电机转子减速，释放动能，风力发电机组运行点由 C 点沿最大功率跟踪

曲线 P_{opt} 移动到 A 点，恢复至故障前的稳定运行状态。

根据式（7-33）可得

$$\int_{t_0}^{t_0+T_k} (P_g - P_{lim}) \mathrm{d}t = \frac{J_P}{2p^2} (\omega_{c1}^2 - \omega_{c0}^2) \qquad (7-37)$$

式中　t_0——电网故障发生时刻；

T_k——电网故障持续时间；

ω_{c0}、ω_{c1}——故障发生前、后转子的转速。

额定风速时，网侧变流器输出额定功率为 P_N，此时电网发生电压跌落故障最不利于风力发电系统实现低电压穿越。若电网电压跌落深度为额定电压的 100%，则网侧变流器

输出功率的限幅值 P_{lim} 为 0。在这种极端情况下的故障持续时间 T_k 内，发电机转子转速的变化量可表示为

$$P_N T_k = \frac{J_P}{2p^2}(\omega_{c1}^2 - \omega_{c0}^2) \tag{7-38}$$

由式（7-38）可知，在整个故障持续时间内，发电机转子转速的变化可表示为

$$\omega_{c1\_pu} = \sqrt{\frac{2p^2 P_N T_k}{J_P \omega_{c\_N}^2} + \omega_{c0\_pu}^2} \tag{7-39}$$

惯性时间常数 H 的定义为

$$H = \frac{J_P \omega_{c\_N}^2}{2p^2 P_N} \tag{7-40}$$

将式（7-40）代入式（7-39）可得

$$\omega_{c1\_pu} = \sqrt{\frac{T_k}{H} + \omega_{c0\_pu}} \leqslant \sqrt{\frac{T_k}{H} + 1} \tag{7-41}$$

风力机惯性时间常数 H_{turb} 的典型取值范围 3.0～6.0s，发电机转子惯性时间常数 H_{gen} 的典型取值范围是 0.4～0.8s。采用基于转子储能方式实现低电压穿越的过程中，发电机转子增速的极限范围为 4%～8%，并且风力机变桨距调节系统可在转子超速时及时限制转速，因此该方法不会引起太大的转速波动及过速保护动作。

7.6.3 系统仿真验证

基于 Matlab/Simulink 搭建了直驱式永磁同步风力发电系统的仿真模型，通过与基于 Crowbar 保护电路的传统低电压穿越方法的对比，验证低电压控制策略的动态性能及对风力机转速的影响。仿真系统结构如图 7-27 所示，风力发电机组和电网参数见表 7-3。

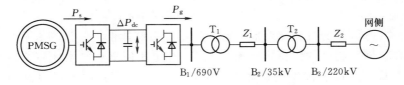

图 7-27 直驱式永磁同步风力发电机组并网仿真结构图

表 7-3 风电系统仿真参数

参　　数	数　　值	参　　数	数　　值
额定容量 P_N/MW	10×2	发电机惯量常数 H_{gen}/s	0.8
额定电压 U_N/V	690	直流电压额定值 U_{dc_N}/V	1200
额定转速 ω_{m_N}/(r·min^{-1})	16.7	直流侧电容器 C/mF	10
极对数 p	38	风电机组升压变压器 T_1	690V/35kV, 10.5%
定子电阻 R_s/Ω	0.0066	风电场升压变压器 T_2	35kV/220kV, 10.5%
直轴电感 L_d/mH	1.4	线路 1 阻抗 Z_1/Ω	0.575+j1.652
交轴电感 L_q/mH	1.4	线路 2 阻抗 Z_2/Ω	11.51+j32.91
转子磁链 ψ_f/Wb	9.25	电网	220kV/50Hz
风力机惯量常数 H_{turb}/s	5.0		

通过该仿真系统，对两种控制方式下的低电压穿越和高电压穿越分别作了仿真研究。电网在 2s 时发生电压跌落故障，电压跌落深度为额定电压的 80%，持续时间为 0.625s；在 4～5s 期间电网电压抬升 15%。仿真结果如图 7－28 所示。

图 7－28 和图 7－29 分别为在电网电压扰动后，在传统变流器控制策略下基于 Crowbar 的低电压穿越方式和本文所提出的有功和无功协调控制策略下基于转子储能的低电压穿越控制方式的动态响应对比，包括电网电压 U_{abc}、电网电流 I_{abc}、风力机的机械功率 P_m、机侧和网侧变流器有功功率 P_s 和 P_g、发电机转速 ω_c、网侧变流器的有功电流和无功电流 I_d、I_q 以及变流器直流侧电压 U_{dc}。

由图 7－28 可知，当电网电压发生跌落故障时，在基于 Crowbar 的传统控制策略下，网侧变流器进入限流模式，输出有功功率 P_g 下降至额定值的 20%，并且由于 I_d 限幅已不能再控制直流电压；故障期间机侧变流器仍处于最大功率跟踪控制状态，PMSG 的机械功率 P_m 和机侧变流器有功功率 P_s 均未发生变化，从而引起直流侧电容两端功率不平衡，造成直流电压 U_{dc} 升高，触发 Crowbar 电路中功率开关动作来维持直流侧电压的稳定。电网电压恢复后，网侧变流器有功功率输出 P_g 恢复至故障前的水平，并退出限流状态，恢复对直流电压的控制作用，但在与 Crowbar 切换控制直流电压过程中，会引起直流电压 U_{dc} 的短暂跌落，之后迅速稳定在额定值。在低电压穿越过程中，由于网侧变流器已处于限流状态，并全部为有功分量 I_d，并未对电网起到无功支持的作用，并网点电压的跌落情况没有得到改善，跌落幅度仍为额定值的 80%。

由图 7－29 可知，在本文所提出的有功和无功协调控制策略下，电网电压跌落发生后，网侧变流器进入限流模式而不再进行最大功率跟踪控制，输出有功功率 P_g 受限；机侧变流器通过限制 PMSG 的有功功率输出 P_s 抑制直流电压波动，实现直流侧电压 U_{dc} 的稳定；而此时功率的不平衡体现为 PMSG 机械功率 P_m 与电磁功率 P_s 的不平衡，引起转子转速 ω_c 加速，转子储存了低电压穿越过程中的不平衡能量。

由于风力发电机组的机械储能能力远大于电容器储能能力，该仿真算例在电压跌落期间，转子转速增加幅度约为额定转速的 3%。在电压恢复后，网侧变流器重新运行于最大功率跟踪状态，转子转速逐渐降至故障前水平，从而释放了所存储的电压跌落过程未输出的能量 ΔP，而对于 Crowbar 方式这部分能量则完全被消耗掉；由于机侧变流器一直处于直流电压控制状态，因而直流电压 U_{dc} 波动较小。在电网电压跌落过程中，虽然网侧变流器也处于限流状态，但通过无功功率优先控制，此时以输出无功电流为主，当 $I_q=0.9$pu，对电网电压提供动态支持，电网电压跌落幅度由原来的 80% 减小到 70%，电网电压跌落情况得到改善。4s 后电网电压抬升 15%，此时网侧变流器切换为无功优先控制模式，通过吸收无功电流（$I_q=1.1$pu）将电压调整到安全运行范围内（$U_g=1.03$pu），虽然有功输出 P_g 略有减小，但可有效避免风力发电机组因过电压而脱网。

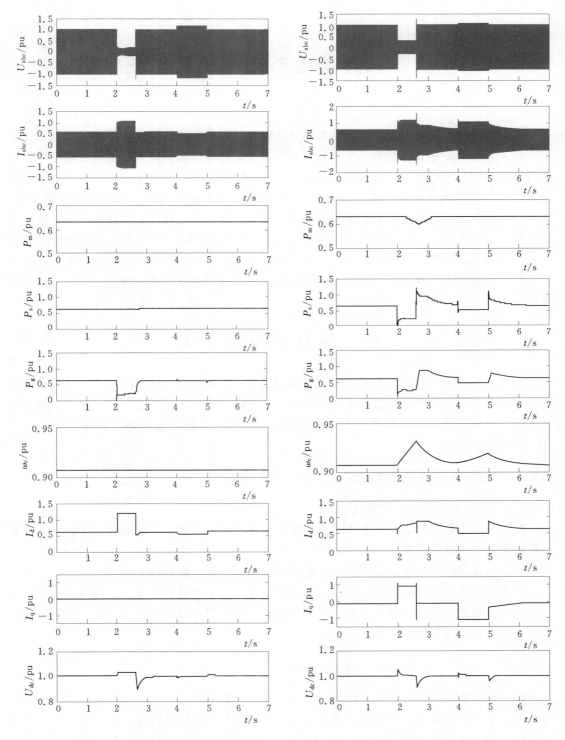

图 7-28 传统 Crowbar 风电机组低电压穿越仿真 　　图 7-29 本文所提控制策略低电压穿越仿真

第8章 风力发电系统中的其他发电机

并网型风力发电机除前面介绍的双馈异步发电机、永磁同步发电机以及无刷双馈异步发电机外，还有一些其他机型，主要有笼型异步发电机和电励磁同步发电机。笼型异步发电机即普通的异步电机（运行于发电状态），电励磁同步发电机即目前在火电、水电等领域大量使用的同步发电机，这在《电机学》等书籍中已有详细分析，这里只作简要介绍。在风力发电领域，在传统异步发电机前面加上"笼型"二字，以区别双馈异步发电机，在传统同步电机前加上"电励磁"三个字，以区别永磁同步发电机（在不引起混淆的情况下，仍简称异步发电机与同步发电机）。当然风电场使用的笼型异步发电机和电励磁同步发电机由于应用场合的特殊要求，虽然原理与传统电机相同，但结构上仍有一定的特殊性。

8.1 笼型异步发电机

在定桨距并网型风力发电系统中一般采用笼型异步发电机。风力机通过增速齿轮箱驱使鼠笼电机发出交流电，通过整流、逆变两个过程的处理，满足并网条件后并入电网。在系统中频率变流器完全把鼠笼异步发电机同电网隔离，所以通过控制变频器可使发电机"柔性"接入电网。

8.1.1 笼型异步发电机的基本工作原理及特性

8.1.1.1 异步发电机的工作原理

在分析异步发电机之前，首先应弄清笼型**异步发电机的基本工作原理，即笼型异步发电机到底怎样转动起来的。**

与其他旋转电机相比，笼型异步发电机原理比较复杂，简述如下：

当笼型异步发电机定子绕组接到三相电源上时，定子绕组中将流过三相对称电流；气隙中将建立基波旋转磁动势，从而产生基波旋转磁场，旋转磁场的转速（即同步转速）取决于电网频率和绕组的极对数，即

$$n_0 = \frac{60 f_1}{p}$$

这个基波旋转磁场切割转子绕组，产生感应电动势 $\dot{E}_2$[●]。笼型异步发电机转子绕组是闭合的（也称转子绕组是短路的，若是笼型绕组则其本身就是短路的，若是绕线式转子则

[●] 旋转磁场也切割定子绕组产生感应电动势 $\dot{E}_1$，详见《电机学》教材[1]。

通过电刷短路），感应电动势在转子绕组中产生相应的电流 $\dot{I}_2$。该感应电流 $\dot{I}_2$ 与气隙中的旋转磁场相互作用产生电磁转矩 T。电磁转矩的性质与转速相关，对于异步发电机，当电磁转矩大于电机的负载转矩与空载转矩之和时，电机由静止启动，即

$$T > T_0 + T_L$$

式中　　T——电机产生的电磁转矩；

　　　　T_0——电机的空载转矩；

　　　　T_L——电机的负载转矩。

对电机空载状态，当 $T > T_0$ 时，电机由静止启动。

电机转速上升，旋转磁场与转子绕组间的相对运动速度减小，即"切割"速度减小，则转子绕组所产生的感应电动势 $\dot{E}_2$ 减小，相应的 $\dot{I}_2$ 减小。当 $T = T_0 + T_L$ 时，电机平衡，在该转速状态匀速运转。

8.1.1.2 转差率

为了描述异步电机的转速，引入一个重要参数——转差率。

同步转速 n_1 与转子转速 n 之差即 $n_1 - n$ 为异步电机的**转差速度** Δn（简称转差）。**转差速度** Δn 与同步转速 n_1 的比值称为转差率，以 s 表示

$$s = \frac{n_1 - n}{n_1} \tag{8-1}$$

当异步电机的负载发生变化时，转子的转差率随之变化，使得转子导体的电动势、电流和电磁转矩发生相应的变化，因此异步电机转速随负载的变化而变动。

8.1.1.3 笼型异步电机的三种运行状态

按转差率的正负、大小，笼型异步电机可分为电动机、发电机和电磁制动三种运行状态，如图 8-1 所示。图中 n_1 为旋转磁场同步转速，并用旋转磁极来等效旋转磁场，两个小圆圈表示转子的一个短路线圈。在下面分析中，转速、转矩的方向与旋转磁场的转向相同为正，相反为负。

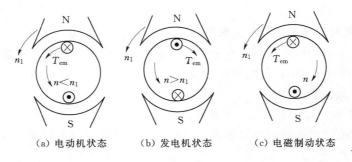

（a）电动机状态　　　　（b）发电机状态　　　　（c）电磁制动状态

图 8-1　笼型异步发电机的三种运行状态

1. 电动机状态

当 $0 < n < n_1$，即 $0 < s < 1$ 时，如图 8-1（a）所示，转子中导体以与 n 相反的方向以 Δn 切割旋转磁场，导体中将产生感应电动势 $\dot{E}_2$ 和感应电流 $\dot{I}_2$。由右手定则可知，该电流 $\dot{I}_2$ 在 N 极下的方向为 $\otimes$；由左手定则可知，该电流与气隙磁场相互作用将产生一个与

转子转向同方向的**驱动力矩**。该力矩克服负载制动力矩而拖动转子旋转，从轴上输出机械功率。根据功率平衡，该电机一定从电网吸收有功电功率。

如果转子被加速到 n_1，此时转子导体与旋转磁场同步旋转，它们之间无相对切割，因而导体中无感应电动势，也没有电流，电磁转矩为零。因此在电动机状态，转速 n 不可能达到同步转速 n_1。

2. 发电机状态

原动机沿旋转磁场的旋转方向拖动笼型异步发电机转子，使其**转速高于旋转磁场的同步转速**，即 $n>n_1$、$s<0$，如图 8-1（b）所示。转子上的导体切割旋转磁场的方向与电动机状态相反，导体上的感应电动势、电流的方向也与电动机状态相反，N 极下导体电流方向为 $\odot$；电磁转矩的方向与转子转向相反，电磁转矩为制动性质。此时笼型异步发电机由转轴从原动机输入机械功率，克服电磁转矩。因为 $\dot{I}_2$ 反向，定子绕组电流 $\dot{I}_1$ 近似反向（准确方向后面将详细分析），因此，由定子向电网输出电功率，电机处于发电机状态。

3. 电磁制动状态

由于机械负载或其他外因，转子逆着旋转磁场的方向旋转，即 $n<0$、$s>1$，如图 8-1（c）所示。此时转子导体中的感应电动势、电流与在电动机状态下的相同，N 极下导体电流方向为 $\otimes$；转子转向与旋转磁场方向相反，电磁转矩表现为制动转矩。此时电机运行于电磁制动状态，即由转轴从原动机输入机械功率的同时又从电网吸收电功率（因导体中电流方向与电动机状态相同），两者都变成了电机内部的损耗。**电磁制动会使电机温度很快上升，要特别注意。**

综上所述，转速（转差率）与电机运行状态的关系如图 8-2 所示。

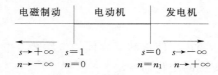

图 8-2 转速（转差率）与电机运行状态的关系

笼型异步电机的三种运行方式符合电机可逆性原理，但实际中笼型异步电机主要作为电动机运行。

8.1.1.4 三相笼型异步发电机的机械特性

三相笼型异步电动机的机械特性是指在定子电压、频率和参数固定的条件下，电磁转矩 T 与转速 n（或转差率 s）之间的函数关系，其曲线也称 T-s 曲线，是三相笼型异步发电机稳态运行中最重要的特性。

1. 电磁转矩的一般表达形式（物理表达式）

笼型异步发电机电磁转矩的物理表达式描述了电磁转矩与主磁通、转子有功电流的关系。电磁转矩公式为

$$T=\frac{P_{em}}{\Omega_1}=\frac{1}{\Omega_1}m_1 I_2'^2 \frac{R_2'}{s}=\frac{p}{2\pi f_1}m_1 E_2' I_2' \cos\varphi_2' \tag{8-2}$$

其中
$$\Omega_1=\frac{2\pi f_1}{p}$$

式中 T——发电机电磁转矩；

　　　　P_{em}——发电机电磁功率；

Ω_1——转子角速度;

m_1——电机相数;

I_2'——转子电流折算到定子侧的值;

R_2'——转子绕组电阻折算到定子侧的值;

s——转差率;

f_1——定子频率;

p——电机极对数;

φ_2'——转子功率因数角。

折算到定子侧的转子相电动势为

$$E_2' = \sqrt{2}\pi f_1 N_1 k_{N1} \Phi_m$$

考虑到 $I_2 = k_i I_2'$，$k_i = \dfrac{m_1 N_1 k_{N1}}{m_2 N_2 k_{N2}}$，于是有

$$T = \left(\frac{p m_1 N_1 k_{N1}}{\sqrt{2}}\right)\Phi_m I_2' \cos\varphi_2' = C_M \Phi_m I_2 \cos\varphi_2 \tag{8-3}$$

式中　$C_M = \dfrac{p m_2 N_2 k_{N2}}{\sqrt{2}}$，对于制成的异步电动机 C_M 是常数。

式（8-2）表明，三相异步发电机电磁转矩 T 的大小与主磁通 Φ_m 和转子电流有功分量 $I_2\cos\varphi_2$ 的乘积成正比。说明电磁转矩 T 是由转子电流和气隙基波磁通相互作用产生的，因而常被用来对电磁转矩和机械特性进行定性分析。

2. 机械特性的参数表达式

机械特性的参数表达式就是用笼型异步发电机的参数来表达其电磁转矩与转差率的关系，其简化等效电路如图 8-3 所示。

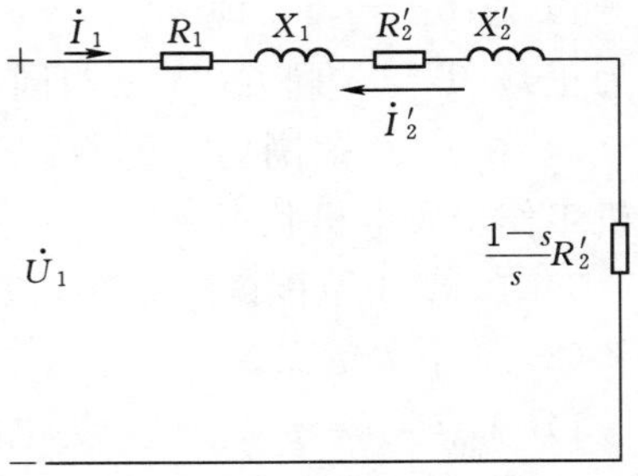

由简化等效电路（图 8-3）有

$$I_2' = \frac{U_1}{\sqrt{\left(R_1 + \dfrac{R_2'}{s}\right)^2 + (X_1 + X_2')^2}} \tag{8-4}$$

图 8-3　笼型异步发电机的
简化等效电路

式中　R_1、X_1——定子绕组的电阻与漏电抗;

R_2'、X_2'——转子绕组的电阻与漏电抗折算到定子侧的值。

电磁功率为

$$P_{em} = m_1 I_2'^2 \frac{R_2'}{s} = \frac{m_1 U_1^2 \dfrac{R_2'}{s}}{\left(R_1 + \dfrac{R_2'}{s}\right)^2 + (X_1 + X_2')^2} \tag{8-5}$$

电磁转矩为

$$T = \frac{P_{em}}{\Omega_1} = \frac{m_1 p U_1^2 \dfrac{R_2'}{s}}{2\pi f_1\left[\left(R_1 + \dfrac{R_2'}{s}\right)^2 + (X_1 + X_2')^2\right]} \tag{8-6}$$

式（8-6）即为笼型异步发电机的机械特性参数表达式。可以看出，笼型异步发电机的电磁转矩 T 与转差率 s 之间不是线性关系。电压 U_1、频率 f_1 为定值时，电机的参数可以认为是常数，电磁转矩仅与 s 有关。异步电机在外施电压及其频率都为额定值，定子、转子回路不串入任何电路元件的条件下，其机械特性称为**固有机械特性**。其中某一条件改变后得到的机械特性称为**人为机械特性**。

要认识笼型异步发电机的机械特性应抓住机械特性曲线上的 3 个区间和 6 个关键点。固有机械特性曲线 $T=f(s)$ 如图 8-4 所示。

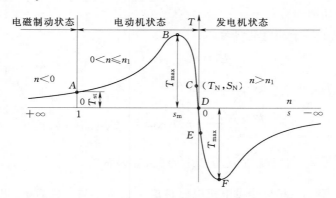

图 8-4　笼型异步发电机的 $T\text{-}s$ 曲线

（1）3 个区间。

1）在 $0<s\leqslant1$，即 $n_1>n\geqslant0$ 的范围内，电磁转矩 T 和转速 n 都为正（以旋转磁场方向为正），T 与 n 同方向，n 与同步转速 n_1 同方向，电机工作于电动机状态。

2）在 $s<0$ 范围内，$n>n_1$，电磁转矩为负值，是制动性转矩，电磁功率也是负值，电机工作于发电机状态。

3）在 $s>1$ 范围内，$n<0$，$T>0$，电机工作于制动状态。

（2）6 个关键点。

1）A 点：$n=0$，$s=1$，为电机的启动点，这时的转矩为启动转矩 T_{st}。

2）B 点：是电磁转矩最大点。此时的转差率称为临界转差率 s_m，电磁转矩为最大转矩 T_{max}。

3）C 点：为电动机额定运行点。

4）D 点：$n=n_1$，$T=0$，为理想空载运行点（实际中不可能实现，但大型电机空载时转速与同步速度非常接近）。

5）E 点：发电机额定运行点。

6）F 点：发电机状态最大转矩点。

8.1.2　笼型异步发电机分析

笼型异步电机主要作为电动机运行（$0<s<1$），也可以作为发电机运行（$s<0$）。

用原动机拖动笼型异步电机转子使其顺着旋转磁场方向旋转，且转速大于同步转速，即 $n>n_1$，$s<0$，这时笼型异步电机处于发电机运行状态。

8.1.2.1　基本方程式与等效电路

在《电机学》[1]中推导的三相异步电机基本方程式并没有限制转差率 s 的大小及正负，只要规定其正方向不变，推导的基本方程式具有普适性，为

$$\left.\begin{array}{l}\dot{U}_1=-\dot{E}_1+\dot{I}_1(R_1+\mathrm{j}X_1)\\[4pt]\dot{E}_1=-\dot{I}_0(R_\mathrm{m}+\mathrm{j}X_\mathrm{m})\\[4pt]\dot{E}_1=\dot{E}_2'\\[4pt]\dot{E}_2'=\dot{I}_2'\left(\dfrac{R_2'}{s}+\mathrm{j}X_2'\right)\\[4pt]\dot{I}_1+\dot{I}_2=\dot{I}_0\end{array}\right\}\qquad(8-7)$$

等效电路也与异步电动机形式相同，如图 8-5 所示。

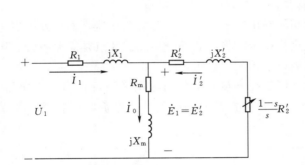

图 8-5　笼型异步发电机的 T 型等效电路
（按电动机参考方向）

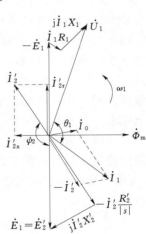

图 8-6　异步发电机相量图

8.1.2.2　相量图

画三相异步发电机的相量图时，由于 $s<0$，转子电流的有功分量 $\dot{I}_{2\mathrm{r}}'$ 应与 $\dot{E}_2'$ 相差 $180°$，无功分量 $\dot{I}_{2\mathrm{x}}'$ 仍为感性，即滞后 $\dot{E}_2'$ $90°$。且相量 $\dot{I}_2'\dfrac{R_2'}{s}$ 的实际方向应与相量 $\dot{I}_2'$ 反相，其余相量画法与电动机相量图画法一致，如图 8-6 所示。

由图 8-6 可以看出，在发电机运行状态，定子电流与电压间相位差，即功率因数角 $\theta>90°$，所以

$$P_1=U_1 I_1\cos\theta_1<0$$

即电机向电网输出有功功率，与电动机状态一样，仍由电网供给感性无功功率。

8.1.3　笼型异步发电机运行方式

异步机发电有两种运行方式：一是并网运行；二是独立运行，各有其特点。

8.1.3.1　与电网并联运行

1. 并网方式

异步风力发电机的并网方式有直接并网、降压并网、晶闸管软并网三种。

（1）直接并网。

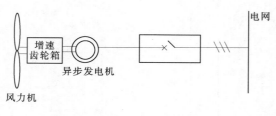

图8-7　异步发电机直接并网

1）并网条件。①发电机转子的转向与旋转磁场的方向一致；②发电机的转速尽可能接近同步转速。第①条必须严格满足，如两者不一致，可通过接线调整相序来满足；对于第②条，转子转速与同步转速相差越大，并网时对电网冲击越大，对发电机损害越大。

2）并网过程。当风力机将发电机的转速带到同步转速附近（98%～100%）时，测速装置发出自动并网信号，通过断路器合闸完成并网，如图8-7所示。

3）优缺点。优点是简单。缺点是并网前发电机未励磁，定子无电压，并网后有一个吸收无功功率建立磁场的过程，会造成5～6倍额定电流的冲击，引起电网电压下降。

4）适用性。适用于容量较小的场合，百千瓦级以下机组。

（2）降压并网。在发电机和电网之间串接电阻、电抗器或变压器，增加发电机与电网之间的电气距离。并网后，发电机运行稳定时将串联部分切除。缺点是需要投资、运行中消耗功率，不经济。适用于百千瓦级以上较大的机组。

（3）晶闸管软并网。晶闸管软并网是在异步发电机与电网之间每相串入双向晶闸管，如图8-8所示，通过控制晶闸管的导通角来控制并网时的冲击电流，可获得一个平滑的并网暂态过程。

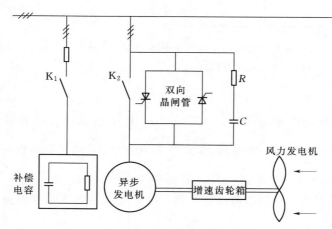

图8-8　异步发电机通过晶闸管软并网

并网过程：当满足并网条件时，发电机输出端断路器闭合，发电机经双向晶闸管接入电网；在控制系统的控制下晶闸管导通角由0°～180°逐渐增大，通过电流反馈对双向晶闸管的导通角实现闭环控制，将冲击电流限制在允许的范围内；并网暂态过程结束后，当发电机转速与同步转速相同时，控制器发出信号，闭合断路器短接双向晶闸管。

2. 并网运行特性

在图 8-4 所示的笼型异步发电机 $T-s$ 曲线中，$D—F$ 区间是发电机稳定运行区间，并网后的发电机运行在直线部分，如图 8-9 所示。异步发电机接在电网运行时，当风力机传给发电机的功率增加时，转速 n 增大，转差率 $|s|$ 增大，发电机输出有功功率也增大。发电机从原来的稳定运行点 A_1 过度到新的运行点 A_2。

随着风力的增加发电机的运行点会沿着曲线移动，当移动超过最大转矩点后，发电

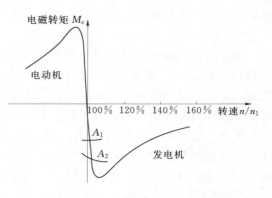

图 8-9　笼型异步发电机转矩-转速特性曲线

机进入不稳定运行区，随着输入机械转矩的增加，转速增加，电磁转矩反而减少，发电机转速迅速上升而出现十分危险的飞车现象。因此风力发电机必须配备可靠的失速叶片或限速保护装置，以确保在风速超过额定或阵风时，风力机输出的机械转矩限制在一定范围内，保证发电机输出的电磁功率不超过最大转矩对应的功率。

运行点还受电网电压的影响，异步电机的电磁转矩与电压的平方成正比，当电网电压降低时，最大电磁功率减小，也容易出现飞车现象。

电网故障时往往伴随电压降低，风力发电机必须退出运行，这是风力发电机并网运行面临的一个问题。

3. 无功功率补偿问题

异步风力发电机与电网并联运行时带负载能力强，电压、频率稳定，因此在有电网的地区应尽可能并网运行。其优点是接入电网时不需要整步，运行中也不会发生振荡，而这些都是同步发电机做不到的。然而，并网运行时异步发电机需从电网吸收滞后的无功功率以产生旋转磁场。当发生短路时，除瞬时的短路电流外，不会有大的短路稳定电流，因为此时异步发电机将失去励磁。

异步发电机需要很大的励磁电流，励磁电流约为额定电流的 $25\%\sim30\%$，而且励磁电流滞后于电压接近 $90°$，这使电网中同步发电机的功率因数大大降低，使电网无功功率不足，影响电网电压的稳定性。因此，必须给电网并联适当的电容以补偿无功功率。

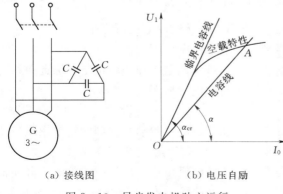

（a）接线图　　　（b）电压自励

图 8-10　异步发电机独立运行

异步发电机并网增加电网的无功负担，这个缺点比较突出。但是这种电机结构简单，运行可靠，且并网手续方便，只需注意转速应略大于同步转速，即可投入电网。

8.1.3.2　独立运行

异步发电机如果与负载直接相联，其运行必要的励磁电流须由并联在端点上的电容器供给，如图 8-10 所示。图中，空载特性 $U=f(I_m)$ 是一条饱和曲

线；电容线是电容器的特性曲线，它是一条直线，其斜率取决于容抗 X_C。

1. 独立运行异步发电机的电压建立

独立运行的异步发电机的电压建立过程如下：异步发电机的剩磁在定子绕组内产生很小的剩磁电压 U_r，该电压加在电容器上产生相应的电容电流 I_C，该电流流经发电机绕组，从而增加电机磁场强度，使电压上升；随着电压上升，电容电流 I_C 随之增大，二者相互激励直到空载特性曲线和电容线的交点 A，即为稳定运行点。

显然，电压的大小与空载特性、转速及电容器有关，电容 C 增大，则电容线的斜率变小，交点上升，发电机的电压升高；如果电容 C 过小，两条曲线无明确交点，则发电机无法正常工作，空载时临界电容值可用以下方法估算

$$\left. \begin{array}{l} I_m \approx \dfrac{U_N}{X_1 + X_m} \\[2mm] I_C \approx \dfrac{U_N}{X_C} \end{array} \right\} \qquad (8-8)$$

式中　X_1、X_m——异步电机定子绕组的漏电抗与励磁电抗；

$\qquad\quad I_C$——电容电流；

$\qquad\quad I_m$——励磁电流；

$\qquad\quad U_N$——额定电压；

$\qquad\quad X_C$——电容电抗。

因为 $I_m = I_C$，由此

$$X_C = X_1 + X_m$$

则

$$C = \frac{1}{\omega X_C} = \frac{1}{\omega (X_1 + X_m)} \qquad (8-9)$$

2. 负载变化时的调节

外接电容器的电容应大于临界电容值 C，外接电容器通常为三角形连接，是为了节省投资；如星形连接，则电容量为三角形连接的 3 倍，这样增大了电容器的电容值。

发电机独立运行与并网运行不同，若要保持其电压和频率恒定，必须随着负载的变化相应调节转速和电容。

(1) 有功负载增加，转差率 $|s|$ 增大，要维持 f_1 不变，$f_1 = \dfrac{pn_1}{60} = \dfrac{pn}{60(1+|s|)}$，必须提高转速，即增大原动机的输入功率，否则 f_1 下降，并导致端电压下降。

(2) 负载感性电流增大，必须加大电容量，才能维持电压不变。

但是这样调节比较困难，给使用带来不便，也较难保证电压和频率恒定。因此单机运行只适用于供电系统无法达到且供电质量要求不太高的偏远地区。

3. 主副电容接线方法

(1) 主电容器组的选择。主电容器组是空载时保证发电机起动并达到额定输出电压所需的电容器量 C，当三相的主电容量总值 C 确定后，每一相的主电容量为 $C/3$。

(2) 副电容器组的连接。副电容器组是为了保持发电机带负荷后端电压不致下降所需增加的电容器 C_2。副电容器组可按负荷情况分成几个单元，有几个隔离开关分别控制，

电压降低时，副电容器组依次投入使用，随着电压的升高断开。当三相的副电容量总值 C_2 确定后，若仅一个单元，每相的副电容量为 $C_2/3$；若分两个单元，每相的副电容量为 $C_2/6$。

主副电容器接线图如图 8-11 所示。

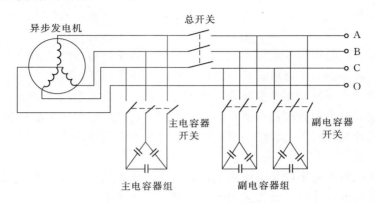

图 8-11　主副电容器接线图

显然，异步发电机独立运行的关键是铁芯中有剩磁和电压的建立，如果铁芯中没有剩磁，可以事先用蓄电池接在电机某一相的绕组上，通电几秒钟对铁芯进行磁化，或称充磁。这种运行方式通常被用于自成供电体系的小型风力发电机。

8.1.4　笼型异步风力发电机的特点

并网型风力发电机组中发电机是非常重要的组件之一。由于同步发电机的电枢绕组与三相电网连接，励磁绕组与直流电源连接，结构较为复杂；而异步发电机的定子绕组接交流电网，转子绕组不需要与其他电源连接，具有结构简单，制造、使用和维护方便，运行可靠，质量较小，成本较低等优点，因此国内外早期风力发电机组基本都选用异步发电机。

风力发电机运行环境、使用条件均不同于一般的异步发电机，因此其性能要求也大不相同，具体特点如下：

（1）一般异步发电机多处于宽敞的空间运行，散热条件较好；而风力发电机位于室外高空较小且封闭的机舱内工作，通风条件较差，机舱内积聚的热量不易较快散出。太阳直晒机舱，使机舱内空气温度升高，电机工作环境恶劣，虽然电机采用强制风冷却，但只能靠发电机的外壳散热，因此风力发电机的散热条件比通常情况下使用的异步发电机条件要差得多，这就要求风力发电机具有耐较高温度的绝缘等级，一般风力发电机选用 F 级的绝缘材料。

（2）由于风速具有不可控性，定桨距失速调节的风力发电机组多数时间运行于额定功率以下，发电机经常在半载或轻载下运行，为保证发电机在额定功率以下运行时具有较高的效率，改善发电机的性能，应尽量使风力发电机的效率曲线平缓，使发电机在部分负荷下运行时同样具有较高的效率；但是发电机的效率曲线一般在 20% 左右的额定负荷下下降较大，因此异步风力发电机多采用变极电机结构，发电机出力在大发电机额定功率的 20% 左右切换到小发电机运行，从而改善 20% 额定负荷下发电机的运行效率。这样不仅增大了风机年发电量，且降低了发电机的损耗，有效地缓解了发电机过热问题。

（3）由于风速是时刻变化的，有时瞬时变化在 5m/s 以上，发电机的输出功率也随之变化，而且幅值较大，而普通电机经常处于额定或相对稳定的状态下运行，所以风力发电机在设计时对发电机的过热、过载能力以及机械结构等的要求更高，其过载能力及过载时间应远大于普通异步发电机，同时其导线要有足够的载流量和过流能力，以免出现引出线熔断事故。

（4）风力发电机组有较强的振动，一方面，风力机正常运行时始终要找主风向，经常偏航，机舱本身就是活动的部件；另一方面，在风压的作用下，机舱有可能会朝各个方向摆动，叶片也会产生振动，这都会导致发电机的振动。因此要求风力发电机的定子绕组及其引线要比普通异步发电机绑扎得更加结实、牢固。同时考虑到风况的影响，风力发电机投入和切出比较频繁，对发电机的冲击次数较多，只有电机线圈及引线绑扎牢固才能保证其足够的动稳定度。

（5）异步发电机本身不能提供励磁电流，必须从电网吸取无功励磁功率以建立磁场，这会使电网的功率因数变差，所以风力发电机都自备电容补偿器为发电机提供无功功率。为了减少电容补偿器的容量，降低风力发电机组电控设备的造价、体积，应努力提高风力发电机的功率因数。

（6）异步发电机正常运行时的转速高于电网同步转速，其输出功率的大小与转子转差大小有关。适当增大发电机的额定滑差可减小输出功率的波动幅度，但是增大滑差会增加发电机的损耗，降低电机效率。发电机的转速（转差）还受电机温度的影响，因此应考虑以上多方面因素制定合适的滑差。另外，风力发电机转子的飞逸转速应为额定转速的 1.8~2 倍，而一般笼型异步发电机的飞逸转速仅为额定转速的 1.2 倍。这是因为风力发电机甩负荷的概率很高，甩负荷后电机的转速上升很快，依靠转速保护使风机停机，但是如果超速保护故障，可能会损坏转子导体，而转子被封闭的外壳罩住，不易观察，风力发电机重新投入运行可能使电机损坏恶化，难以修复。

综合考虑以上因素，风力发电机在结构及性能优化上与普通异步发电机区别为：①采用双速电机结构，改善轻载时风力发电机的性能，提高效率；②定子、转子硅钢片的性能比普通的笼型异步发电机的硅钢片性能提高 1~2 个等级；③定子线圈具有较高的槽满率，一般为 70% 以上；④电机绕组端部要特殊捆绑固定，使其非常牢靠；⑤考虑风力发电机的短时过载及频率启动，适当放大绕组到电机接线端子的引线容量；⑥适当选择绕组导体的数目，尽量有较高的效率 η 及较高的功率因数 $\cos\varphi$；⑦转子绕组采用铜材浇铸以减小转子损耗，提高发电机的效率；⑧外壳的外形有利于散热，采用铸造型式的带有散热翅的外壳或采用焊接型式的带有散热管的外壳；⑨与机舱底板连接时使用柔性连接，减轻发电机的振动；⑩在发电机轴伸端加设安全离合器，防止发电机飞车；⑪在机舱设通风道或通风罩，有利于电机的散热。

8.2　电励磁同步发电机

电励磁同步发电机实际就是通常所讲的同步发电机（原理相同，结构上略有区别），风力发电系统中人们更关注永磁同步发电机，因此为区分，本节将传统的同步发电机称为电励磁同步发电机，但为简洁起见，本章正文中在不致混淆的情况下，仍简称同步发电机。

同步电机是一种广泛应用的交流电机。对旋转电机来说，同步电机的特点是产生励磁磁场的转子的旋转速度 n 与定子多相电枢电流所产生的旋转磁场的旋转速度 n_1 是相同的，故称同步电机。

同步电机主要作为发电机运行，世界上的电能绝大部分都由同步发电机发出。火电厂的汽轮发电机、水电厂的水轮发电机、核电厂的汽轮发电机以及一些风电场的风力发电机都是同步发电机。

直驱式风力发电机由风轮直接驱动，避免了齿轮箱及齿轮箱所引起的缺陷故障，具有高可靠性，因而受到人们重视，并大量投入应用。但是由于永磁材料价格急剧上涨以及国家对稀土的调控，直驱式永磁同步风力发电机的成本居高不下，生产成本面临极大压力。近年来越来越多的风电研究者重新关注电励磁直驱式同步风力发电机。与直驱式永磁同步发电机相比，电励磁同步发电机采用直流电线圈可控励磁，可以对发电机电压进行调控，发电电能品质好，功率因数可调，不仅能输出有功功率还能输出无功功率，功率因数可达到 1，更主要的是可以避免采用昂贵的稀土钕铁硼磁钢，达到节约成本的目的。

与直驱式永磁同步发电机相比，电励磁同步发电机的缺点在于电刷滑环以及励磁线圈复杂，需要定期维护，与同功率同转速永磁电机相比较重，且效率稍低。

电励磁同步发电机中有些内容与永磁同步发电机相同或相似（如同步发电机的功率方程和转矩方程、同步发电机的运行特性等），在第 6 章已进行分析，本章不再重复。

8.2.1　电励磁同步电机的基本结构

同步电机有多种结构型式，它们的运行原理基本相同，最常用的型式是在定子上放置电枢绕组，在转子上安装磁极，磁极上套有励磁绕组。定子部分一般由定子铁芯和电枢绕组等组成，转子部分一般由转子铁芯、励磁绕组、集电环和转轴等组成，有时在转子上还有阻尼绕组。

同步发电机通常按转子结构分为隐极式和凸极式两大类，图 8-12 是隐极式与凸极式同步电机示意图。

另外，电力系统一般为三相系统，所以直接接入电网的同步电机的电枢绕组都是三相绕组。后面分析时不作特别说明都是指三相电枢绕组。

8.2.1.1　隐极同步发电机

隐极同步发电机的最主要特点是转子没有明显突出的磁极，适用于高速旋转场合。

1. 转子

从外形来看，隐极式转子没有明显凸出的磁极。但是在励磁绕组中通入直流电流，转子的周围也会出现类似于永磁体 N 极和 S 极的磁场。

根据电机设计的原理，旋转电机的容量大约与转子直径的平方和电机的轴向长度的乘积成正比。由于电机转速较高，转子直径增大到一定程度后产生的巨大离心力会造成机械上的破坏等，所以其直径的增大存在一定的限制，一般容量增大到一定程度后，转子的直

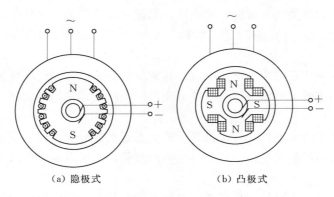

（a）隐极式　　　　　　　（b）凸极式

图 8-12　同步电机结构示意图

径就不再增加。若要容量继续增大，只能增加转子的长度。因此，大容量的隐极同步发电机的转子为一个细长的圆柱体。

转子铁芯除了要固定励磁绕组外，还要求导磁性能好，因此一般由高机械强度和导磁性较好的合金钢锻造而成，并且和转轴做成一个整体。

转子铁芯上开槽，在槽内放置励磁绕组。沿着转子外圆，有一部分表面上开的槽较多，那里的齿较窄，叫小齿。在另外的一部分没有开槽，形成了大齿。大齿的中心线实际上就是磁极的中心。

励磁绕组获得励磁电流的方式称为励磁方式。目前采用的励磁方式有直流励磁机励磁、静止整流器励磁和旋转整流器励磁等。前两种方式励磁绕组必须通过装在转子上的集电环与定子上的电刷装置才能和外面直流电源构成回路。

2. 定子

定子由导磁的铁芯和导电的绕组以及固定铁芯和绕组的一些部件组成，这些部件有机座、铁芯压板和绕组支架等。

为了减少定子铁芯里的铁耗，定子铁芯由薄的硅钢片叠装而成。当定子铁芯外径大于 1m 时，用扇形的硅钢片拼成一个整圆。在叠装时，把每层的接缝错开，以减少铁芯的涡流损耗。

定子铁芯内圆开有槽，槽内放置定子绕组。定子槽形一般都做成开口槽，便于嵌线。放在定子槽里的导体是靠槽楔来压紧固定，其端部用支架固定。

机座的作用是固定定子铁芯，因此，要求它应有足够的机械强度和刚度，以承受加工、运输以及运行过程中的各种作用力。汽轮发电机的机座一般是由钢板拼焊而成。

8.2.1.2　凸极同步发电机

凸极同步电机最明显的特征是转子有明显的磁极，极数一般较多，直径大，适用于转速较低的场合。凸极同步电机通常分为卧式（横式）和立式两种结构。风力发电机中的同步发电机通常采用卧式（横式）结构。

卧式同步电机的定子结构与感应电机基本相同，定子也由机座、铁芯和定子绕组等部件组成；转子则由主磁极、磁轭、励磁绕组、集电环和转轴等部件组成。

除励磁绕组外，同步电机的转子上还常装有阻尼绕组。阻尼绕组与笼型感应电机转子的笼型绕组结构相似，它由插入主极极靴槽中的铜条和两端的端环焊成一个闭合绕组。在同步发电机中，阻尼绕组起抑制转子转速振荡的作用；在同步电动机和补偿机中，主要作为启动绕组用。

8.2.2 电励磁同步电机的额定值

同步电机的额定值主要有：

（1）额定功率 P_N 或额定容量 S_N，指电机功率的保证值。

对同步发电机来说，额定容量 S_N 是指额定运行时出线端输出的视在功率；额定功率 P_N 是指额定运行时发电机输出的有功功率。对同步电动机来说，额定功率 P_N 是指额定运行时电动机转轴上输出的机械功率。对同步调相机来说，额定运行时出线端的额定无功功率 Q_N，一般以千乏（kvar）为单位。

（2）额定电压 U_N，指额定运行时定子输出端的线电压。

（3）额定电流 I_N，指额定运行时电机输出端的线电流。

（4）额定转速 n_N，指额定运行时电机的转速，即同步转速。

（5）额定功率因数 $\cos\varphi_N$，指额定运行时电机的功率因数。

（6）额定效率 η_N，指电机额定运行时的效率。

（7）额定频率 f_N，指发电机输出交流电的频率。

（8）额定励磁电压 U_f 和额定励磁电流 I_f，指额定运行时的励磁电压和励磁电流。

（9）额定温升，指额定运行时电机的温升。

8.2.3 电励磁同步发电机工作原理

1. 空载运行

风力机拖动同步发电机到同步转速，励磁绕组通入直流励磁电流，电枢绕组开路（或电枢电流为零）的情况，称为同步发电机的空载运行。

空载运行时，同步电机内仅有由励磁电流所建立的主极磁场。图 8-13 为一台四极电机空载时的磁通示意图。从图 8-13 可见，主极磁通分成主磁通 Φ_0 和漏磁通 $\Phi_{f\sigma}$ 两部分，主磁通通过气隙并与定子绕组相交链，漏磁通不通过气隙，仅与励磁绕组相交链。主磁通经过的主磁路包括空气隙、电枢齿、电枢轭、磁极极身和转子轭等五部分。

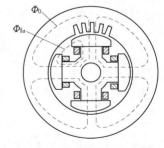

图 8-13 同步电机空载磁路

当转子以同步转速旋转时，转子绕组电流形成的主磁场将在气隙中形成一个旋转磁场，它穿过气隙，切割对称的三相定子绕组后，会在定子绕组内感应出一组频率为 f 的对称三相电动势，称为励磁电动势（也称空载电动势）

$$\dot{E}_{0A}=E_0\angle0°, \dot{E}_{0A}=E_0\angle-120°, \dot{E}_{0A}=E_0\angle120° \tag{8-10}$$

忽略高次谐波时，励磁电动势（相电动势）的有效值为

$$E_0=4.44fN_1k_{w1}\Phi_0$$

式中　Φ_0——每极的主磁通量。

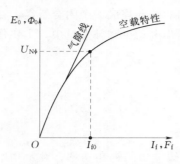

图 8-14 同步电机空载特性

改变转子绕组的直流励磁电流 I_f，便可得到不同的主磁通 Φ_0 和相应的励磁电动势 E_0，从而得到空载特性 $E_0 = f(I_f)$，如图 8-14 所示。空载特性是同步电机的一条基本特性。

空载曲线的下部是一条直线，与下部相切的直线称为气隙线。随着 Φ_0 的增大，铁芯逐渐饱和，空载曲线就逐渐弯曲。

2. 对称负载时的电枢反应

同步发电机带对称负载后，电枢绕组中将流过对称三相电流，此时电枢绕组会产生电枢磁动势及相应的电枢磁场，其基波与转子同向、同速旋转。负载时，气隙内的磁场由电枢磁动势和主极磁动势共同作用产生，电枢磁动势的基波在气隙中所产生的磁场就称为电枢反应。电枢反应的性质（增磁、去磁）取决于电枢磁动势和主磁场在空间的相对位置。分析表明，此相对位置取决于励磁电动势 E_0 和扭载电流 I 之间的相角差 ψ（ψ 称为内功率因数角）。

同步电机电枢反应详细内容请参见第 6.3.2 节。

8.2.4 电励磁同步发电机分析

8.2.4.1 隐极式同步发电机

1. 不计磁饱和时

同步发电机负载运行时，除了主极磁动势 $\dot{F}_f$ 之外，还有电枢磁动势 $\dot{F}_a$。如果不计磁饱和（即认为磁路为线性），则可应用叠加原理，把 $\dot{F}_f$ 和 $\dot{F}_a$ 的作用分别单独考虑，再把它们的效果叠加起来。设 $\dot{F}_f$ 和 $\dot{F}_a$ 各自产生主磁通 $\dot{\Phi}_0$ 和电枢磁通 $\dot{\Phi}_a$，并在定子绕组内感应出相应的励磁电动势 $\dot{E}_0$ 和电枢反应电动势 $\dot{E}_a$，把 $\dot{E}_0$ 和 $\dot{E}_a$ 相量相加，可得电枢一相绕组的合成电动势 $\dot{E}$（亦称为**气隙电动势**）。上述关系可表示为

$$\left.\begin{array}{l} 转子: \dot{I}_f \to \dot{F}_f \to \dot{\Phi}_0 \to \dot{E}_0 \\ 定子: \dot{I} \to \dot{F}_a \to \dot{\Phi}_a \to \dot{E}_a \\ \downarrow \to \to \to \dot{\Phi}_\sigma \to \dot{E}_\sigma \end{array}\right\} \Rightarrow \sum \dot{E}$$

$$\downarrow \to \to \cdots \to \to \dot{I} R_a$$

再把合成电动势 $\dot{E}$ 减去电枢绕组的电阻压降 $\dot{I} R_a$ 和漏抗压降 $j\dot{I} X_\sigma$（X_σ 为电枢绕组的漏电抗），便得电枢绕组的端电压 $\dot{U}$。采用发电机惯例，以输出电流作为电枢电流的正方向时，电枢的电压方程为

$$\dot{E}_0 + \dot{E}_a - \dot{I}(R_a + jX_\sigma) = \dot{U} \tag{8-11}$$

因为电枢反应电动势 $\dot{E}_a$ 正比于电枢反应磁通 $\dot{\Phi}_a$，不计磁饱和时，$\dot{\Phi}_a$ 又正比于电枢磁动势 $\dot{F}_a$ 和电枢电流 $\dot{I}$，即

$$E_a \propto \Phi_a \propto F_a \propto I$$

因此 $\dot{E}_a$ 正比于 $\dot{I}$；在时间相位上，$\dot{E}_a$ 滞后于 $\dot{\Phi}_a$ 90°电角度，若不计定子铁耗，$\dot{\Phi}_a$ 与 $\dot{I}$ 同相位，则 $\dot{E}_a$ 将滞后于 $\dot{I}$ 90°电角度。于是 $\dot{E}_a$ 亦可写成负电抗压降的形式，即

$$\dot{E}_a = -j\dot{I}X_a \qquad (8-12)$$

式中 X_a——与电枢反应磁通相应的电抗，称为电枢反应电抗。

将式（8-12）代入式（8-11），可得

$$\dot{E}_0 = \dot{U} + \dot{I}R_a + j\dot{I}X_\sigma + j\dot{I}X_a = \dot{U} + \dot{I}R_a + j\dot{I}X_s \qquad (8-13)$$

式中 X_s——隐极同步电机的同步电抗，$X_s = X_a + X_\sigma$，它是对称稳态运行时表征电枢反应和电枢漏磁这两个效应的一个综合参数。不计饱和时，X_s 是一个常值。

图 8-15 表示与式（8-11）和式（8-13）相对应的相量图，图 8-16 表示与式（8-13）相应的等效电路。从图 8-16 可以看出，隐极同步发电机的等效电路由励磁电动势 $\dot{E}_0$ 和同步阻抗 $R_a + jX_s$ 串联组成，其中 $\dot{E}_0$ 表示主磁场的作用，X_s 表示电枢反应和电枢漏磁场的共同作用。

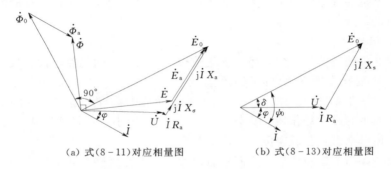

(a) 式(8-11)对应相量图   (b) 式(8-13)对应相量图

图 8-15   隐极同步发电机相量图

2. 考虑磁饱和时

考虑磁饱和时，由于磁路的非线性，叠加原理不再适用。此时，应先求出作用在主磁路上的合成磁动势 $\dot{F}$，然后利用电机的磁化曲线（空载曲线）求出负载时的气隙磁通 $\dot{\Phi}$ 及相应的气隙电动势 $\dot{E}$，即

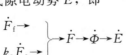

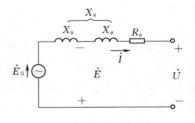

图 8-16   隐极同步
发电机的等效电路

再从合成电动势 $\dot{E}$ 减去电枢绕组的电阻和漏抗压降，得电枢的端电压 $\dot{U}$，即

$$\dot{E} - \dot{I}(R_a + jX_\sigma) = \dot{U}$$

或

$$\dot{E} = \dot{U} + \dot{I}(R_a + jX_\sigma) \qquad (8-14)$$

相应的考虑磁饱和时隐极同步发电机相量图如图 8-17 所示，考虑磁饱和时隐极同步

发电机合成磁动势 $\dot{F}$ 与合成电动势 E 间的关系如图 8-18 所示。图 8-16 中既有电动势相量，又有磁动势矢量，故称为电动势-磁动势图。

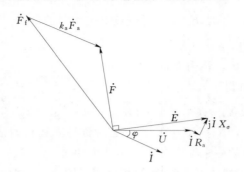

图 8-17　考虑磁饱和时隐极
同步发电机相量图

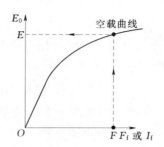

图 8-18　考虑磁饱和时隐极
同步发电机 $F\text{-}E$ 关系图

8.2.4.2　凸极式同步发电机

凸极同步电机的气隙沿电枢圆周分布不均匀，因此在定量分析电枢反应的作用时需要应用双反应理论。

1. 双反应理论

凸极同步电机的气隙不均匀，极面下气隙较小，两极之间气隙较大，故直轴下单位面积的气隙磁导 λ_d 要比交轴下单位面积的气隙磁导 λ_q 大很多。当正弦分布的电枢磁动势作用在直轴上时，由于 λ_d 较大，故在一定大小的磁动势下，直轴基波磁场的幅值 B_{ad1} 相对较大。当同样大小的磁动势作用在交轴上时，由于 λ_q 较小，在极间区域交轴电枢磁场出现明显下凹，相对来讲，基波幅值 B_{aq1} 将显著减小。

不失一般性，当电枢磁动势在空间任意位置（既不在直轴、亦不在交轴）时，可把电枢磁动势分解成直轴和交轴两个分量

$$\left.\begin{array}{l} F_{ad}=F_a\sin\varphi \\ F_{aq}=F_a\cos\varphi \end{array}\right\}$$

再用对应的直轴磁导和交轴磁导分别算出直轴和交轴电枢反应，最后把它们的效果叠加起来。这种考虑到凸极电机气隙的不均匀性，把电枢反应分成直轴和交轴电枢反应分别来处理的方法，就称为**双反应理论**。利用双反应理论得到凸极同步发电机各电磁量之间的关系为

$$\text{转子}:\dot{I}_f\to\dot{F}_f\to\dot{\Phi}_0\to\dot{E}_0$$

$$\text{定子}:\dot{I}\to\dot{F}_a\left\{\begin{array}{l}\dot{F}_{ad}\to\dot{\Phi}_{ad}\to\dot{E}_{ad} \\ \dot{F}_{aq}\to\dot{\Phi}_{aq}\to\dot{E}_{aq}\end{array}\right\}\Rightarrow\sum\dot{E}$$

$$\downarrow\longrightarrow\quad\quad\to\dot{\Phi}_\sigma\to\dot{E}_\sigma$$

$$\downarrow\to\cdots\dot{I}R_a$$

实践证明，不计磁饱和时，这种方法的效果是令人满意的。

在凸极电机中，直轴电枢磁动势 F_{ad} 和交轴电枢磁动势 F_{aq} 换算到励磁磁动势时，分

别应乘以直轴和交轴换算系数 k_{ad} 和 k_{aq}。

2. 电压方程和相量图

不计磁饱和时，根据双反应理论，把电枢磁动势 $\dot{F}_a$ 分解成直轴和交轴磁动势 $\dot{F}_{ad}$、$\dot{F}_{aq}$，分别求出其所产生的直轴、交轴电枢磁通 $\dot{\Phi}_{ad}$、$\dot{\Phi}_{aq}$ 和电枢绕组中相应的电动势 $\dot{E}_{ad}$、$\dot{E}_{aq}$，再与主磁通 $\dot{\Phi}_0$ 所产生的励磁电动势 $\dot{E}_0$ 相量相加，得一相绕组的合成电动势 $\dot{E}$（通常称为气隙电动势）。再从气隙电动势减去电枢绕组的电阻和漏抗压降，便得电枢的端电压 $\dot{U}$。采用发电机惯例，电枢的电压方程为

$$\dot{E}_0 + \dot{E}_{ad} + \dot{E}_{aq} - \dot{I}(R_a + jX_\sigma) = \dot{U} \qquad (8-15)$$

与隐极电机相类似，由于 E_{ad} 和 E_{aq} 分别正比于相应的 Φ_{ad}、Φ_{aq}，不计磁饱和时，Φ_{ad} 和 Φ_{aq} 又分别正比于 F_{ad}、F_{aq}，而 F_{ad}、F_{aq} 又正比于电枢电流的直轴和交轴分量 I_d、I_q，于是可得

$$E_{ad} \propto I_d, \quad E_{aq} \propto I_q$$

其中

$$I_d = I\sin\psi_0, \quad I_q = I\cos\psi_0$$

在时间相位上，不计定子铁耗时，$\dot{E}_{ad}$ 和 $\dot{E}_{aq}$ 分别滞后于 $\dot{I}_d$、$\dot{I}_q$ 90°电角度，所以 $\dot{E}_{ad}$ 和 $\dot{E}_{aq}$ 可以用相应的负电抗压降表示为

$$\dot{E}_{ad} = -j\dot{I}_d X_{ad}, \quad \dot{E}_{aq} = -j\dot{I}_q X_{aq} \qquad (8-16)$$

式中 X_{ad}——直轴电枢反应电抗；

X_{aq}——交轴电枢反应电抗。

将式（8-16）代入式（8-15），并考虑到 $\dot{I} = \dot{I}_d + \dot{I}_q$，可得

$$\begin{aligned}
\dot{E}_0 &= \dot{U} + \dot{I}R_a + j\dot{I}X_\sigma + j\dot{I}_d X_{ad} + j\dot{I}_q X_{aq} \\
&= \dot{U} + \dot{I}R_a + j\dot{I}_d(X_\sigma + X_{ad}) + j\dot{I}_q(X_\sigma + X_{aq}) \\
&= \dot{U} + \dot{I}R_a + j\dot{I}_d X_d + j\dot{I}_q X_q
\end{aligned} \qquad (8-17)$$

式中 X_d、X_q——直轴同步电抗和交轴同步电抗，它们是表征对称稳态运行时电枢漏磁和直轴或交轴电枢反应的一个综合参数。

式（8-17）就是凸极同步发电机的电压方程。图 8-19 为凸极同步发电机的相量图。

图 8-19 所示相量图比较复杂，由式（8-17）不能直接画出来，除需给定端电压 $\dot{U}$、负载电流 $\dot{I}$、功率因数角 $\cos\varphi$ 以及电机的参数 R_a、X_d 和 X_q 之外，必须先把电枢电流分解成直轴和交轴两个分量，为此须先确定 ψ_0 角，或者说先求 $\dot{E}_0$ 的方向，详见文献 [1]。

图 8-19 是凸极同步发电机以电压为参考方向的相量图形式。以空载电动势 $\dot{E}_0$ 为参考方向的相量图如图 8-20 所示。

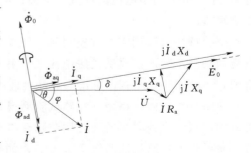

图 8-19 凸极同步发电机的相量图
（以 $\dot{U}$ 为参考方向）

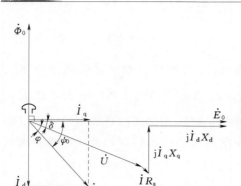

图 8-20　为凸极同步发电机的相量图

（以 $\dot{E}_0$ 为参考方向）

3. 直轴和交轴同步电抗的意义

由于电抗与绕组匝数的平方和所经磁路的磁导成正比，所以有

$$X_{\mathrm{d}} \propto N_1^2 \Lambda_{\mathrm{d}}, \quad X_{\mathrm{q}} \propto N_1^2 \Lambda_{\mathrm{q}} \qquad (8-18)$$

其中　　　　$\Lambda_{\mathrm{d}} = \Lambda_{\mathrm{ad}} + \Lambda_{\sigma}, \quad \Lambda_{\mathrm{q}} = \Lambda_{\mathrm{aq}} + \Lambda_{\sigma}$

式中　　N_1——电枢每相的串联匝数；

　　Λ_{d}、Λ_{q}——稳态运行时直轴和交轴的电枢等效磁导；

　　Λ_{ad}、Λ_{aq}——直轴和交轴电枢反应磁通所经磁路的磁导；

　　Λ_{σ}——电枢漏磁通所经磁路的磁导。

如图 8-21 所示。对于凸极电机，由于直轴下的气隙比交轴下气隙小，$\Lambda_{\mathrm{ad}} > \Lambda_{\mathrm{aq}}$，所以 $X_{\mathrm{ad}} > X_{\mathrm{aq}}$，因此在凸极同步电机中，$X_{\mathrm{d}} > X_{\mathrm{q}}$。对于隐极电机，由于气隙是均匀的，故 $X_{\mathrm{d}} \approx X_{\mathrm{q}} \approx X_{\mathrm{s}}$。

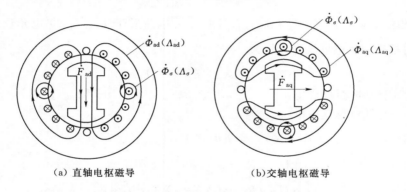

（a）直轴电枢磁导　　　　　　（b）交轴电枢磁导

图 8-21　凸极同步电机电枢磁通和漏磁通所经磁路及其磁导

8.2.5　电机参数的测定

为了计算同步电机的稳态性能，除需知道电机的工况（端电压、电枢电流和功率因数等），还应给出同步电机的参数。下面说明稳态参数的实验确定法：**用空载特性和短路特性确定 X_{d}。**

空载特性可以用空载试验得到。试验时，电枢开路（空载），用原动机把被试同步电机拖动到同步转速，改变励磁电流 I_{f}，并记取相应的电枢端电压 U_0（空载时即等于 E_0）直到 $U_0 \approx 1.25 U_{\mathrm{N}}$ 左右，可得空载特性曲线 $E_0 = f(I_{\mathrm{f}})$。

短路特性可由三相稳态短路试验测得。将被试同步电机的电枢端点三相短路，用原动机拖动被试电机到同步转速，调节励磁电流 I_{f} 使电枢电流 I 从零起一直增加到 $1.2 I_{\mathrm{N}}$ 左右，便可得到短路特性曲线 $I = f(I_{\mathrm{f}})$，如图 8-22 所示。

短路时，端电压 $U = 0$，短路电流受电机本身阻抗的限制。通常电枢电阻远小于同步电抗，因此短路电流可认为是纯感性，此时电枢磁动势接近于纯去磁性的直轴磁动势，因而电机的磁路处于不饱和状态，故短路特性是一条直线。

短路时，$\varphi_0 \approx 90°$，故 $\dot{I}_q \approx 0$，$\dot{I} \approx \dot{I}_d$，而

$$\dot{E}_0 = \dot{U} + \dot{I}R_a + j\dot{I}_d X_d + j\dot{I}_q X_q \approx j\dot{I}X_d \qquad (8-19)$$

所以

$$X_d = \frac{E_0}{I} \qquad (8-20)$$

因为短路试验时磁路为不饱和，所以这里的 E_0（每相值）应从气隙线上查出，如图 8-23 所示，求出的 X_d 值为不饱和值。

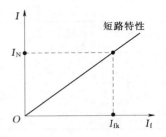

图 8-22 同步电机的短路特性

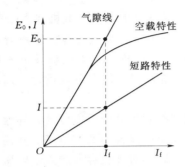

图 8-23 求不饱和同步电抗示意图

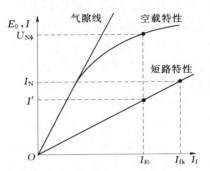

图 8-24 求饱和同步电抗示意图

X_d 的饱和值与主磁路的饱和情况有关。主磁路的饱和程度取决于实际运行时作用在主磁路上的合成磁动势，因而取决于相应的气隙电动势；如果不计漏阻抗压降，则可近似认为取决于电枢的端电压，所以通常用对应于额定电压时的 X_d 值作为其饱和值。为此，从空载曲线上查出对应于额定端电压 U_N 时的励磁电流 I_{f0}，再从短路特性上查出与该励磁电流相应的短路电流 I'，如图 8-24 所示，即可求出 $X_{d(饱和)}$ 为

$$X_{d(饱和)} \approx \frac{U_{N\phi}}{I'} \qquad (8-21)$$

式中　$U_{N\phi}$——额定相电压。

对于隐极同步电机，X_d 就是同步电抗 X_S。

8.2.6　2MW 电励磁直驱同步风力发电机研制

虽然风电场用的电励磁同步发电机与传统的同步发电机原理相同，但由于使用场合的特殊性，结构性能上略有不同，下面以湘潭电机股份有限公司 2MW 电励磁直驱同步风力发电机研制进行分析。

该型发电机在设计上借鉴了直驱式永磁发电机先进成熟的结构，对转子结构重新进行设计，用电励磁转子代替永磁转子，同时运用先进设计及工艺制造方法，成功研制出 2MW 电励磁直驱同步风力发电机以达到降低风电成本要求。

1. 电励磁同步发电机主要参数

2MW 电励磁直驱同步风力发电机的主要技术参数见表 8-1。

表 8-1　2MW 电励磁直驱同步风力发电机主要技术参数

发电机型号	XE93 TFDD2000	绝缘等级	F 级（温升按 B 级考核）
额定功率	2180kW	冷却方式	IC40＋强迫内风冷
额定电压	690V	海拔	1000m
额定转速	17r/min	防护等级	IP54
额定频率	8.5Hz	环境温度	−30~40℃
效率	93%	质量	74t
相数	3（接线方式双 Y）		

2. 电励磁同步发电机的设计

（1）设计原则。湘潭电机股份有限公司 XE93 2MW TFYD2000 直驱式永磁同步风力发电机已经研制成功，XE93 2MW TFDD2000 电励磁直驱同步风力发电机在 XE93 2MW TFYD2000 直驱式永磁同步风力发电机基础上改进通用定子、锥形支撑、轴承等，设计目标满足发电机输出功率，同时励磁功率要求最小化，发电机的性能指标接近永磁发电机，对 XE93 2MW TFYD2000 直驱式永磁同步风力发电机转子进行重新设计，用励磁磁极代替永磁体。

（2）单支撑结构。直驱风力发电机由于采用全功率变频器并网供电方式，导致三相输出电压相量和不为零，从而导致中性点电压不为零，这个电压称为共模电压，共模电压与转子耦合，产生转轴对地的脉冲电压。另外，分数槽磁路不对称也容易产生轴电压。转子轴电压一旦形成回路就会产生轴电流。湘潭电机系列直驱风力发电机采用如图 8-25 所示单支撑结构，不会产生轴电流，避免了轴电流的危害。

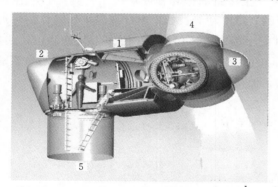

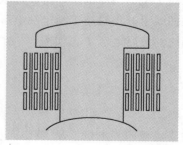

图 8-25　单支撑直驱风力发电机示意图　　　图 8-26　多层多排励磁磁极结构示意图

1—发电机；2—机舱；3—轮毂；4—叶片；5—塔筒

（3）转子磁极设计。由于采用全功率变频器直流母线电压作为励磁电压，额定工况时励磁电压较高，发电机为 60 极，极靴宽度空间受到限制，励磁磁极线圈采用多层多排结构，电磁线采用漆包线，线圈直接绕在铁芯上，无阻尼绕组，转子整体 VPI 浸漆。磁极结构示意图如图 8-26 所示。

（4）通风冷却设计。相对 XE93 2MW TFYD2000 直驱式永磁同步风力发电机，XE93 2MW TFDD2000 电励磁直驱同步风力发电机增加了约 50kW 励磁损耗，因此在 XE93 2MW TFYD2000 直驱式永磁同步风力发电机上须改进电机冷却系统，以提高其散热能力。根据电磁计算的损耗进行温升计算，按照 2m³/s 风量，由机组内部空—空冷却器强迫循环风冷。

大型电机的结构、电磁、散热互为影响，在初步电磁方案设计后进行电机散热计算，应根据散热计算结果调整电磁方案，再根据电磁结果调整好电机结构。

3. 仿真结果分析

用 Maxwell 电磁场有限元 Ansoft 软件对电励磁直驱风力发电机进行电磁场有限元仿真，建立 XE93 2MW TFDD2000 三相同步发电机分析二维有限元模型，为节约求解时间，采用 1/20 模型。用 Ansoft 中的瞬态求解器对同步电动机模型进行求解可以得到发电机相关性能曲线及磁力线分布图、磁密分布云图等。

图 8-27 是空载励磁电流为 55A 时磁力线分布图。空载时，同步发电机功率角接近零，磁力线以机身为对称分布。

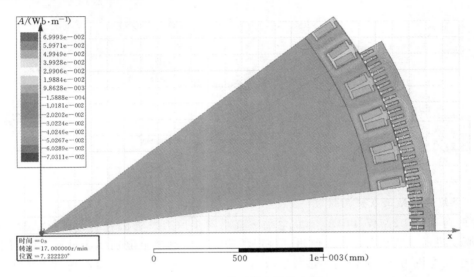

图 8-27 空载时磁力线分布图

在设计同步发电机时，通常使额定电压时的磁通量位于磁化曲线开始弯曲的部分，同步发电机在额定运行点都有一定程度的饱和。如果取额定电压时的磁通量在直线部分，则说明磁路不饱和，此时铁芯没有得到充分利用。同时，励磁电流稍有变化，就会引起电动势和端电压的较大变动。另一方面，如果电机的额定工况工作在磁路过于饱和处，要得到额定电压就需要较多的励磁磁动势，这样用铜量以及电机的铜耗都将增加。利用 Maxwell 2D 的瞬态场对 XE93 2MW TFDD2000 电励磁直

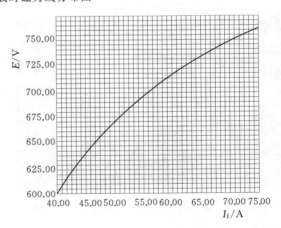

图 8-28 空载励磁电流与反电势

驱同步风力发电机进行空载励磁分析，求解饱和系数。把发电机励磁电流定义为变量，进行参数化扫描分析，得到反电势与励磁电流曲线，如图 8-28 所示。

图 8-29 是在额定工况下励磁电流为 72A 时磁密分布云图。额定负载时，同步电动机功角 60°，磁密在极靴肩部有饱和。

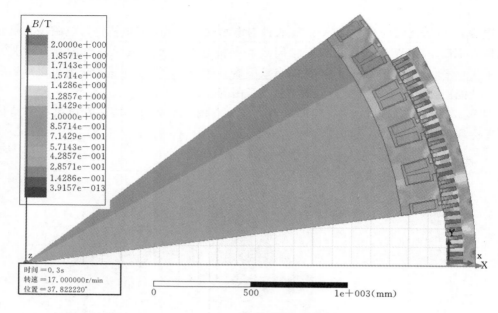

图 8-29　负载时磁密分布图

4. 型式试验结果及应用情况

由两台 XE93 2MW TFDD2000 电励磁直驱同步风力发电机背靠背进行试验（图 8-30），原动机通过联轴器拖动发电机到额定转速，发电机发出电功率通过逆变器回馈到电网，由于发电机为 S1 工作制，过载倍数为 1.15，温升试验采用原动机等效电流法。

图 8-30　电励磁直驱风力发电机背靠背试验　　图 8-31　空载特性曲线

通过空载特性可以判断电机磁路的设计是否合理、电机磁路的饱和趋势及电机输出电压的能力。图 8-31 是电励磁直驱风力发电机空载特性曲线，发电机定子开路，在额定转速 17r/min 时不同励磁电流下测得发电机端电压并描点绘制曲线。图中空载励磁电流 52A 对应反电势约 690V，空载励磁电流线性部分延长线与 690V 交点约为 45A，发电机磁路饱和系数为 1.16，表明电机磁路设计合理。

发电机主要参数试验结果对比见表 8-2。

表 8-2 发电机主要参数试验结果对比

主要参数	设 计 值	试 验 值
额定功率	2180kW	2180kW
额定电压	690V	690V
额定电流	1976A	1936A
效率	93％	93.7％（不计励磁损耗），91.6％（计励磁损耗）
温升	105K	80K
波形畸变率	5％	2.8％
噪声	107dB（A）	88.3dB（A）

从表 8-2 可以看出，2MW 电励磁直驱发电机样机各项性能指标达到了设计预期，XE93 2MW TFDD2000 电励磁直驱同步风力发电机样机研制取得了成功，并投入批量产生。

8.3 笼型异步发电机与电励磁同步发电机比较

1. 异步发电机的主要优势

笼型异步发电机结构简单、牢固，特别适合于高速旋转电机。无集电环和电刷，可靠性高，不受使用场所限制。由于无转子励磁磁场，不需要同期及电压调节装置，因此电站设备简单。负荷控制十分简单，且多数情况下不需要控制。异步发电机尽管可能出现功率摇摆现象，但无同步发电机类似的振荡和失步问题，并网操作简便。相对于同步发电机，异步发电机主要优点见表 8-3。

表 8-3 与同步发电机相比异步发电机主要优点

序号	项 目	异步发电机	同步发电机
1	结构	定子与同步发电机相同，但转子为鼠笼型，结构简单、牢固	转子具有阻尼绕组及励磁绕组，结构较复杂
2	尺寸及重量	无励磁装置，尺寸较小，重量较轻	有励磁装置，尺寸较大，重量较重
3	励磁	由电网供给励磁，不需励磁装置及励磁调节装置	需要励磁装置及励磁调节装置
4	同步合闸	强制并网，不需要同步合闸装置	需要同步合闸装置
5	稳定性	对于负载变动没有非同步现象，运行稳定	因负载急剧变化，有可能非同步运行
6	高次谐波负载能力	转子笼条热容量大，对高次谐波负载的耐受力较强	无阻尼绕组时磁极表面和有阻尼绕组时阻尼绕组的热容量限制了电机的允许功率
7	维护检修	定子、冷却器等的维护与同步机相同，但转子不需要维护	除了与异步机相同的维护外，励磁绕组需要维护，有电刷时还需检查维修电刷

2. 异步发电机的主要缺点

大容量异步发电机必须与同步发电机并列运行或接入电网运行，由同步发电机或电网提供自身所需的励磁无功，因此异步发电机是电网的无功负载。尽管从原理上说异步发电机可以借助于电容器孤立运行在自激状态，但处于这种运行状态时发电机调压能力很弱，当发电机达到临界负荷将引起电压崩溃。一般而言异步发电机的励磁可由同步发电机、电网或静止电容器提供。具体的励磁提供方式由电厂类型或电网运行条件决定。虽然异步发电机不能提供自身和负载所需的无功功率，但当其使用恰当时，可作为电网无功优化的一种手段。并将会对电厂和电网带来明显的技术经济效益。相对于同步发电机，异步发电机主要缺点见表 8-4。

表 8-4　与同步发电机相比异步发电机主要缺点

序号	项目	异步发电机	同步发电机
1	单独运行	需要电网供给励磁，一般不能单独运行	能单独运行
2	功率因数调节	功率因数取决于发电机功率，不能调节	能在适当负载功率的任意功率因数下运行
3	励磁电流	励磁电流由系统供给，电流滞后，导致系统功率因数降低。另外，低速电机的励磁电流较大	用直流励磁
4	电压及频率调节	电机的电压、频率受系统支配，不能调节	单独运行时可以任意调节电压及频率
5	冲击电流	强制并网，冲击电流大，导致系统电压下降	同步化并网，过渡电流较小，系统电压下降较小

3. 异步发电机与同步发电机在电厂中应用的经济性比较

（1）异步发电机装备的电厂由于无需直流励磁系统、同期装置，电厂投资费用低。

（2）由于无集电环、电刷、转子励磁绕组，因此维护及运行费用低。

（3）异步发电机的上述经济性优势将会由于异步发电机所需励磁（或附加同步容量或附加电容器）受到部分抵消。

（4）异步发电机所需励磁的大小与电机的额定转速成反比（即与电机的极对数成正比），转速越高，标幺值励磁越低。

（5）异步发电机机仓空间较同步发电机小。

因此，经济性比较的一般性结论难以准确得出，应对每一种发电场合的具体情况进行分析比较。

参 考 文 献

［1］ 马宏忠，方瑞明，王建辉．电机学［M］．北京：高等教育出版社，2009.

［2］ 贺益康，胡家兵，徐烈．并网双馈异步风力发电机运行控制［M］．北京：中国电力出版社，2012.

［3］ 姚兴佳，宋俊．风力发电机组原理与应用［M］．2版．北京：机械工业出版社，2009.

［4］ 宋亦旭．风力发电机的原理与控制［M］．北京：机械工业出版社，2012.

［5］ 叶杭冶．风力发电机组的控制技术［M］．北京：机械工业出版社，2002.

［6］ 胡文，肖强辉．双馈风力发电机空载并网控制策略研究［J］．湖南工业大学学报，2012，26（6）.

［7］ 刘其辉，王志明．双馈式变速恒频风力发电机的无功功率机制及特性研究［J］．中国电机工程学报，2011，31（3）：82-89.

［8］ 马宏忠．电机状态监测与故障诊断［M］．北京：机械工业出版社，2008.

［9］ 鞠平，马宏忠，卫志农，等．电力工程［M］．北京：机械工业出版社，2014.

［10］ 骆浩．双馈风力发电机交流励磁和暂态控制研究［D］．长沙：中南大学，2014.

［11］ 张岳．变速恒频永磁直驱与无刷双馈风力发电机研究［D］．沈阳：沈阳工业大学，2012.

［12］ 甄佳宁，陈益广，王颖．双馈感应风力发电机低电压穿越控制策略［J］．电力系统及其自动化学报，2013，25（5）：88-91.

［13］ PENA R，CARDENAS R. Control system for unbalanced opera-tion of stand-alone doubly fed induction generators［J］. IEEE Trans on Energy Conversion，2007，22（2）.

［14］ GOMIS - BELLMUNT O，JUNYE - FERRE A，BERGAS - JANE J. Riding-through control of a doubly fed induction generator under unbalanced voltage sags［J］. IEEE Trans on Energy Conversion，2008，23（4）.

［15］ CHONG H N，LI R，BUMBY J. Unbalanced-grid-fault ride-through control for a wind turbine inverter［J］. IEEE Trans on lndus-trial Applications，2008，44（3）.

［16］ 北极星风力发电网：http：//fd. bjx. com. cn/.

［17］ 中国风力发电网：http：//www. fenglifadian. com/.

［18］ 马宏忠．感应电动机电感参数的准确工程计算及谐波的影响［J］．电工技术学报. 2004，19（6）.

［19］ 马宏忠，张正东，时维俊，等．基于转子瞬时功率谱的双馈风力发电机定子绕组故障诊断［J］. 电力系统自动化，2014，38（14）.

［20］ 胡雪松．直驱永磁同步风力发电机系统功率平滑策略的研究与控制系统设计［D］．重庆：重庆大学，2010.

［21］ 李松田．1.65MW 半直驱永磁同步风力发电机研制［J］．东方电机，2010（5）.

［22］ 高亚洲，史萌生，白慧珍．双馈异步风力发电机的工作原理及电磁设计［J］．电气技术，2009（6）.

［23］ 朱燕．1.25MW 双馈异步风力发电机设计［J］．上海电机学院学报，2009，12（1）.

［24］ 李旭，李伟力，程鹏．笼式无刷双馈风力发电机的设计及仿真分析［J］．电机与控制应用，2008，35（3）.

［25］ 许实章．电机学［M］．北京：机械工业出版社，1997.

［26］ 陈世坤．电机设计［M］．北京：机械工业出版社，1995.

［27］ 陈丕璋．电机电磁场理论与计算［M］．北京：科学出版社，1994.

[28] 唐任远．现代永磁电机理论与设计［M］．北京：机械工业出版社，1997．

[29] Hui Li，Zhe Chen，Henk Polinder，Optimization of Multibrid Permanent-M agnet Wind Generator Systems ［J］．IEEE TRANSACTIONS ON ENERGY CONVERSION，2009，24（1）．

[30] 侯小全，周光厚，汪波．兆瓦级绕线式双馈风力发电机总体设计研究［J］．东方电机，2005（1）．

[31] 李松田，贺建华．东方电机2.5MW双馈风力发电机研制［J］．东方电气评论，2010，24（94）．

[32] 魏静微，谭勇，张宏宇．大型交流励磁双馈风力发电机的设计［J］．电机与控制学报，2010，14（5）．

[33] 马宏伟，李永东，许烈．不对称电网电压下双馈风力发电机的控制方法［J］．电力自动化设备，2013，33（7）．

[34] 钱雅云，马宏忠．双馈异步电机故障诊断方法综述［J］．大电机技术，2011（5）．

[35] 马宏忠，张志艳，张志新，等．双馈异步发电机定子匝间短路故障诊断研究［J］．电机与控制学报，2011，15（11）．

[36] 马宏忠，时维俊，韩敬东，等．计及转子变换器控制策略的双馈风力发电机转子绕组故障诊断［J］．电机工程学报，2013，33（18）．

[37] 杨健．1.5MW双馈风力发电机的工程应用实例［J］．上海大中型电机，2010（3）．

[38] 吴涛，王雪帆，李勇波．绕线式转子无刷双馈电机单机发电控制研究［J］．电气传动自动化，2012，34（6）．

[39] 马宏忠，陈涛涛，时维俊，等．风力发电机电刷滑环系统三维温度场分析与计算［J］．中国电机工程学报，2013，33（33）．

[40] 李涛，呈小华．双馈风力发电机及其运行方式的研究［J］．防爆电机，2011，46（1）．

[41] 陈堂贤，杨孔，王仁明．双馈异步风力发电机的模糊控制［J］．电机与控制应用，2009，36（1）．

[42] 刘其辉，王志明．双馈式变速恒频风力发电的无功功率机制及特性研究［J］．中国电机工程学报．2011，31（3）．

[43] 徐中华．直驱永磁同步发电机的特点及其在风电中的应用前景［J］．中国新能源，2011（5）．

[44] 魏书荣，符杨，马宏忠．双馈风力发电机定子绕组匝间短路诊断与实验研究［J］．电力系统保护与控制，2010，38（11）．

[45] 贺益康，周鹏．变速恒频双馈异步风力发电系统低电压穿越技术综述［J］．电工技术学报，2009，24（9）．

[46] Janos Rajda，Anthony William Galbraith，Colin David Schauder．Device，system and method for providing a low-voltage fault ride-through for a wind generator farm ［P］：United States，2006．

[47] Zhan C，Barker C D. Fault ride-through capability investigation of a doubly-fed induction generator with an additional series-connected voltage source converter ［C］．Proceedings of the 8th IEE International Conference on AC and DC Power Transmission，2006．

[48] Flannery P S，Venkataramanan G. Evaluation of voltage sag ride-through of a doubly fed induction generator wind turbine with series grid side converter ［C］．IEEE Power Electronics specialists Conference，2007．

[49] KEARNEY J，CONLON M F，COYLE E. The application of multi frequency resonant controllers in a DFIG to improve performance by reducing unwanted power and torque pulsations and reducing current harmonics ［C］//45th International Univer-sities' Power Engineering Conference. Cardiff，Wales，UK：IEEE，2010．

[50] 吴涛．变速恒频无刷双馈发电系统独立运行控制研究［D］．武汉：华中科技大学，2009．

[51] 黄守道，王耀南，王毅，等．无刷双馈电机有功和无功功率控制研究［J］．中国电机工程学报，2005，25（4）．

[52] Wang Q，Chen X，Ji Y. Control for maximal wind energy traeing in brushless doubly-fedwind Pow-

er generation system based on double synchronous coordinates [C]. 2006 International Conference on power System Technology，2006.

[53] Wong K C，Ho S L，Cheng K W E. Direet torque control of adoubly-fed induction generator with space vector modulation [J]. Eleetrie power Components and Systems，2008，36（12）.

[54] Yao X J，Jing Y J，Xing Z X. Direet torque eontrol of adoubly-fed wind generator based on grey-fuzzy logie [C]. International Conference on Mechatronics and Automation，2007.

[55] Seman S，Niiranen J，Kanerva S，et al. Analysis of a 1.7MVA doubly fed wind-power induetion generator during power systems disturbances. http：//www. elkraft. ntnu. no/norpie/10956873/Final%20Papers/046%20-%20NORP-Seman. Pdf. 2010.

[56] 刘伟，沈宏，高立刚，等. 无刷双馈风力发电机直接转矩控制系统研究 [J]. 电力系统保护与控制，2010，38（5）.

[57] 金石. 变速恒频无刷双馈风力发电机的直接转矩控制技术研究 [D]. 沈阳：沈阳工业大学，2011.

[58] 李时杰. ABB 变频器在风力发电行业的应用 [J]. 变频器世界，2008（3）.

[59] 石磊，梁晖. 永磁同步发电机无位置传感器直接转矩控制 [J]. 电力电子技术，2009，43（9）.

[60] 王秀和，等. 永磁电机 [M]. 2 版. 北京：中国电力出版社，2011.

[61] 鹏芃科艺网站：http：//www. pengky. cn/.

[62] 梁正军，周光厚. 1.5MW 直驱永磁风力发电机总体设计 [J]. 东方电气评论，2014，28（110）.

[63] 田昕，1.65MW 永磁半直驱风力发电机结构设计 [J]. 黑龙江科技信息，2012.

[64] 高剑. 直驱永磁风力发电机设计关键技术及应用研究 [D]. 长沙：湖南大学，2013.

[65] 谢若初. 直接驱动式永磁风力发电机设计研究 [D]. 沈阳：沈阳工业大学，2005.

[66] 刘婷. 直驱永磁同步风力发电机的设计研究 [D]. 长沙：湖南大学，2009.

[67] 李磊，景春阳，黄晓芳. 直驱式永磁风力发电机综合保护算法的研究 [J]. 风能，2014（3）.

[68] Strom J P，Tyster J. Active filtering for Variable-Speed AC Drives [C]. 13th European Conference on Power Electronics and Applications，2009.

[69] 张志艳，马宏忠，陈诚，等. 永磁电机失磁故障诊断方法综述 [J]. 微电机，2013，46（3）.

[70] 贾大江. 永磁直驱风力发电机组的设计与技术 [M]. 北京：中国电力出版社，2012.

[71] 王令祥. 永磁同步直驱型全功率风机变流器及其控制 [D]. 合肥：合肥工业大学，2010.

[72] 马宏忠，姚华阳，黎华敏. 基于 Hilbert 模量频谱分析的异步电机转子断条故障研究 [S]. 电机与控制学报，2009，13（3）.

[73] 张志艳，马宏忠，陈诚，等. 改进磁偶极子模型在永磁电机场分析中的应用 [J]. 微电机，2012，45（8）.

[74] 姚骏，廖勇，瞿兴鸿. 直驱永磁同步风力发电机的最佳风能跟踪控制 [J]. 电网技术，2008，32（10）.

[75] 杜雄，李珊瑚，刘义平，等. 直驱风力发电故障穿越控制方法综述 [J]. 电力自动化设备，2013，33（3）.

[76] 李和明，董淑惠，王毅，等. 永磁直驱风电机组低电压穿越时的有功和无功协调控制 [J]. 电工技术学报. 2013，28（5）.

[77] GENG Hua，YANG Geng. Output power control for variable-speed variable-pitch wind generation systems [J]. IEEE Transac-tions on Energy Conversion，2010，25（2）.

[78] HAQUE M E，NEGNEVITSKY M，MUTTAQI K M. A novel control strategy for a variable-speed wind turbine with a permanent-magnet synchronous generator [J]. IEEE Transactions on Industry Applications，2010，46（1）.

[79] MUYEEN S M，TAKAHASHI R，MURATA T，et al. A variable speed wind turbine control

strategy to meet wind farm grid code requirements [J]. IEEE Transactions on Power Systems, 2010, 25 (1).

[80] 戈宝军，梁艳萍，温嘉斌. 电机学 [M]. 北京：中国电力出版社，2010.

[81] 雷向福，张颢，杨国伟，等. 2MW 电励磁直驱同步风力发电机研制 [J]. 大电机技术，2013 (02).

[82] 赵宏飞，马宏忠，时维俊. 基于 DSP 的风力发电机远程监测分析系统设计 [J]. 大电机技术，2013 (03).

[83] 陈诚，梁伟铭，钟钦，等. 基于失电残余电压的永磁同步电动机失磁故障诊断研究 [J]. 大电机技术，2014 (02).

[84] 黄丛慧. 大容量鼠笼转子异步发电机的研究 [D]. 青岛：青岛大学，2014.

[85] 胡虔生，胡敏强. 电机学 [M]. 北京：中国电力出版社，2010.

[86] GB/T 23479.1—2009 风力发电机组　双馈异步发电机第 1 部分：技术条件 [S]. 北京：中国标准出版社，2011.

本书编辑出版人员名单

责任编辑　汤何美子　李　莉

封面设计　李　菲

版式设计　黄云燕

责任校对　张　莉　梁晓静　吴翠翠

责任印制　王　凌